普通高等教育土木工程学科精品规划教材

普通高等教育“十一五”国家级规划教材

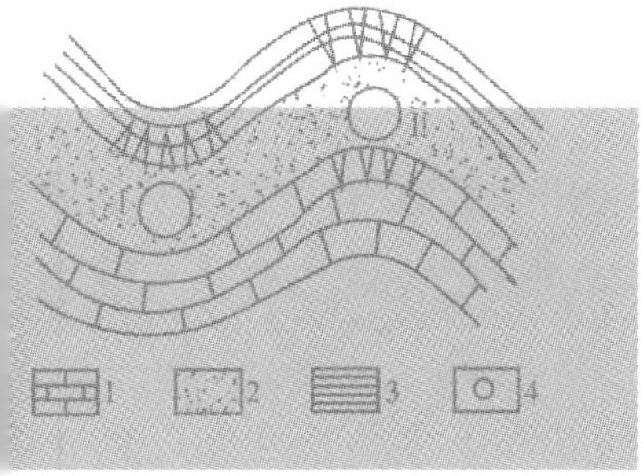

土木工程地质

GEOLOGY FOR CIVIL ENGINEERING

（第2版）

朱济祥　主编

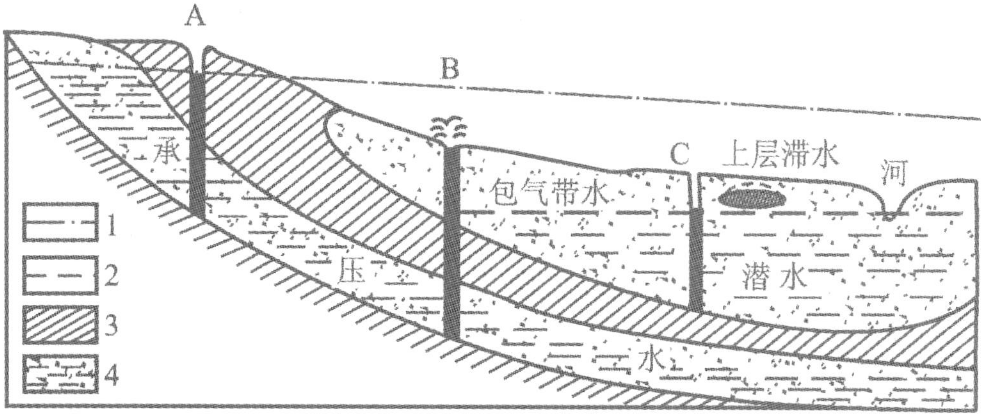

天津大学出版社
TIANJIN UNIVERSITY PRESS

内容提要

本教材第1版是普通高等教育“十一五”国家级规划教材，第2版是根据最新的土木工程、港口航道与海岸工程等专业的课程设置和教学要求以及相关的最新规范、规程及学科进展等改编的。全书共分9章，分别系统地讲述了岩石、地质构造、外力地质作用及其第四纪沉积物、地下水、岩土的工程地质特征、不良地质作用、地下洞室围岩稳定性、工程地质勘察。

全书内容全面、精当，图文并茂，体系独特，科学实用。

本教材适用于高等学校土木工程、港口航道与海岸工程等专业，也可供岩土工程及其他相关专业的科技人员参考。

图书在版编目(CIP)数据

土木工程地质／朱济祥主编．—2版．—天津：天津大学出版社，2018.1(2022.1重印)

ISBN 978-7-5618-5890-5

Ⅰ.①土… Ⅱ.①朱… Ⅲ.①土木工程－工程地质－高等学校－教材 Ⅳ.①P642

中国版本图书馆CIP数据核字(2017)第170893号

出版发行 天津大学出版社
地　　址 天津市卫津路92号天津大学内(邮编:300072)
电　　话 发行部:022-27403647
网　　址 publish. tju. edu. cn
印　　刷 廊坊市海涛印刷有限公司
经　　销 全国各地新华书店
开　　本 185mm×260mm
印　　张 14.75
字　　数 368千
版　　次 2018年1月第2版
印　　次 2022年1月第2次
定　　价 39.00元

第2版前言

本教材第1版是普通高等教育“十一五”国家级规划教材。自本教材第1版出版以来,已有近10年的时间。10年来,土木、公路、水运等相关专业的科技事业迅猛发展,一大批相关大型工程相继建成或正在兴建,工程勘察、设计和施工领域的许多规范、规程、标准等都进行了新的修订,工程地质学的研究与应用也取得了长足的进步,同时为了充分反映注册土木工程师(岩土、港口与航道工程、道路工程等)考试大纲对工程地质的要求,迫切需要对本教材进行修订。

本次修订的主旨:密切结合专业的要求和特点,夯实地质学基础知识;突出地质条件与工程之间的相互影响以及不良地质作用的防治措施,尽可能地吸收新的先进理论和科技成果;进一步字斟句酌,使文句更加精练、通顺,便于读者阅读和理解。本次修改的部分内容:根据最新的资料修改了岩石的物理性质、工程岩体分级标准、环境水对混凝土的腐蚀性、冻土的危害及防治、岩溶的类型、崩塌的形成条件、边坡稳定分析、地震烈度及地震地面破坏效应、地下洞室围岩的变形破坏及洞室围岩分类、工程钻探方法、工程地质原位测试方法;全面改编、调整了房屋建筑、公路工程、港口工程、航道工程等在勘察阶段的任务和内容;删去了工程地质图件的编制等专业性很强的内容,等等。

虽然对所有章节的内容都进行了修改和补充,但全教材的体系保持不变,依然分为9章,包括绪论、岩石、地质构造、外力地质作用及其第四纪沉积物、地下水、岩土的工程地质特征、不良地质作用、地下洞室围岩稳定性及工程地质勘察等。

本教材的第1章、第2章、第3章及第4章由朱济祥修订,第5章由朱济祥和徐颖修订,第6章由邱长林和朱济祥修订,第7章由朱济祥和杨锦贤修订,第8章由赵高峰和朱济祥修订,第9章由刘良志、朱济祥和孙湄修订。全书由朱济祥任主编,并负责统稿。

本次修订工作吸收了相关院校一些老师的宝贵建议。特别感谢天津大学教务处、天津大学建筑工程学院等部门的相关领导和老师对本教材的大力支持。

限于编者的水平及经验,本教材难免存在某些缺点和不足之处,恳请读者批评、指正。

编者

2017年1月于天津大学北洋园校区

第1版前言

工程地质学是研究人类工程活动与地质环境之间相互影响的一门应用地质学科，其本质是研究人与地球的关系，强调人地和谐和可持续发展。工程地质学的任务就是为工程建设进行地质研究，提供工程规划、设计、施工所需的地质资料，包括查明和评价场地工程地质条件，预测和分析工程地质问题，选择优良场址，提出岩土体综合利用、整治、改造方案的建议，对选定的场地做出工程地质评价以及研究工程建筑与地质环境之间的相互作用等。

工程地质是土木工程等专业必修的一门专业基础课。本教材是根据最新的土木工程等专业的培养目标，在总结多年教学经验、广泛参阅相关教材及文献并参考最新的相关行业规范及注册土木工程师（岩土）考试大纲等的基础上编写的。

全书共分为9章，内容包括绪论、岩石、地质构造、外力地质作用及其第四纪沉积物、地下水、岩土的工程地质特征、不良地质现象、地下洞室围岩稳定性及工程地质勘察等。这些内容的选取充分考虑了一般院校没有开设岩石力学方面课程的实际以及与后续土力学等课程的衔接。

本书的第1章、第2章及第3章由天津大学朱济祥编写，第4章由天津城市建设学院柴寿喜和天津大学朱济祥编写，第5章及第9章由天津大学刘润和闫澍旺编写，第6章由天津大学邱长林和朱济祥编写，第7章由天津大学雷华阳和朱济祥编写，第8章由天津大学朱济祥和天津城市建设学院李雪峰编写。全书由朱济祥担任主编，刘润担任副主编，朱济祥负责统稿。

特别感谢天津大学教务处、天津大学建筑工程学院及天津大学出版社等部门对本教材的大力支持以及天津大学建筑工程学院岩土工程研究所崔冠英教授、薛玺成教授等的指导和帮助！对崔冠英教授精心审阅并提出宝贵意见深表感谢！对书中所引用文献的所有作者表示诚挚的感谢！

本书力图做到基础理论和基本原理阐述清楚，并尽量吸取工程地质学科最先进的科研成果和经验，做到理论联系实际，结构严谨、重点突出、详略得当，便于学生掌握和学以致用。

本书除作为本科生教材外，还可供岩土工程等专业的科技人员参考。

限于编者的水平，本教材难免存在某些缺点和错误，诚恳欢迎读者批评、指正。

编者

2007年7月于天津大学

目　录

第1章 绪 论

地质学是一门研究地球的物质组成、内部结构、外部特征、各圈层间的相互作用和演变历史的科学。作为地质学的一个重要分支,工程地质学是研究与工程建设有关的地质问题的科学。其本质是研究人与地球的关系,强调人地协调和可持续发展理念。

工程建筑与地质环境相互作用、相互制约。地质环境对人类工程活动的制约是多方面的,既可以表现为以一定作用影响工程建筑物的稳定和正常使用,也可以表现为以一定作用影响工程活动的安全,还可以表现为由于某些地质条件不具备而提高工程造价。工程建筑物对地质环境作用的性质和强度,取决于建筑物的类型、规模和结构,也取决于场地的工程地质条件。例如,建筑物通过基础在地基中形成附加应力、开挖边坡和基坑形成卸荷效应、开挖地下洞室造成围岩应力重分布等都能够引起一定范围岩土体的变形甚至破坏;桥梁改变局部水流条件从而使局部河段的侵蚀淤积规律发生变化;修建建筑物可能引起地下水水位等的变化,可能导致岩土软化与泥化、砂土地基液化、道路冻害、隧道涌水等。工程地质条件为与工程建筑有关的地质要素之综合,包括地形地貌、岩土类型及其工程地质性质、地质结构(地质构造、岩体结构及土体结构)与地应力、水文地质条件、物理(自然)地质现象以及天然建筑材料等。一定区域的工程地质条件受同一地质发展历史的控制,形成一定的组合模式。例如,平原地区必然是风化、剥蚀产物的堆积场所,土层较厚,基岩出露较少,地质结构比较简单,物理地质现象也不很发育,地下水以孔隙水为主,天然建筑材料缺乏。

对建筑本身的顺利施工和正常运行或对周围环境可能产生影响的地质问题称为工程地质问题。工业与民用建筑物的工程地质问题是地基的变形、强度和稳定问题,建于地下有围岩稳定性问题,建于山坡上则有斜坡稳定性问题。路堤的地基稳定性问题、道路冻害问题、道路边坡稳定性问题、隧道围岩稳定性问题以及桥墩台地基稳定性问题等则是道路桥梁建筑的工程地质问题。海港的工程地质问题有区域稳定性问题、码头及防波堤的地基稳定性问题、港池和航道的回淤问题、岸坡稳定性问题等。

工程地质学的研究内容主要包括土体工程性质研究、岩体工程性质研究、工程动力地质研究与地质灾害研究、工程地质勘察理论与技术方法的研究、区域工程地质研究以及环境工程地质研究等。

工程地质学的研究方法主要有自然历史分析法、数学力学分析法、模型模拟分析法和工程地质类比法等。

工程地质学的任务就是为工程建设进行地质研究,提供工程规划、设计、施工所需的地质资料,包括查明和评价场地工程地质条件,预测和分析工程地质问题,选择优良场址,提出岩土体综合利用、整治、改造方案的建议,对选定的场地做出工程地质评价以及研究工程建筑与地质环境之间的相互作用等。

我国现代工程地质学的发展经历了1966年以前的初创阶段、1966年至1978年的停滞阶段、1978年至今的迅速发展阶段。目前，我国在工程勘察规范化、新技术的应用、科学研究、人才培养及环境与地质灾害研究等方面均走在国际先进行列。

工程地质是土木工程等专业的一门学科基础课。课程要求学生系统地掌握工程地质的基本理论和知识，在进行设计和施工时能正确运用勘察数据和资料；根据工程地质的勘察成果，了解不良地质现象的形成条件和机制，对不良地质现象提出处理措施，分析解决土木工程中的工程地质问题，了解工程地质勘察的基本内容、方法及勘察成果。

工程地质是一门实践性很强的课程，除课堂教学外，还有室内实验、野外教学实习等实践教学环节。尤其是野外教学实习，在本课程中占有特别重要的地位，与其说是野外教学实习，不如称其为"现场教学"。因为它不只是印证、巩固、加深课堂教学内容，还有很多课堂上无法讲授或学生在课堂上无法掌握的知识和内容，是必须由教师在野外现场讲解、引导，学生自己观察、分析和实际操作才能学到手的。野外教学实习是培养学生独立观察、思考、分析和进行实际操作的一个重要环节，所以在教与学的过程中，对野外教学实习均应给予足够的重视。

第2章 岩 石

2.1 概 述

地球是绕太阳旋转的八大行星之一，具有一定的圈层构造，其固体部分可分为地壳、地幔和地核三个圈层，外部由水圈、大气圈和生物圈构成。

2.1.1 地球的外部形态

1. 地球的形状和大小

通常所说的地球形状是指大地水准面所圈闭的形状。而大地水准面是平均海平面通过大陆延伸所形成的封闭曲面。目前，通过人造卫星观测及卫星轨道变化推算，获得了下列关于地球形状的数据（据 IUGG，1980）：

赤道半径(a)	6 378.137 km	赤道周长	40 075.7 km
两极半径(c)	6 356.752 km	子午线周长	40 008.08 km
平均半径[$(a^2c)^{1/3}$]	6 371.012 km	表面积	5.10×10^8 km^2
扁率[$d=(a-c)/a$]	1/298.257	体积	$1.083\,2\times10^{12}$ km^3
质量	5.976×10^{27} g		

根据以上数据可知，地球形状为扁率不大的三轴椭球体。这是地球自转的结果，说明地球具有弹塑性。又据人造卫星精密测量发现，地球南、北两半球并不对称，北极比理想椭球体突出约 10 m，南极内凹约 30 m（图 2-1），这一特征表明地球内部物质分布并不均匀。

2. 地球的表面形态

固体地球表面最显著的特征是高低起伏不平，可分为陆地和海洋两大部分。陆地只占地球表面面积的 29.2%（1.49×10^8 km^2），海洋占 70.8%（3.61×10^8 km^2）。

(1)大陆表面形态

大陆的最高点在喜马拉雅山脉的珠穆朗玛峰（海拔为 8 844.43 m），最低点在约旦境内的死海（海拔为 −392 m），平均高程为 825 m。按照高程和起伏特征，大陆表面可分为山地、丘陵、平原、高原和盆地等地貌类型。

山地指海拔高于 500 m、地形起伏较大、相对高度在 200 m 以上的地区，按高程分为低山（海拔 500 ~ 1 000 m，相对高度 200 ~ 500 m）、中山（海拔 1 000 ~ 3 500 m，相对高度 500 ~ 1 000 m）、高山（海拔 3 500 ~ 5 000 m，相对高度 > 1 000 m）和最高山（海拔 > 5 000 m，相对高度 > 1 000 m）。海拔低于 500 m，相对高度在 200 m 以下的顶部浑圆、坡度较缓、坡脚不明

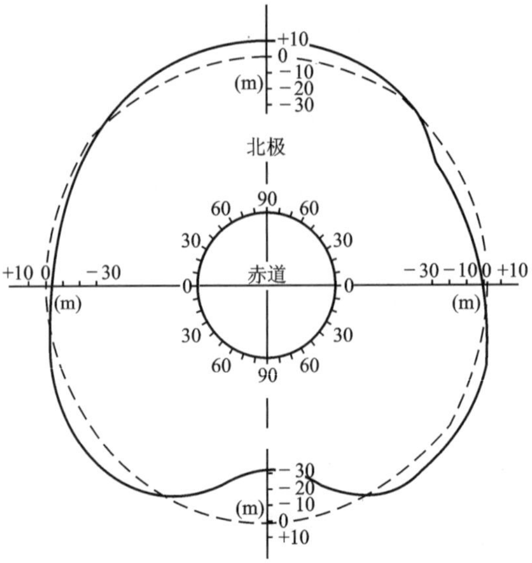

图 2-1 大地水准面(实线,比例夸大)和理想椭球面(虚线)

显的低山丘群称为丘陵。平原是面积较大的地势平坦或地形略有起伏的地区,其内部相对高度一般不超过数十米。据海拔是否高于 200 m,平原可分为高平原和低平原。高原为海拔在 600 m 以上、表面较为平坦或有一定起伏的广阔地区。盆地是被山或高地围绕的平地。

(2)海底地形特征

海洋是由海和洋组成的。洋是远离大陆、面积非常广阔、深度较大的水域。海是与陆地毗邻、位于大洋边缘,并与洋有一定程度隔离的水域。据海水深度,海洋可划分为浅海区、半深海区、深海区,见图 2-2。

海底地形也是起伏不平的。海洋的最深处是海沟,马里亚纳海沟最深点为 -11 034 m,海底平均深度为 3 729 m。据海底地形特征,海洋可分为大陆边缘、大洋盆地及大洋中脊三个大的地形单元。其中,大洋盆地的面积约占海洋面积的 1/2,大洋中脊约占 1/3。

大陆边缘为大陆至大洋深水盆地之间的地带,包括大陆架、大陆坡和大陆基,见图 2-2。

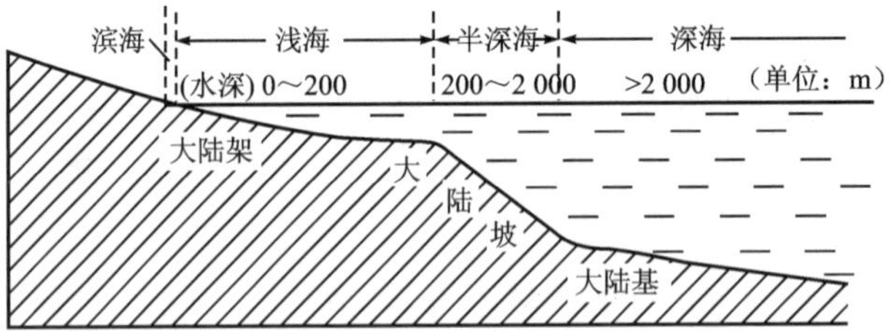

图 2-2 大陆边缘及海洋环境分区

大陆架是海洋与陆地接壤的浅海平台,范围是由海岸线向外海延伸,直至海底坡度显著增大的转折处。大陆架部分海底坡度平缓,水深一般小于 200 m,平均 130 m,宽度变化很大,平均 75 km。大陆坡是大陆架外缘到深海海底地形明显变陡处的地带,水深一般不超过 2 000 m。太平洋地区大陆坡平均坡角为 5°20′,平均宽度为 20 ~ 40 km。大陆坡外缘还有岛弧、海沟、边缘盆地等单元。大陆坡从坡脚处坡度逐渐变缓，过渡为大洋盆地，这一过渡地带称为大陆基。大陆基由海洋沉积物组成，但太平洋中这一带不明显。

大洋盆地是介于大陆边缘及大洋中脊之间的较平坦地带，一般水深大于2 000 m。大洋盆地中有许多呈线性延伸的水下山脉——海岭。大洋中脊是绵延在大洋中的海底山脉，常发生地震，地壳运动较强烈。大洋中脊轴部常有巨大的中央裂谷。

2.1.2　地球的物理性质

地球的物理性质包括地球的重力、密度、压力、地磁场、地热及弹塑性等。

1. 重力

重力是垂直于地球表面使物体向下的一种天然作用力。它实际上是地心引力和由于地球自转而产生的惯性离心力的合力。由于离心力与地心引力相比相对微弱（如赤道处的离心力约为地心引力的1/289），因此可将地心引力近似当作重力。地球周围受重力影响的空间称为重力场。地表某一点的重力场强度就相当于该点的重力加速度（g）。由于地心引力随纬度而变化，故地表重力分布以赤道地区最小（$g=9.78\ m/s^2$），两极最大（$g=9.83\ m/s^2$），平均为$9.80\ m/s^2$。加之地下组成物质的不同以及海拔高度的差异，各地测得的重力值均不同于理论值。这种现象称为重力异常。

2. 密度和压力

用前述地球的质量除以地球的体积，便可求得地球的平均密度为$5.517\ g/cm^3$。实际测定的固体地球表面岩石的平均密度为$2.7\sim2.8\ g/cm^3$，覆盖地球表面达3/4的水的密度为$1\ g/cm^3$，由此可以推测地球内部物质应具有比地表更大的密度。据地震资料得知，地球密度是随着深度的增加而增大的，据推测，地核部分密度可达$13\ g/cm^3$。在密度变化显著的深度处，地球内部物质成分和存在状态有明显变化。

地内压力指不同深度处单位面积上的压力，其值随深度加大，并与地内物质的密度及该处的重力加速度有关。地下10 km处压力约为304 MPa，2 900 km处可达1.35×10^5 MPa，地心则高达3.62×10^5 MPa。

3. 地磁场

地球类似于一个巨大的磁铁，在它周围存在着地磁力线分布的空间，称为地磁场。地磁场是一个弱磁场，地球上某一点的磁场强度是一个矢量，称为该点的总磁场强度（$\boldsymbol{F}$，A/m）。总磁场强度的水平分量称为水平磁场强度（$\boldsymbol{H}$），它的方向（由磁针指示）就是地磁子午线的方向。地磁子午线与地理子午线的夹角为磁偏角。总磁场强度的垂直分量称为垂直磁场强度（$\boldsymbol{Z}$）。总磁场强度的方向与水平面的交角称为磁倾角。磁异常是地球浅部具有磁性的矿物和岩石所引起的局部磁场与基本磁场正常值的差值。磁暴是一种地磁场急剧变化的现象，也是一种危害性很大的灾害性自然现象。通过研究在亿万年前所形成的岩石中保存下来的剩余磁性的方向和强度，从而判断地球磁场方向和强度的变化的科学，称为古地磁学。

4. 地热

地球内部储存着巨大的热能，叫作地热。根据大陆地表以下地温的来源和分布状况，可以把地下温度分为三层。变温层是固体地球表层大陆上的一个温度层，其热能主要来自太阳的辐射热能。它随纬度高低、海陆分布、季节、昼夜、植被等的变化而变化。该层平均深度为 15 m 左右。常温层是温度与当地平均温度一致的地带。增温层位于常温层以下,其热能主要来自于放射性元素衰变产生的热能,其次是重力能、旋转能转化产生的热量。通常把每向下加深 100 m 所升高的温度称为地热增温率(地热梯度),大陆一般为 0.9 ~5 ℃;而把温度每升高 1 ℃所增加的深度称为地热增温级。两者互为倒数。

地球内部的热能除由温泉、火山、岩浆侵入活动等直接带至地表外,还可通过传导、辐射和对流等方式不断地传至地表。单位时间内通过单位面积的热量称为地热流密度。热流较高的地区称为地热异常区。这些地区常可用地下热气、热水发电(地热发电),如西藏羊八井。此外,地下热水在工农业、医疗、生活用水等方面也得到广泛应用。

5. 弹塑性

固体地球能传播地震波(弹性波),说明地球具有弹性。根据地震波在地球内部传播速度的变化,能确定出地球内部物质状态的变化。地球自转的惯性离心力能使地球赤道半径加大而成为椭球体,表明地球也具有塑性。

2.1.3 地球的圈层结构

1. 地球外部圈层及其主要特征

(1)大气圈

大气圈是地球最外面的一个圈层,由包围在固体地球外面的各种气体构成。大气的主要成分有氮(体积百分比为78%)、氧(占21%)、二氧化碳(占0.03%)及水汽(占0 ~2%),并含少量惰性气体及尘埃微粒。它主要集中在 100 km 高度以下的范围内。大气的密度和压力随高度增加而降低。据气温的垂直变化,由下到上可将大气圈进一步划分成对流层、平流层、中间层、电离层(暖层)和散逸层。其中,对流层和平流层对地面影响较大。

对流层中的氮是植物制造蛋白质的主要原料。氧是生物生命活动的重要条件,也是促进岩石等氧化分解的重要成分。位于大气圈最底部的二氧化碳主要来自有机物的氧化(燃烧)和生物的呼吸,它强烈吸收地面长波辐射并放出热量,因而对地表起着一种保温的作用,同时也是促进岩石风化分解的重要因素之一。水汽主要来自水圈的蒸发。它润湿大气,并能吸收地面长波辐射的热能。水汽以固态物质为中心凝集成云、雾、雨、雪等,在气候变化中扮演着重要角色。对流层的温度主要来自地面辐射。对流层直接影响大气圈下的生物生长和对地球表层的改造。

平流层是自对流层顶到 50 km 高空的大气层。它的特点是大气以水平移动为主,温度基本不受地面温度影响。平流层中存在大量臭氧。臭氧吸收太阳辐射的大量紫外线而使大气温度随高度增加到 0 ℃以上。平流层中臭氧对太阳辐射紫外线的强烈吸收构成了对生物的有效天然保护。

(2)水圈

水圈由地球表层的水体组成,总体积为 1.4×10^{18} m^3。其中,海水占总体积的 97.2%,大陆水体只占 2.8%。大陆水体中极地和高山冰川约占 78.6%,其余 21.4% 为河流、湖泊、沼泽中的水以及地下水。水圈中的海水在太阳辐射能的驱使下大量蒸发,形成水汽进入大气圈中的对流层内，随空气对流至大陆上空，在一定条件下便凝结成雨、雪等落到地面。落到地面的大气降水在重力作用下沿地表和地下流回海洋，构成水的循环。河流、冰川、地下水等水体在流动过程中，不断地改造地表，塑造出各种各样的地表形态。同时，水圈也为生物的生存、演化提供了必不可少的条件。因此，水圈是外动力地质作用的主要动力来源。

(3)生物圈

生物圈是生物及其生命活动的地带所构成的连续圈层。生物主要集中在地表到200 m高空以及从水面到水下200 m水域的空间内，特别是阳光、空气和水分充足而温度又适宜的地区。生物圈中生物和有机体总量约为1.14×10^{13} t，为地壳总质量的$1/10^5$。生物在其生命活动过程中，通过光合作用、新陈代谢等方式，形成一系列生物地质作用，从而改变地壳表层的物质成分和结构，如促使某些分散的元素或成分富集，并在适当条件下沉积下来形成铁、磷、煤、石油等有用矿产。

2. 地球内部圈层及其主要特征

根据地球物理勘探资料，如地震波、重力及介质的弹性参数等，可归纳出较为完善的地球内部圈层结构模式。据实测，地球内部有两个明显的地震波波速不连续面。第一个界面位于5～60 km深度处，大陆部分平均深度33 km，大洋区平均深度7.3 km。在界面附近，纵波速度v_p由7.6 km/s突增至8.0 km/s，横波速度v_s由4.2 km/s突变为4.4 km/s。此界面由南斯拉夫学者A. 莫霍洛维奇于1909年发现，故称为“莫霍洛维奇不连续面”，简称“莫霍面”。另一个明显界面位于2 885 km深度处，是美国学者B. 古登堡于1914年发现的，故称为“古登堡不连续面”，简称“古登堡面”。地震波穿过此界面时，v_p由13.64 km/s变为7.98 km/s，v_s由7.23 km/s突然变为0。根据这两个界面，将地球内部由地表至地心分为地壳、地幔和地核三个主要圈层，见图2-3。据一些次一级界面还可将地幔、地核进一步划分为上地幔、下地幔、外核、过渡层及内核等几个圈层。

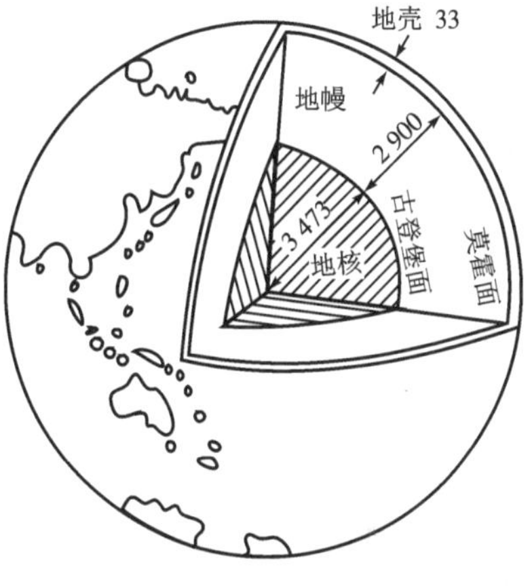

图2-3 地球内部圈层

(厚度单位:km)

(1)地壳

地壳是莫霍面以上固体地球的表层部分，平均厚度约为16 km，为地球半径的1/400。地壳体积占地球总体积的1.5%，质量占地球总质量的0.8%。大陆地壳和大洋地壳在结构及演变历史方面均有明显差异。大陆地壳具有上部为硅铝层(花岗岩质层)、下部为硅镁层(玄武岩质层)的双层结构。硅铝层的v_p为6.0～6.2 km/s，密度为2.6～2.7 g/cm^3，一般厚15～20 km。硅镁层的v_p为6.4～7.8 km/s，密度为3.3 g/cm^3，厚度为15～20 km。大洋地壳厚度较薄，平均仅5～8 km，一般缺乏硅铝层，硅镁层直接出露于洋底。

地壳中已发现的化学元素有90多种，但各元素的含量极不均匀。其中，最主要的元素占地壳总质量的99.96%。各主要元素及其所占质量百分比如下：

氧(O) 46.95 硅(Si) 27.88 铝(Al) 8.13 铁(Fe) 5.17 钙(Ca) 3.65

钠(Na) 2.78 钾(K) 2.58 镁(Mg) 2.06 钛(Ti) 0.62 氢(H) 0.14

其余的有磷、锰、碳、氮、硫、钡、氯等80多种元素。地壳中的化学元素常随环境的改变而不断地变化。各种元素并非孤立存在,通常是以相关元素化合形成硅酸盐、氧化物、硫化物、碳酸盐等的形式存在。元素在一定地质条件下形成矿物,矿物的自然集合体则是岩石。组成地壳的岩石按成因可分为岩浆(火成)岩、沉积岩及变质岩。有关矿物、岩石的内容将在后面几节阐述。

(2)地幔

地幔是地球莫霍面以下、古登堡面以上的部分,厚约2 900 km,体积约占地球总体积的82.3%,质量占地球总质量的67.8%,是地球的主体部分,主要由固态物质组成。地幔以1 000 km为界,分为上地幔和下地幔两个次级圈层。上地幔的平均密度为3.5 g/cm^3,顶部v_p为8.0 km/s,与地壳有明显差别。根据密度、波速资料、对火山喷出物中发现的只能形成于地幔中的岩石的分析以及与陨石对比,可知上地幔由含铁、镁居多的硅酸盐矿物组成,与超基性岩类似,也称橄榄岩质层。对地幔中地震波传播特征的研究发现,在60~400 km处存在"低速带",尤其是100~150 km深度处波速降低得最多。由于低速带距地表很近,这些液态区很可能是岩浆的发源地。鉴于低速带的塑性较大,它为上部固态岩石的活动创造了有利条件,故在构造地质学中称其为软流圈。而将软流圈以上的上地幔和地壳合称为岩石圈。下地幔地震波速平缓增加,密度已达5.1 g/cm^3,一般认为其物质成分虽然仍以含铁、镁的硅酸盐为主,但相当于超基性岩的超高压相矿物组成的岩石。

(3)地核

地核是地球内自古登堡面至地心的部分,厚度为3 473 km,体积占地球总体积的16.2%,质量占地球总质量的31.4%。按地震波速分布,地核分为外核、过渡层和内核三层。外核分布于2 885~4 170 km,平均密度约为10.5 g/cm^3。根据横波不能通过外核的事实,推断外核是由液态物质组成的。分布于4 170~5 155 km的过渡层,波速变化复杂,可能是由液态开始向固态物质转变的一个圈层。内核为5 155 km至地心部分,由以铁、镍等成分为主的固态物质组成。

2.1.4 地质作用

地质学上把自然界引起地壳或岩石圈的物质组成、结构、构造及地表形态等不断发生变化的各种作用称为地质作用。地质作用可根据能量来源和发生部位分为外力地质作用和内力地质作用两大类。

1.外力地质作用

外力地质作用是指主要由地球外部能源引起并发生在地球表层的地质作用。它主要由地球以外的能源,如太阳辐射能、日月引力能等引起,促使大气圈、水圈、生物圈运动与循环,使它们成为改造地壳表层的直接动力(地质营力)。根据地质营力的不同,外力地质作用可进一步分为地面流水的地质作用、地下水的地质作用、海洋的地质作用、湖泊的地质作用、冰川的地质作用及风的地质作用等。外力地质作用一般按照风化作用、剥蚀作用、搬运作用、沉积作用和成岩作用的顺序进行。其中,剥蚀作用是指各种地质营力(如风、水、冰川等)在运动过程中对地表岩石进行破坏并将破坏物剥离原地的作用。

2. 内力地质作用

内力地质作用是指主要由地球内部能源引起的地质作用。它主要由重力能、地热能、地球旋转能及化学能、结晶能等引起。内力地质作用主要包括岩浆作用、变质作用、构造运动和地震。岩浆作用是指在岩浆形成、运动直到冷凝、结晶成岩的过程中,岩浆本身及其对围岩所产生的一系列变化。变质作用是指在地下特定的地质环境中,由于物理、化学条件的改变,使原来的岩石基本上在固体状态下发生物质成分与结构、构造的变化,从而形成新的岩石的地质作用。构造运动是指主要由地球内部能源引起的地壳或岩石圈物质的机械运动,常以岩石变形、变位以及地表形态的变化等形式表现出来。地壳中的岩石因受力发生的永久性变形叫作构造变形,如在野外露头上可见的各种褶皱、断层和节理等。构造运动按物质的运动方向可分为水平运动和垂直运动。水平运动是指组成地壳的物质发生沿地球切线方向的运动。水平运动主要引起地壳的拉张、挤压、平移或旋转等,形成地堑、裂谷及褶皱山系,也称“造山运动”。垂直运动是指地壳物质沿地球半径方向做上升和下降的运动。垂直运动可以造成地表地势高差的改变,形成规模不等的隆起和凹陷,引起海陆变迁等,大规模的升降运动也叫“造陆运动”。水平运动与垂直运动常相伴而生。海陆变迁、山脉隆升、海底扩张等过程需要很长时间,一般以百万年为单位。老构造运动的证据有地层厚度、岩相分析、构造变形、地层接触关系等,而新构造运动的证据则是地貌标志及测量数据等。岩石圈的大规模构造运动常常表现为岩石圈的一些大型板块的相互作用与相对运动。地震是构造运动的一种表现形式,是地壳的一种快速运动。例如 2008 年 5 月 12 日发生的四川省汶川 8.0 级地震,仅持续十几秒。

内力地质作用与外力地质作用紧密联系、相互影响。内力地质作用形成地壳表层的基本构造形态和地球表面的大型地貌形态。外力地质作用破坏内力地质作用形成的地形和矿物,呈现出“削高填低”的特征,形成新的沉积物,且进一步塑造了地表形态。

2.2 造岩矿物

地壳中的矿物是指在各种地质作用中所形成的天然单质元素或化合物。它们具有一定的化学成分和内部结构,从而有一定的外部形态、物理性质和化学性质。绝大多数矿物为固态。已发现的矿物有 3 000 多种,但组成岩石的主要矿物仅 30 余种。这些组成岩石的常见矿物称为造岩矿物,如石英、方解石及正长石等。

2.2.1 矿物的形态

矿物的形态是针对矿物单体及同种矿物集合体的形态而言的。矿物的形态受其内部结构、化学成分和生成时的环境制约。

1. 结晶质和非结晶质矿物

造岩矿物绝大部分是结晶质的,其基本特点是组成矿物的元素质点(离子、离子团或原子)在矿物内部按一定的规律重复排列,形成稳定的结晶格子构造(图 2-4)。若结晶质矿物

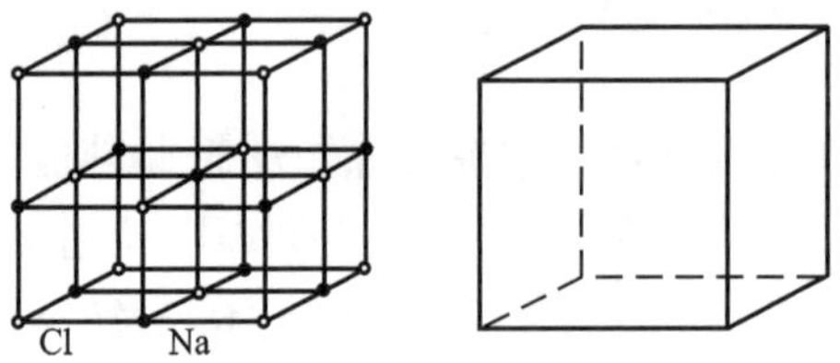

图 2-4　岩盐的晶体构造

在生长过程中无外界条件限制、干扰，则可生成被若干天然平面（晶面）包围的固定几何形体。这种几何多面体称为晶体，如岩盐呈立方体，水晶呈六方柱和六方锥等（图 2-5）。结晶质矿物还可根据肉眼能否分辨而分为显晶质和隐晶质两类。

非结晶质矿物内部质点排列没有一定规律，所以外表不具有固定的几何形态，例如火山玻璃、天然沥青等。非结晶质矿物又可分为玻璃质和胶质两类。

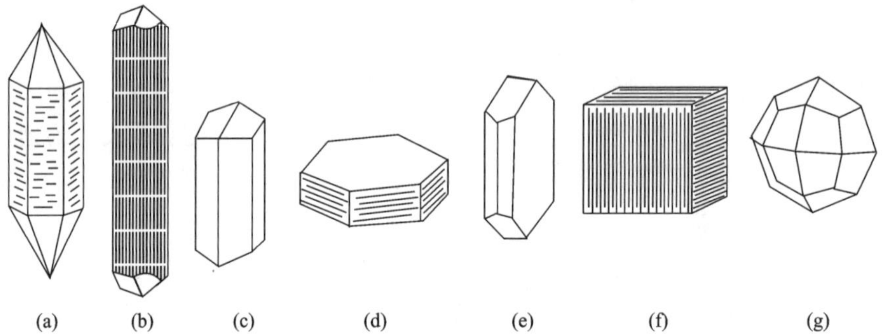

图 2-5　几种矿物的晶体形态

（a）石英　（b）辉锑矿　（c）角闪石　（d）云母　（e）长石　（f）黄铁矿　（g）石榴子石

2. 矿物的结晶习性

在相同条件下生长的同种晶粒总是趋向于形成某种特定的晶形的特性叫作结晶习性。尽管矿物的晶体多种多样，但归纳起来，根据晶体在三维空间的发育程度不同，可分为以下三类。

（1）一向延长型

晶体呈柱状、棒状、针状、纤维状等，如角闪石、石棉、纤维石膏、文石等。

（2）二向延长型

晶体呈板状、片状、鳞片状等，如板状石膏、云母、绿泥石等。

（3）三向延长型

晶体呈等轴状、粒状等，如岩盐、黄铁矿、石榴子石等。

3. 矿物集合体的形态

同种矿物的多个单体聚集在一起就形成了矿物集合体。矿物集合体的形态取决于单体的形态和它们的集合方式。集合体按矿物结晶粒度大小进行分类。肉眼可辨认其颗粒的叫作显晶质矿物集合体，肉眼不能辨认的则叫作隐晶质或非晶质矿物集合体。

显晶质矿物集合体的形态有规则连生的双晶集合体（如接触双晶和穿插双晶）以及不规则的粒状、致密块状、片状、鳞片状、板状、纤维状、针状、柱状、放射状、晶簇状集合体等。其中，晶簇（图 2-6）是以岩石空洞洞壁或裂隙壁作为共同基底而生长的晶体群。

隐晶质和胶质矿物集合体可以由溶液直接沉积或由胶体沉积生成，主要有土状、结核状、鲕状、豆状、分泌状、钟乳状、葡萄状、笋状集合体等。其中，结核状集合体是围绕某一中心自内向外逐渐生长而成的；钟乳状集合体通常是通过真溶液蒸发或胶体凝聚，由同一基底逐层堆积而成的，可呈葡萄状、肾状、石钟乳状等；分泌状集合体是在形状不规则或呈球状的孔洞中，胶体或晶质矿物由洞壁向中心逐层沉淀填充而成的。

图 2-6 石英晶簇

2.2.2 矿物的物理性质

由于成分和结构的不同，每种矿物都有自己特有的物理性质。矿物的物理性质是鉴别矿物的主要依据。

1. 颜色

颜色是矿物对不同波长可见光吸收程度的反映。它是矿物最明显、最直观的物理性质。据成色原因，颜色可分为自色、他色和假色等。自色是矿物本身固有的成分、结构所决定的颜色，具有鉴定意义，例如黄铁矿的浅铜黄色。他色是某些透明矿物混有不同外来带色杂质或气泡等包裹体引起的。假色是由矿物表面的氧化膜或解理面等引起的，如云母等矿物因光程差引起干涉色——晕色。常以标准色谱的红、橙、黄、绿、蓝、靛、紫以及白、灰、黑来说明矿物的颜色，也可以用最常见的实物颜色描述矿物的颜色，如砖红色、橘黄色、橄榄绿色等。

2. 光泽

光泽是矿物表面反射光线时表现出的特点。根据矿物表面反光程度的强弱，常用类比方法将光泽分为四个等级：①金属光泽，反光很强，犹如电镀的金属表面那样光亮耀眼；②半金属光泽，比金属的亮光弱，似未磨光的铁器表面；③金刚光泽；④玻璃光泽。金刚光泽和玻璃光泽同属非金属光泽。另外，由于矿物表面不平、内部有裂纹或成隐晶质和非晶质集合体等，可形成某种独特的光泽，如丝绢光泽、油脂光泽、蜡状光泽、珍珠光泽、土状光泽等。矿物遭受风化后，光泽强度就会有不同程度的降低，如玻璃光泽变为油脂光泽等。

3. 透明度

透明度是指矿物透过可见光波的能力，即光线透过矿物的程度。透明度受厚度影响，故一般以 0.03 mm 的规定厚度作为标准进行对比。肉眼鉴定矿物时，一般可分成透明、半透明和不透明三级。

4. 条痕

条痕是矿物粉末的颜色，一般是指矿物在白色无釉瓷板上划擦时所留下的粉末的颜色。条痕色比矿物的颜色更为固定，但只适用于一些深色矿物（如黄铁矿等），对浅色矿物无鉴定意义。

5. 解理和断口

矿物在外力作用(如敲打或挤压等)下,严格沿着一定方向破裂并产生光滑平面的性质称为解理。这些平面叫作解理面。根据解理面产生的难易程度,可将矿物的解理分成五个等级:①极完全解理,解理面极完好,平坦而极光滑,矿物晶体可劈成薄片,如云母等;②完全解理,矿物晶体容易劈成小的规整的碎块或厚板块,解理面完好,且平坦、光滑,如方解石等;③中等解理,破裂面不甚光滑,往往不连续,如辉石等;④不完全解理,一般难发现解理面,偶尔可见小而粗糙的解理面;⑤极不完全解理,极难出现解理面,多形成断口,一般称为无解理。不同种类矿物的解理发育程度不同。有些矿物无解理,有些矿物有一向或数向程度不同的解理。如云母有一向解理,长石有二向解理,方解石则有三向解理,见图 2-7。如果矿物受外力作用,无固定方向破裂并呈现各种凹凸不平的断面,如贝壳状、锯齿状及参差状等,则叫作断口。断口出现的程度与解理的完善程度互为消长。

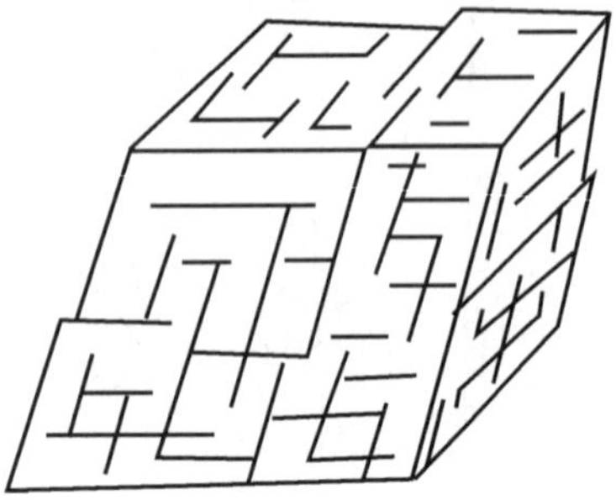

图 2-7 方解石的三向解理

6. 硬度

硬度指矿物抵抗外力的刻划、压入或研磨等机械作用的能力。这里只介绍刻划硬度。在鉴定矿物时常用一些矿物互相刻划比较测定其相对硬度,一般以 10 种矿物分为 10 个相对等级作为标准,称为摩氏硬度计(Mohs,1820),见表 2-1。在实际工作中还可以用常见的物品来大致测定矿物的相对硬度,如指甲硬度为 2 ~ 2.5 度,玻璃为 5.5 ~ 6 度,小刀为 5 ~ 5.5 度,钢刀为 6 ~ 7 度。矿物的硬度是指单个晶体的硬度,纤维状、细分散土状等集合方式对矿物的硬度有影响,难以测定矿物的真实硬度。

表 2-1 摩氏硬度计

硬度	1	2	3	4	5	6	7	8	9	10
矿物	滑石	石膏	方解石	萤石	磷灰石	长石	石英	黄玉	刚玉	金刚石

7. 其他性质

相对密度、磁性、弹性、挠性、脆性、延展性等对于鉴定某些矿物有时也是十分重要的。与稀盐酸反应的程度是鉴定方解石、白云石等矿物的有效手段之一。

2.2.3 常见造岩矿物的鉴定特征

正确地识别和鉴定矿物,对于岩石命名、鉴定和研究岩石的性质,是一项不可缺少而又非常重要的工作。准确的鉴定方法需借助各种仪器或化学分析。最常用的仪器有偏光显微镜、电子显微镜等。对于一般常见矿物,用简易鉴定方法(或称肉眼鉴定方法)即可进行初步鉴定。所谓简易鉴定方法,即借助小刀、放大镜、条痕板等简单工具对矿物进行直接观察测试。为了便于鉴定,表 2-2 列出了常见造岩矿物的鉴定特征。

表2-2 常见造岩矿物的鉴定特征

序号	矿物名称、化学成分	形态	颜色	光泽	解理、断口	硬度	相对密度
1	石英 SiO_2	晶体为六棱柱与菱面体组成的聚形，集合体为晶簇状、粒状、致密块状	纯者无色透明、乳白色，含杂质时颜色各异	玻璃光泽，断口油脂光泽	无解理，偶见贝壳状断口	7	2.65
2	正长石 $K[AlSi_3O_8]$	短柱状或厚板状，可能有卡式双晶	肉红、褐黄、浅黄色，或带浅黄的灰白色	玻璃光泽	两向解理正交，一向完全，一向中等或完全	6	2.57
3	斜长石 $Na[AlSi_3O_8]$ ~ $Ca[Al_2Si_2O_8]$	晶体常呈板状或板条状，常见聚片双晶	白色或灰白色	玻璃光泽	两向解理，交角86°，一向完全，一向中等或完全	6	2.60 ~ 2.76
4	普通角闪石 $Ca_2Na(Mg,Fe)_4(Al,Fe)[(Si,Al)_4O_{11}]_2(OH)_2$	晶体常呈长柱状，有时为分散柱状、纤维状、粒状集合体	暗绿色或绿黑色	玻璃光泽	两向解理，中等或完全，平行柱面，交角56°(124°)	5.5 ~ 6	3.1 ~ 3.3
5	普通辉石 $Ca(Mg,Fe,Al)[(Si,Al)_2O_6]$	短柱状，常呈粒状集合体	深黑、褐黑、紫黑、绿黑色等	玻璃光泽	两向解理，中等或完全，交角87°(93°)	5 ~ 6	3.23 ~ 3.52
6	橄榄石 $(Mg,Fe)_2[SiO_4]$	集合体为粒状，晶体为短柱状或厚板状	橄榄绿、淡黄绿色至黑绿色	晶面玻璃光泽，断口油脂光泽	无解理，可见贝壳状断口	6.5 ~ 7	3.27 ~ 4.37
7	黑云母 $K\{(Mg,Fe)_3[AlSi_3O_{10}](OH)_2\}$	多呈片状或鳞片状集合体，晶体为板状或短柱状	黑色、棕褐色、深褐色	晶面玻璃光泽，解理面珍珠光泽，薄片透明	一向完全解理	2.5 ~ 3	3.02 ~ 3.13
8	白云母 $KAl_2[AlSi_3O_{10}](OH)_2$	多呈片状或鳞片状集合体，晶体为板状或短柱状	银白、浅灰、浅黄、浅绿色，薄片无色	晶面玻璃光泽，解理面珍珠光泽，薄片透明	一向极完全解理	2.5 ~ 3	2.7 ~ 3.1
9	方解石 $CaCO_3$	常见单体为菱面体或六方柱状，集合体有晶簇状、粒状、致密块状、鲕状、钟乳状等	白色或无色透明，常被杂质染成浅黄、浅红、紫褐、黑等色	玻璃光泽	三向完全解理，斜交呈菱面体	3	2.6 ~ 2.9
10	白云石 $CaMg[CO_3]_2$	晶体常呈菱面体状，集合体常呈粒状、致密块状	白、灰白或浅黄、淡粉红色	玻璃光泽	三向完全解理，斜交呈菱面体	3.5 ~ 4	2.8 ~ 2.9

续表

序号	矿物名称、化学成分	形态	颜色	光泽	解理、断口	硬度	相对密度
11	石膏 $CaSO_4 \cdot 2H_2O$	板状、片状，少数呈柱状、针状，集合体呈粒状、致密块状、土状或纤维状	白色，有时无色透明，含杂质时呈灰、褐、黄等色	玻璃光泽，解理面珍珠光泽，纤维状集合体呈丝绢光泽	三向解理，其中一向极完全，一向中等，一向不完全	1.5~2	2.3
12	高岭石 $Al_4[Si_4O_{10}](OH)_8$	鳞片状、致密细粒状、土状集合体	纯者白色，含杂质时颜色各异	致密块体呈蜡状光泽，土状光泽	一向完全解理，土状断口	1.0~2.5	2.60~2.63
13	蒙脱石 $Na_x(H_2O)_4\{Al_{2-x}Mg_x[Si_4O_{10}](OH)_2\}$	常呈隐晶质土状块体，有时呈鳞片状集合体	浅灰白、浅粉红色，有时微带绿色	土状光泽，致密块状者呈蜡状光泽	鳞片状者一向完全解理	2~2.5	2.0~2.7
14	滑石 $Mg_3[Si_4O_{10}](OH)_2$	通常呈致密块状、片状或纤维状集合体	无色、白色、淡红色或浅绿色等	油脂光泽，解理面珍珠光泽	一向极完全解理(片状者)，致密块体可见贝壳状断口	1	2.58~2.83
15	绿泥石 $(Mg, Al, Fe)_6[(Si, Al)_4O_{10}](OH)_8$	常呈片状、鳞片状或粒状集合体	浅绿、深绿或黑绿色	玻璃光泽，解理面珍珠光泽	一向极完全解理	2~2.5	2.68~3.40
16	蛇纹石 $Mg_6[Si_4O_{10}](OH)_8$	致密块状，有时为纤维状、片状或胶状隐晶质集合体	浅黄绿或深暗绿色	块状为油脂光泽、蜡状光泽，纤维状为丝绢光泽	无解理	2~3	2.6~2.9
17	石榴子石 $Fe_3Al_2(SiO_4)_3$	菱形十二面体，四角三八面体，集合体为粒状或致密块状	深褐或紫红、褐黑等色	玻璃光泽，断口油脂光泽	次贝壳或参差状断口	6.5~7.5	3.5~4.2
18	黄铁矿 FeS_2	立方体，五角十二面体，集合体常呈致密块状、粒状	浅铜黄色，条痕绿黑或褐黑色	金属光泽	参差状断口	6~6.5	4.9~5.2
19	赤铁矿 Fe_2O_3	常呈显晶质的板状、鳞片状、粒状及隐晶质的致密块状、鲕状、豆状、肾状等集合体	显晶质呈钢灰至铁黑色，隐晶质呈肾状、鲕状者为暗红色，条痕樱桃红色	金属光泽至半金属光泽	无解理	5~6	5.0~5.3

2.3 岩浆岩

2.3.1 岩浆岩的成因与产状

岩浆岩又称火成岩，是岩浆冷凝固结后形成的岩石。岩浆位于地幔或地壳深处，是由以硅酸盐为主和一部分金属硫化物、氧化物、水蒸气及其他挥发性物质（CO_2、CO、SO_2、HCl、H_2S等）组成的炽热、黏稠熔融体。根据岩浆中SiO_2的相对含量从多到少的变化，可把岩浆分为酸性岩浆、中性岩浆、基性岩浆及超基性岩浆。酸性大的岩浆的特点是富含钾、钠氧化物和硅酸，而铁、镁和钙氧化物较少。酸性岩浆黏性较大、温度较低、流动性小。基性岩浆富含铁、镁氧化物，而钠、钾氧化物和硅酸含量较少。基性岩浆黏性小、温度高、流动性大。

岩浆主要通过地壳运动沿地壳薄弱地带上升冷却凝结。其中侵入周围岩层中形成的岩浆岩称为侵入岩。根据形成深度，侵入岩又可分为深成岩（形成深度大于3 km）和浅成岩（形成深度小于3 km）。而岩浆喷出地表冷凝和堆积形成的岩浆岩则称为喷出岩，包括火山碎屑岩和熔岩。

岩浆岩的产状是指岩浆岩体的形态、规模、与围岩的接触关系、形成时所处的地质构造环境及距离当时地表的深度等。岩浆岩的产状可分为两大类（图2-8）。

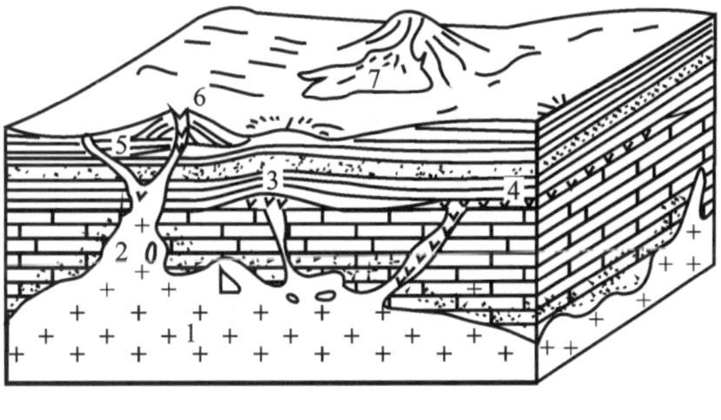

图2-8 岩浆岩的产状

1—岩基 2—岩株 3—岩盘 4—岩床

5—岩墙与岩脉 6—火山锥 7—熔岩流

1. 侵入岩岩体产状

(1)岩基

岩基是一种规模庞大的岩体，横截面面积一般大于60 km²，往往呈长圆形，与围岩的接触面不规则。构成岩基的岩石多是花岗岩类岩石，岩性均匀稳定，是良好的建筑地基。

(2)岩株

岩株是一种形体较岩基小的岩体，平面上呈圆形或不规则状，横截面面积小于60 km²，主要由中性、酸性岩石组成。岩株与围岩的接触面不平直，边缘常有规模较小的分支贯入围岩之中，有时是岩基的一部分，也常是岩性均一的良好地基。

(3)岩盘和岩盆

岩盘又称岩盖,是一种中心厚度较大、底部较平、顶部呈穹隆状的层间侵入体,分布范围可达数平方千米,多由酸性、中性岩石组成。中心下凹、形如碟或浅盆的层间侵入体则叫作岩盆。组成岩盆的岩石以基性岩为主。

(4)岩床

岩床是一种沿原有岩层层面侵入、延伸分布且厚度稳定的板状侵入体。常见的厚度多为几十厘米至几米,延伸长度多为几百米至几千米。组成岩床的岩石以基性岩和超基性岩为主。

(5)岩墙与岩脉

岩墙是沿岩层裂隙或断层侵入形成的板状的岩浆岩体,与围岩层理或片理斜交,宽为几厘米到数十米,长为数米到数千米。组成岩墙的岩石从基性岩到酸性岩均有。岩墙与围岩之间没有成因上的联系。岩脉是一种近似岩墙的岩体,其特点是与围岩之间有成因上的密切关系,如花岗岩中的伟晶、细晶岩脉。

2. 喷出岩岩体产状

喷出岩的产状与火山喷发方式和喷出物的性质有关。

(1)中心式喷发

中心式喷发指岩浆沿着一定的颈状管道喷达地表,是近代火山活动最常见的喷发形式之一,随着喷发常有强烈的爆发现象。常见形状是火山喷发物——熔岩和火山碎屑物围绕火山通道堆积形成的锥状体,叫作火山锥。全部由火山碎屑物组成的火山锥叫火山碎屑锥;全部由熔岩组成的叫熔岩锥;有火山碎屑物也有熔岩的叫混合锥。黏度较小的基性熔岩自火山口沿某一方向流出,形成熔岩流。黏度大、挥发性成分少的酸性、碱性熔岩在火山口周围形成岩钟等。

(2)裂隙式喷发

裂隙式喷发指岩浆沿一定方向的狭长裂缝(断裂带)喷出地表。喷发的黏度小的基性熔浆常沿地面流动,形成厚度相对稳定、面积广大的熔岩被。黏度较大的岩浆可形成熔渣锥、熔渣堤、熔岩脊等。

2.3.2 岩浆岩的化学成分及矿物成分

岩浆岩主要由 SiO_2、Al_2O_3、Fe_2O_3、FeO、MgO、CaO、Na_2O、K_2O 和 H_2O 等氧化物组成,它们约占岩浆岩平均化学成分的98%。其中,SiO_2是最多且最重要的,是反映岩浆性质、直接影响岩浆岩矿物成分变化的主要因素。常依 SiO_2 含量将岩浆岩划分为超基性岩(SiO_2含量 <45%)、基性岩(SiO_2含量为 45% ~52%)、中性岩(SiO_2含量为 52% ~65%)、酸性岩(SiO_2 含量 >65%)四类。

从超基性岩至酸性岩,随着 SiO_2的含量增加,FeO、MgO 的含量逐渐减少,K_2O、Na_2O 的含量逐渐增加,CaO 和 Al_2O_3的含量由超基性的纯橄榄岩至基性的辉长岩增加较多,向酸性的花岗岩则减少。

岩浆岩的矿物成分不仅可反映岩石的化学成分和生成条件,是岩浆岩分类命名的主要依据之一,也直接影响岩石的工程地质性质。所以,在研究岩石时要重视矿物的组成和识别鉴定。组成岩浆岩的矿物有30多种,按其颜色及化学成分的特点可分为浅色矿物和深色矿物两类。浅色矿物富含硅、铝成分,如正长石、斜长石、石英等;深色矿物富含铁、镁成分,如黑云母、角闪石、辉石、橄榄石等。但对于某一具体岩石,并不是这些矿物都同时存在,通常仅由两三种主要矿物组成。例如,辉长岩主要由斜长石和辉石组成,花岗岩则由石英、正长石和黑云母组成。

2.3.3 岩浆岩的结构

岩浆岩的结构是指组成岩石的矿物的结晶程度、颗粒大小、晶体形态、自形程度和矿物(包括玻璃)的相互组合关系所反映出来的岩石构成的特征。岩浆岩的结构特征是岩浆成分和岩浆冷凝时的物理环境的综合反映。它是区分和鉴定岩浆岩的重要标志之一,也直接影响岩石的强度。岩浆岩的结构分类如下。

1. 按岩石中矿物的结晶程度划分

(1)全晶质结构

岩石全部由已结晶的矿物组成,如图2-9中的1所示,多见于深成岩中,如花岗岩。

(2)半晶质结构

岩石由部分晶体和部分玻璃质组成,如图2-9中的2所示,多见于喷出岩中,如流纹岩。

(3)玻璃质(非晶质)结构

岩石几乎全部由未结晶的玻璃质组成,如图2-9中的3所示,多见于喷出岩中,如黑曜岩、浮岩等,是岩浆迅速上升至地表时温度骤然下降来不及结晶所致。

图2-9 按结晶程度划分的三种结构
1—全晶质结构 2—半晶质结构
3—玻璃质结构

2. 按岩石中矿物颗粒的绝对大小划分

(1)显晶质结构

显晶质结构是指岩石中的矿物颗粒凭肉眼观察或借助于放大镜能分辨出矿物颗粒者。按最主要矿物颗粒的直径大小又可分为:①粗粒结构,颗粒直径>5 mm;②中粒结构,颗粒直径为1~5 mm;③细粒结构,颗粒直径为0.1~1 mm。

(2)隐晶质结构

隐晶质结构是指颗粒直径小于0.1 mm,肉眼和放大镜均不能分辨,在显微镜下才能看出矿物晶粒特征者,是浅成侵入岩和熔岩中常有的一种结构。这种结构很致密,一般无玻璃光泽和贝壳状断口,常有瓷状断口。

3. 按岩石中矿物颗粒的相对大小划分

(1)等粒结构

岩石中同种主要矿物的颗粒大小大致相等。

(2)不等粒结构

岩石中主要矿物的颗粒大小不等,且粒度大小呈连续变化系列,可称为连续不等粒结构。

(3)斑状结构和似斑状结构

岩石由两群直径相差甚大的矿物颗粒组成,大晶粒散布在细小晶粒及玻璃质之中,大的叫斑晶,细小的叫基质。基质为隐晶质及玻璃质的,称为斑状结构;基质为显晶质的,称为似斑状结构。斑状结构是浅成岩及部分喷出岩所特有的结构。其形成原因是斑晶形成于地壳深处,而基质是后来含斑晶岩浆上升至地壳较浅处或喷溢出地表后才形成的。似斑状结构主要分布于浅成侵入岩和部分中深成侵入岩中。似斑状结构的斑晶和基质同时形成于相同环境,斑晶常因某种成分过剩而形成。

此外,按岩石中矿物晶体的形态特点,可以分为自形晶、半自形晶及他形晶等结构类型。

2.3.4 岩浆岩的构造

岩浆岩的构造是指岩石中的不同矿物集合体或集合体与其他组分在空间的排列、配置和充填方式所反映出来的岩石构成的特征。常见的岩浆岩构造有如下几种。

1. 块状构造

块状构造的特征是矿物分布比较均匀,岩石结构也均一,是岩浆岩中最常见的一种构造。

2. 流纹构造

流纹构造是酸性熔岩中最常见的一种构造,是由不同颜色的矿物、玻璃质和拉长的气孔等沿熔岩流动方向平行排列所形成的一种构造。此外,侵入岩中可能还有岩浆在流动过程中所形成的流动构造,包括流线构造和流面构造。

3. 气孔构造和杏仁构造

岩浆喷出地表后,岩浆中汇集于岩流顶部的尚未逸出的气体形成圆形、椭圆形或管状空洞,称为气孔构造。基性喷出岩的气孔多呈球形或椭球形,酸性喷出岩的气孔多不规则。有的岩石气孔极多,以至岩石呈泡沫状块体,如浮岩。

熔岩流中的气孔被次生矿物充填,如方解石、石英、玉髓、绿泥石等,形似杏仁,故名杏仁构造。

2.3.5 岩浆岩的分类及简易鉴定方法

1. 岩浆岩的分类

自然界中的岩浆岩种类繁多。岩浆岩的分类依据通常为岩石的化学成分、矿物组成、产状、结构和构造等。首先,根据岩浆岩的化学成分(主要是 SiO_2 的含量)及由化学成分所决定的岩石中矿物的种类与含量关系,岩浆岩可分成酸性岩、中性岩、基性岩及超基性岩。其次,根据岩浆岩的形成条件,岩浆岩可分为喷出岩、浅成岩和深成岩。在此基础上,再进一步考虑岩浆岩的产状、结构、构造等因素。据此划分的岩浆岩的主要类型如表 2-3 所示。

表 2-3 岩浆岩分类表

<table>
<tr><td colspan="4">岩石类型</td><td>酸 性</td><td colspan="2">中 性</td><td>基 性</td><td>超基性</td></tr>
<tr><td colspan="4">化学成分特点</td><td colspan="3">富含 Si、Al</td><td colspan="2">富含 Fe、Mg</td></tr>
<tr><td colspan="4">SiO_2含量(%)</td><td>>65</td><td colspan="2">52 ~ 65</td><td>45 ~ 52</td><td><45</td></tr>
<tr><td colspan="4">颜 色</td><td colspan="5">浅色(灰白、浅红、褐色等)→深色(深灰、黑、暗绿色等)</td></tr>
<tr><td colspan="4">矿物成分 / 成 因 / 构造 / 结构</td><td>钾长石
石英
黑云母
角闪石</td><td>钾长石
角闪石
黑云母</td><td>斜长石
角闪石
辉石
黑云母</td><td>斜长石
辉石
角闪石
橄榄石</td><td>橄榄石
辉石
角闪石</td></tr>
<tr><td colspan="2" rowspan="2">喷出岩</td><td rowspan="2">流纹状
气孔状
杏仁状
块 状</td><td rowspan="2">玻璃质
火山碎屑
隐晶质
斑 状</td><td colspan="5">黑曜岩、浮岩、火山凝灰岩、火山角砾岩、火山集块岩</td></tr>
<tr><td>流纹岩</td><td>粗面岩</td><td>安山岩</td><td>玄武岩</td><td>苦橄岩</td></tr>
<tr><td rowspan="3">侵入岩</td><td rowspan="2">浅成岩</td><td rowspan="2">块 状</td><td>伟晶、细晶等</td><td colspan="5">各种脉岩(伟晶岩、细晶岩、煌斑岩等)</td></tr>
<tr><td>斑状、全晶质细粒状</td><td>花岗斑岩</td><td>正长斑岩</td><td>闪长玢岩</td><td>辉绿岩</td><td>苦橄玢岩</td></tr>
<tr><td>深成岩</td><td>块 状</td><td>全晶质中、粗粒状</td><td>花岗岩</td><td>正长岩</td><td>闪长岩</td><td>辉长岩</td><td>橄榄岩</td></tr>
</table>

2. 岩浆岩的简易鉴定方法

在野外进行鉴定时,首先观察岩体的产状等,判定是不是岩浆岩及属何种产状类型,然后观察岩石的颜色以初步判断岩石的类型。含深色矿物多、颜色较深的,一般为基性或超基性岩;含深色矿物少、颜色较浅的,一般为酸性或中性岩。成分相同的岩石,隐晶质的较显晶质的颜色要深一些。应注意岩石总体的颜色,并应在岩石的新鲜面上观察。接着观察岩石中矿物的成分、组合及特征,并估计每种矿物的含量,即可初步确定岩石属何大类。进一步观察岩石的结构、构造特征,区别是喷出岩还是浅成或深成岩。最后综合分析,据表 2-3 确定岩石的名称。若要准确地定出岩石的名称,则必须借助一些仪器,最常用的是偏光显微镜。

2.3.6 主要岩浆岩的特征

1. 深成岩

深成岩常形成岩基等大型侵入体,岩性一般较均一,以中、粗粒结构为主,致密坚硬,孔隙率小,透水性弱,抗水性强,故深成岩体常被选为理想的建筑场地。但有些岩体风化层很厚(>100 m),须采取处理措施。

(1)花岗岩

花岗岩是酸性深成岩,分布面积占所有侵入岩面积的 80% 以上,多呈肉红色、浅灰色。其主要矿物为钾长石、石英和酸性斜长石,且钾长石多于斜长石,次要矿物为黑云母、角闪石等。花岗岩呈全晶质等粒状结构,块状构造,产状多为岩基、岩株,可作为良好的建筑物地基及天然建筑石料。若钾长石与斜长石略等,则称为石英二长岩。如果斜长石多于钾长石,且暗色矿物多,则叫作花岗闪长岩。

(2)正长岩

正长岩属中性或半碱性深成岩,常呈浅灰、浅肉红、浅灰红等色。其主要矿物成分为钾长石、角闪石,次要矿物有黑云母等,不含石英或含量极少,呈等粒状结构,块状构造。其物理力学性质与花岗岩类似,但不如花岗岩坚硬,且易风化,极少单独产出,主要与花岗岩等共生。

(3)闪长岩

闪长岩是中性深成岩,呈浅灰至深灰色。其主要矿物成分为中性斜长石、角闪石,其次为黑云母、辉石及石英等,呈等粒状结构,块状构造。闪长岩分布广泛,多与辉长岩或花岗岩共生,也可呈岩墙产出,可作为各种建筑物的地基和建筑材料。

(4)辉长岩

辉长岩是基性深成岩,呈黑色或灰黑色,矿物成分以基性斜长石和辉石为主,也含有少量的角闪石、橄榄石等。辉长岩呈中、粗粒结构,块状构造,常呈岩盘或岩基产出。

2. 浅成侵入岩

浅成岩多以岩床、岩墙、岩脉等状态产出,有时相互穿插。颗粒细小的岩石强度高,不易风化。这些小型侵入体与围岩接触的部位岩性不均一,节理裂隙发育,岩石破碎,风化蚀变严重,透水性大。

(1)花岗斑岩

花岗斑岩为酸性浅成岩,成分与花岗岩相同,具斑状或似斑状结构。斑晶和基质均主要由钾长石、酸性斜长石、石英组成,斑晶所占面积大于基质。若斑晶以石英为主,则称为石英斑岩。

(2)闪长玢岩

闪长玢岩为中性浅成岩,矿物成分与闪长岩相同。闪长玢岩呈斑状结构,斑晶主要为斜长石,基质为细粒至隐晶质,常为灰色,如有次生变化,则多为灰绿色。闪长玢岩呈块状构造,常呈岩床、岩墙或在闪长岩体边部产出。

(3)辉绿岩

辉绿岩是基性浅成岩,呈暗绿或黑色,矿物成分与辉长岩相同。辉绿岩呈细粒结构或辉绿结构,后者为由自形—半自形的斜长石晶体(长条状或针状)构成格架,辉石填入其中的特殊结构,常呈块状构造,多呈岩床、岩墙产出,具有良好的物理力学性质,但常因节理发育,较易风化。

(4)脉岩类

脉岩是呈岩脉状或岩墙状产出的浅成侵入岩,常位于深成侵入岩内部或附近的围岩中,充填在裂隙内。根据矿物成分和结构特征,脉岩可分为伟晶岩、细晶岩和煌斑岩等三类。

伟晶岩是巨粒浅色脉岩,颗粒大小一般在 1 cm 以上,有的可达几米至几十米。按矿物成分可分为花岗伟晶岩、正长伟晶岩、闪长伟晶岩等,但仅花岗伟晶岩较为常见,故一般所称的伟晶岩即指花岗伟晶岩。花岗伟晶岩由粗大的钾长石、石英、斜长石构成,常具文象结构。

细晶岩是细粒结构的浅色脉岩。不同的细晶岩成分相差很大,最常见的是花岗细晶岩。

以细粒石英和长石为主要成分的花岗细晶岩也叫作长英岩。

煌斑岩是深色脉岩类岩石的总称。其特点是全晶质，常具明显的斑状结构，也有细粒结构。其矿物成分以黑云母和角闪石为主，也有辉石、橄榄石以及斜长石等。最常见的是黑云母煌斑岩。

3. 喷出岩

喷出岩一般原生孔隙和柱状节理比较发育，产状不规则，厚度变化大，岩性很不均一。因此，喷出岩强度低，透水性强，抗风化能力差。但对于安山岩和流纹岩等，如果孔隙、节理不发育，颗粒细或呈致密玻璃质，则强度高，抗风化能力强，也属良好的建筑物地基。需注意的是喷出岩覆盖在其他岩层之上的特点。

(1)流纹岩

流纹岩是酸性喷出岩，呈岩流状产出，大都呈灰、灰白和灰红等较浅的颜色。流纹岩呈斑状结构，含量较少且较为细小的斑晶为钾长石和石英等矿物，基质多为玻璃质，常具流纹构造、气孔构造。因岩性坚硬、强度较高，所以流纹岩是良好的建筑材料。

(2)粗面岩

粗面岩是成分和正长岩相当的中性喷出岩，常呈浅灰、浅褐、灰黄等色。它多具斑状结构，斑晶常为正长石，基质为隐晶质。粗面岩表面常有粗糙感，常为块状构造，少有气孔构造。斑晶中若有石英，可称为石英粗面岩。

(3)安山岩

安山岩是分布较广的中性喷出岩，呈灰、红褐或浅褐色，常呈斑状结构。斑晶为斜长石，基质为玻璃质或玻璃—隐晶质，也常呈隐晶质结构。安山岩常为块状或气孔、杏仁构造，有不规则的板状或柱状原生节理，常呈块状熔岩流产出。

(4)玄武岩

玄武岩是分布较广的基性喷出岩，呈黑、灰绿及暗紫等色。其主要矿物成分与辉长岩相同，多呈细粒至隐晶质结构，也有玻璃质结构和斑状结构。玄武岩呈致密块状，气孔构造及杏仁构造较普遍，柱状节理普遍发育。它岩性坚硬，但多孔时强度较低，较易风化。

(5)火山碎屑岩类

火山碎屑岩类是火山活动时形成的火山碎屑物质，如火山尘（粒径 <0.01 mm）、火山灰（粒径为0.01 ~2 mm）、火山砾（粒径为 2 ~50 mm）、火山渣、火山弹及火山块（粒径 >50 mm）等。它们在火山口附近就地堆积，或在空气或水中搬运、降落、沉积、固结形成岩石，如火山凝灰岩、火山角砾岩、火山集块岩等。其中，火山凝灰岩最为常见。

火山凝灰岩一般由粒径小于2 mm 的火山灰和碎屑堆积而成。碎屑物质有岩屑、矿物晶屑、玻璃碎屑等，胶结物为火山尘及火山灰的次生化学分解物（蛋白石、黏土、碳酸盐等），具典型的凝灰结构、块状构造。这种岩石孔隙率大，重度小，性质较弱，强度低，易风化，风化后常形成以蒙脱石为主的膨润土，因其具有很强的可塑性和膨胀性，所以常给工程建设带来困难和危害。

2.4 沉积岩

沉积岩是在地壳表层常温常压条件下，由风化作用、生物作用和某些火山作用产生的物质，经搬运、沉积和成岩等一系列地质作用而形成的层状岩石。沉积岩广泛分布于地表，占陆地面积的75%。因此，许多工程都选在沉积岩地区建设。沉积岩也是应用很广的一种建筑材料。

2.4.1 沉积岩的形成

沉积岩的形成是一个长期而复杂的地质作用过程，一般可分为四个阶段。

1. 风化与剥蚀阶段

风化作用指地表或接近地表的岩石在温度变化、水、氧和生物等因素的作用下，在原地发生机械崩解或化学分解，形成松散碎屑物质、新的矿物或溶解物质。这些风化产物就构成了沉积岩的物质来源。风化作用详见第4章。剥蚀作用指各种外力在运动状态下对地面岩石及风化产物的破坏作用，可分为机械剥蚀作用与化学剥(溶)蚀作用两种方式。

2. 搬运阶段

搬运作用指原岩风化和剥蚀产物被流水、风、冰川、重力及生物等搬运到其他地方。搬运方式包括机械搬运和化学搬运两种。流水的搬运使碎屑物质颗粒逐渐变细，并从棱角状变成浑圆形。化学搬运最终将溶解物质带到湖、海中去。

3. 沉积阶段

当搬运能力减弱或物理化学环境改变时，被搬运的物质逐渐沉积下来。一般可将沉积分为机械沉积、化学沉积和生物化学沉积。机械沉积是受重力支配的，碎屑物质通常按颗粒大小顺序沉积，即沿着搬运方向依次沉积砾粒、砂粒、粉粒和黏粒。例如在同一条河流中，上游沉积物质颗粒较粗，往中、下游逐渐变细。化学沉积包括胶体溶液和真溶液的沉积，如氧化物、硅酸盐、碳酸盐等的沉积。生物化学沉积主要是由生物遗体沉积及生物活动所引起的，如生物礁沉积以及藻类进行光合作用吸收 CO_2 促进碳酸盐的沉淀。沉积作用包括海洋沉积和大陆沉积。

4. 成岩阶段

成岩作用指松散的沉积物转变成坚硬的沉积岩。成岩作用主要有四种：①压实，即上覆沉积物的重力作用导致下伏沉积物孔隙减少、变小，水分被挤出，从而变得紧密坚硬；②脱水，深埋于地下的沉积物在压力和温度的共同作用下，不仅可以排出沉积物颗粒间的吸附水，而且可使胶体矿物或某些含水矿物失去胶体水或结构水变为新矿物，如石膏变为硬石膏等；③胶结，其他物质充填到碎屑沉积物的粒间孔隙中，使其黏结在一起；④重结晶作用与新矿物的生长，产生结晶质间的联结。

2.4.2 沉积岩的矿物组成

组成沉积岩的常见矿物仅有20多种，按成因类型可分为四类：①碎屑矿物，也称原生矿物，是原岩遭受机械风化后破碎而成的碎屑物质再经机械搬运作用和沉积作用产生的沉积物，如石英、长石、白云母等一些耐磨损而抗风化性较强和较稳定的矿物；②黏土矿物，是原岩经风化分解后由长石等生成的次生矿物，如高岭石、蒙脱石、水云母等，常形成粒径小于0.005 mm的黏土颗粒，呈胶体状态或机械悬浮状态被搬运至海洋或湖泊中沉淀下来；③化学沉积矿物，是从真溶液或胶体溶液中沉淀出来的或是由生物化学沉积作用形成的矿物，如方解石、白云石、石膏、岩盐、蛋白石、玉髓、铁和锰的氧化物或氢氧化物等；④生物物质，是生物残骸或经有机化学变化而形成的矿物，如贝壳、珊瑚礁、硅藻土、泥炭、石油等。

在以上矿物中，石英、长石及白云母也是岩浆岩中常见的矿物，其他矿物则是在地表条件下形成的特有矿物。

此外，沉积岩中还可能有火山物质及宇宙物质。

2.4.3　沉积岩的结构

沉积岩的结构是指沉积岩组成物质的形状、大小、结晶程度及相互关系。沉积岩的结构主要有下列四种。

1. 碎屑结构

碎屑结构是碎屑物质被胶结物黏结起来而形成的一种结构，特征有以下两方面。

(1)颗粒大小及形状

按碎屑粒径大小可将碎屑结构分为下列几类：①砾状结构，碎屑粒径大于2 mm；②砂质结构，进一步分为粗砂结构(碎屑粒径为0.5～2 mm)、中砂结构(碎屑粒径为0.25～0.5 mm)、细砂结构(碎屑粒径为0.05～0.25 mm)；③粉砂质结构(碎屑粒径为0.005～0.05 mm)。颗粒形状是指碎屑颗粒的磨圆程度，可分为棱角状、次棱角状、圆状和极圆状等四种。颗粒磨圆程度受颗粒硬度、相对密度的大小及搬运历程等因素影响。

(2)胶结物及胶结类型

胶结物的性质及胶结类型对碎屑岩类的物理力学性质有显著影响。胶结物主要是由碎屑颗粒沉积后滞留或环流于颗粒之间的空隙溶液中的溶解物经化学作用沉淀而成的。常见的胶结物有以下几种：①硅质，胶结物成分为 SiO_2，颜色浅，岩性坚固，强度高，抗水性及抗风化性强；②铁质，胶结物成分为铁的氧化物和氢氧化物，常呈红色或棕色，岩石强度次于硅质胶结物；③钙质，胶结物成分为Ca、Mg的碳酸盐，呈白灰、青灰等色，岩石较坚固，强度较大，但性脆，具可溶性，遇盐酸起泡；④泥质，胶结物成分为黏土矿物，一般是与碎屑颗粒同时沉积的混入物，多呈黄褐色，性质松软，易破碎，遇水后易泡软、松散。

胶结类型指胶结物与碎屑颗粒的相对含量及颗粒之间的相互关系，常见的胶结类型有三种，见图2-10。①基底胶结，胶结物含量多，碎屑颗粒孤立地散布于胶结物中，彼此互不接触，这种胶结方式的坚固程度视胶结物而定，基底胶结代表碎屑与胶结物同时沉积，是快速堆积的产物。②孔隙胶结，碎屑颗粒紧密接触，胶结物充填于粒间孔隙中，这种胶结方式通常不很坚固，孔隙胶结一般是碎屑在稳定的水流中先沉积成颗粒紧密的堆积体，而颗粒孔隙中的胶结物是成岩期孔隙溶液的化学沉淀物质。③接触胶结，胶结物含量极少，碎屑颗粒互相接触，胶结物存在于颗粒的接触处，这种胶结方式最不牢固，接触胶结形成于成岩阶段，有些是原来的胶结物被淋滤掉的结果。

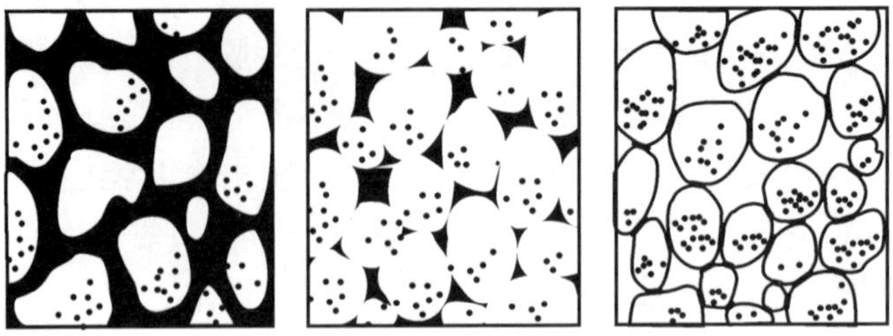

(a) (b) (c)

图 2-10 碎屑岩的胶结类型

(a)基底胶结 (b)孔隙胶结 (c)接触胶结

2. 泥质结构

泥质结构指由极细小的黏土质点所组成的、比较致密均一和质地柔软的结构。这种结构几乎全部由粒径小于 0.005 mm 的黏土颗粒组成，是黏土岩的主要特征，特点是手摸有滑感，用刀切呈平滑切面，断口呈贝壳状。有粉砂混入物时叫作泥质—粉砂结构，有粗糙感，刀切面粗糙，断口呈粗瓷状。

3. 化学结构

化学结构指由化学作用或生物化学作用从溶液中沉淀的晶粒或重结晶晶粒形成的结构。晶粒很细时，肉眼看起来往往具有致密均一的特征，主要在石灰岩、白云岩和硅质岩中发育。

4. 生物结构

生物结构几乎全部是由生物遗体或生物碎片所组成的，如生物碎屑结构、贝壳结构等。

2.4.4 沉积岩的构造

沉积岩的构造是指沉积岩中各种物质成分的空间分布和排列方式。

1. 层理构造

层理是沉积岩在形成过程中，由于沉积环境的改变所引起的沉积物质的成分、颗粒大小、形状或颜色在垂直方向发生变化而显示成层的现象。层理是沉积岩最重要的一种构造特征，是沉积岩区别于岩浆岩和变质岩的最主要标志。

根据层理的形态，可将层理分为三种类型，见图 2-11。

(1)水平层理

水平层理是由平直且与层面平行的一系列纹层组成的层理，见图 2-11(a)，主要见于细粒岩石(黏土岩、粉细砂岩、泥晶灰岩等)中。水平层理是在比较稳定的水动力条件下(如河流的堤岸带、闭塞海湾、海和湖的深水带等)，从悬浮物或溶液中缓慢沉积而成的。此外，还有平行层理，它貌似水平层理，但出现在粒度较大的砂岩中，沿纹层易剥开，在剥开面上有平行的条纹。它形成于急流、水浅的水流条件下。

(a)　(b)　(c)　(d)

图 2-11　沉积岩的层理类型

(a)水平层理　(b)单斜层理　(c)交错层理　(d)透镜体及尖灭层

(2)单斜层理

单斜层理是由一系列与层面斜交的纹层组成的，纹层向同一方向倾斜并相互平行，见图 2-11(b)。它与上下层面斜交，上下层面互相平行。单斜层理是由单向水流造成的，多见于河床或滨海三角洲沉积物中。

(3)交错层理

交错层理是由多组不同方向的斜层理互相交错重叠而成的，见图 2-11(c)。交错层理是由于水流的运动方向频繁变化所造成的，多见于滨海、浅海、湖滨地带或风成堆积物中。

此外，还有波状层理、粒序层理、韵律层理等类型。

有些岩层一端较厚，另一端逐渐变薄以至消失，这种现象称为尖灭层。若在不大的距离内两端都尖灭，而中间较厚，则称为透镜体，见图 2-11(d)。

层或岩层是组成沉积地层的基本单位，它的成分、结构、内部构造和颜色基本均一。它是在较大区域内基本稳定的物理条件下形成的。层与层之间的分界面叫作层面。层面反映了沉积过程中气候的变化，也反映了沉积过程中隔一定时期重复出现的沉积作用的停顿。从顶面到底面的垂直距离为岩层的厚度。层的厚度是沉积岩的重要描述标志。根据单层厚度，层可分为巨厚层(层厚大于 1 m)、厚层(层厚为 0.5 ~1 m)、中厚层(层厚为 0.1 ~0.5 m)、薄层(层厚为 0.01 ~0.1 m)、微层(层厚不超过 0.01 m)等。

2. 层面构造

层面构造指岩层层面上由于水流、风、生物活动、阳光暴晒等作用留下的痕迹，如波痕、泥裂、雨痕等。

波痕是由于风力、流水或波浪的作用，在沉积层表面所形成的波状起伏现象，常出现于砂岩中。

泥裂主要是由于沉积物在尚未固结时即露出水面，经暴晒后形成张开的多边形网状裂缝，断面呈“V”字形。刚形成时泥裂是空的，以后常被砂、粉砂或其他物质填充。

3. 结核

结核是成分、结构、构造及颜色等与周围沉积物(岩)不同的、规模不大的矿物团块。结核形态很多，有球状、椭球状、不规则团块状等。如石灰岩中常见的燧石结核，主要是 SiO_2 在沉积物沉积的同时以胶体凝聚方式形成的；黄土中的钙质结核，是地下水从沉积物中溶解 $CaCO_3$ 后在适当地点再沉积形成的。

4. 缝合线

缝合线是指岩石剖面中呈锯齿状起伏的曲线，是在上覆岩层压力的影响下，物质发生压溶作用形成的。

5. 生物成因构造

由于生物的生命活动和生态特征而在沉积物中形成的构造称为生物成因构造，如生物礁体、叠层构造、虫迹、虫孔等。在沉积过程中，若有各种生物遗体或遗迹（如动物的骨骼、甲壳、蛋卵、爬痕、足迹及植物的根、茎、叶等）埋藏于沉积物中，后经石化保存于岩石中，则称为化石。根据化石种类可以确定岩石形成的环境和地质年代。

2.4.5 沉积岩的分类及主要沉积岩的特征

1. 沉积岩的分类

根据组成成分、结构和形成条件，可将沉积岩分为碎屑岩、黏土岩、化学岩及生物化学岩等类型，见表2-4。

表2-4 主要沉积岩分类表

<table>
<tr><th>岩类</th><th colspan="2">结构</th><th>主要矿物成分</th><th>主要岩石</th></tr>
<tr><td rowspan="4">碎屑岩</td><td colspan="2" rowspan="2">砾状结构
（颗粒粒径 $\phi>2$ mm）</td><td rowspan="2">岩石碎屑或岩块</td><td>角砾岩</td></tr>
<tr><td>砾岩</td></tr>
<tr><td colspan="2">砂质结构
（$\phi=0.05\sim2$ mm）</td><td>石英、长石、云母、角闪石、辉石、磁铁矿等</td><td>石英砂岩、长石砂岩</td></tr>
<tr><td colspan="2">粉砂质结构（$\phi=0.005\sim0.05$ mm）</td><td>石英、长石、黏土矿物、碳酸盐矿物</td><td>粉砂岩</td></tr>
<tr><td>黏土岩</td><td colspan="2">泥质结构（$\phi<0.005$ mm）</td><td>黏土矿物为主，含少量石英、云母等</td><td>泥岩、页岩</td></tr>
<tr><td rowspan="5">化学岩
及生物
化学岩</td><td rowspan="5">化学结构
及生物结构</td><td rowspan="2">致密状、粒状、鲕状</td><td>方解石为主，白云石</td><td>泥灰岩、石灰岩</td></tr>
<tr><td>白云石、方解石</td><td>白云质灰岩、白云岩</td></tr>
<tr><td rowspan="3">结核状、鲕状、纤维状、致密状</td><td>石英、玉髓、蛋白石</td><td>燧石岩</td></tr>
<tr><td>钙、钾、钠、镁的硫酸盐及氯化物</td><td>石膏岩、石盐岩、钾石盐岩</td></tr>
<tr><td>碳、碳氢化合物、有机质</td><td>煤、油页岩</td></tr>
</table>

2. 主要沉积岩的特征

（1）碎屑岩

该类岩石具有碎屑结构，即岩石由碎屑和胶结物两部分组成。鉴别碎屑岩时，先观察碎屑粒径的大小及含量，区分是砾岩、砂岩还是粉砂岩；其次分析胶结物的性质和碎屑物质的主要矿物成分，判断所属的亚类，并确定岩石的名称。

1）砾岩及角砾岩　砾岩及角砾岩由50%以上粒径大于2 mm的碎屑颗粒胶结而成。由磨圆较好的砾石胶结而成的称为砾岩，由带棱角的角砾胶结而成的称为角砾岩。角砾岩是由带棱角的岩块经短距离搬运沉积胶结而成的，如冰碛岩、滨岸角砾岩等；砾岩则是由岩屑经较长距离搬运磨蚀后沉积、胶结而成的。砾石成分可能是矿物碎屑，但主要是岩屑。按砾石成分，砾岩可分为单成分砾岩和复成分砾岩。胶结物的成分与胶结类型对砾岩的物理力学性质有很大的影响。如硅质基底胶结的石英砾岩，非常坚硬，难以风化，而泥质胶结的砾岩则相反。

2）砂岩　砂岩是由50%以上0.05～2 mm粒级的颗粒胶结而成的。按粒度大小可细分为粗粒（碎屑粒径$\phi=0.5\sim2$ mm）砂岩、中粒（$\phi=0.25\sim0.5$ mm）砂岩、细粒（$\phi<0.25$ mm）砂岩。根据其主要碎屑成分又可分为石英砂岩、长石砂岩和岩屑砂岩。石英砂岩中90%以上的碎屑物质是石英，碎屑粒度均一，分选性好，磨圆度好，一般为硅质胶结，呈白色，质地坚硬，多为滨海沉积物。在长石砂岩的碎屑中，长石含量大于25%，岩屑含量小于10%，常为红色或黄色，一般为中、粗粒，分选性和磨圆度变化大，常为钙质或铁质胶结。岩屑砂岩中的岩屑占碎屑总量的25%以上，长石含量小于10%。岩屑成分多样，胶结物多为硅质、钙质。碎屑的分选性和磨圆度不好，颜色较深，呈灰、灰绿、灰黑等色。

3）粉砂岩　粉砂岩是0.005～0.05 mm粒级的颗粒含量大于50%的岩石，碎屑成分以石英为主，长石次之。碎屑的磨圆度差，分选性好，胶结物常为泥质、钙质和铁质。粉砂岩的常见颜色为棕红色或暗褐色，常具有薄的水平层理。粉砂岩的性质介于砂岩与黏土岩之间。

（2）黏土岩

黏土岩是主要由粒径小于0.005 mm的黏土矿物组成的岩石。常见的黏土矿物有高岭石、蒙脱石、水云母等。黏土岩中的其他矿物成分有粉砂级的石英、长石、云母、褐铁矿等。黏土岩质地均匀细腻，性质软弱，强度低，易产生压缩变形，抗风化能力较低，尤其是含蒙脱石等矿物的黏土岩，遇水后具有膨胀、崩解等特性。主要的黏土岩有以下两大类。

1）泥岩　泥岩是由黏土经脱水固结而形成的，特点是固结不紧密、不牢固、较致密；层理不发育，常呈厚层状、块状；强度较低，一般干试样的抗压强度为5～35 MPa，遇水易泥化，强度显著降低，饱水试样的抗压强度可降低50%左右，泥岩多形成于较新的地质时期。

2）页岩　页岩是黏土岩中固结较强的岩石，大部分有明显的薄层理，能沿层理分成薄片。这种特征也称为页理，风化后多呈碎片状或泥土状。根据混入物的成分或岩石的颜色可将页岩分为钙质页岩、铁质页岩、硅质页岩、黑色页岩及碳质页岩等。除硅质页岩强度稍高外，其余的易风化，性质软弱，浸水后强度显著降低。

（3）化学岩及生物化学岩

化学岩及生物化学岩指各种溶解物质和胶体物质通过化学作用方式沉积而成的岩石和通过生物生理活动使某种物质聚集而成的岩石，包括盐岩、钾盐岩、石膏、铝土岩、铁质岩、燧石岩及碳酸盐岩等。最常见的是由碳酸盐组成的岩石，以石灰岩和白云岩分布最为广泛。鉴别这类岩石时，要特别注意与盐酸试剂的反应。石灰岩在常温下遇稀盐酸剧烈起泡；泥灰岩遇稀盐酸起泡后留有泥点；白云岩在常温下遇稀盐酸不起泡，而加热或研成粉末后则起泡。多数岩石结构致密、性质坚硬、强度较高，但具有可溶性，在水流的作用下会产生溶蚀裂隙、洞穴、地下河等岩溶现象。

1）石灰岩　石灰岩简称灰岩，在深海或浅海环境中形成，矿物成分以方解石为主，有时还含有白云石、燧石等硅质矿物和黏土矿物等，常呈深灰、浅灰色，纯质灰岩呈白色。石灰岩多呈致密状，叫作结晶灰岩。另外在形成过程中，由于风浪振动，常形成一些特殊结构，如鲕状、竹叶状、团块状等。此外,还有生物碎屑灰岩(礁灰岩)、藻灰岩等类型。

2)白云岩　其矿物成分主要为白云石,其次含有少量的方解石等。形成环境同灰岩,常为浅灰色、灰白色,呈隐晶质或细晶粒状结构,硬度较灰岩略大,岩石风化面上常有刀砍状溶蚀沟纹。纯白云岩可用作耐火材料。

石灰岩与白云岩之间的过渡类型有灰质白云岩、白云质灰岩等。

3)泥灰岩　当石灰岩中黏土矿物含量为25%～50%时,称其为泥灰岩。泥灰岩常分布在石灰岩和黏土岩的过渡地带。岩石致密,呈微粒或泥质结构,颜色有灰色、黄色、褐色、红色等,强度低、易风化。泥灰岩可作为水泥原料。

2.5 变质岩

由于地壳运动和岩浆活动等造成物理化学环境改变,在高温、高压及其他化学因素作用下,原来岩石的成分、结构和构造发生一系列变化,形成的新的岩石称为变质岩(图2-12)。这种改变岩石的作用称为变质作用。

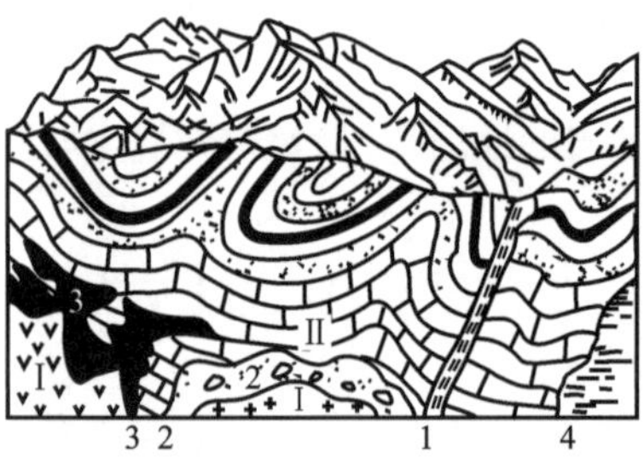

图2-12　变质岩类型示意图

1—动力变质岩　2—接触变质岩

3—接触交代变质岩　4—区域变质岩

Ⅰ—火成岩　Ⅱ—沉积岩

2.5.1 变质作用类型

引起变质作用的因素有温度、压力及化学活动性流体。变质温度范围在150～800 ℃,其基本来源包括地壳深处的高温、岩浆及地壳岩石断裂错动产生的高温等。引起岩石变质的压力包括上覆岩石自重引起的静压力、侵入岩体空隙中的流体所形成的压力以及地壳运动或岩浆活动产生的定向压力。化学活动性流体包括从岩浆中析出的水汽、各种挥发性组分以及从地球深部物质中分泌出的热液等。变质作用方式有重结晶、重组合、交代、局部熔融、变形和破碎等。

根据变质作用的地质成因和变质作用因素,将变质作用分为下列几种类型,参见图2-12。

1. 接触变质作用

接触变质作用指发生在侵入岩与围岩之间的接触带,主要由高温和从岩浆中分泌出的溶液所引起的变质作用。其中,热接触变质作用中引起变质的主要因素是温度。岩石受热后发生矿物的重结晶、脱水、脱碳以及物质的重新组合,形成新矿物与变晶结构。在接触交代变质作用中引起变质的因素除温度以外,从岩浆中析出的大量挥发性成分和热液所产生的交代作用同样具有重要意义。故侵入体和围岩的岩性及化学成分有显著的变化,产生大量新矿物,形成的岩石有石英岩、大理岩、角岩、矽卡岩等。

接触变质带的岩石一般较破碎,裂隙发育,透水性大,强度较低。

2. 区域变质作用

区域变质作用是在广大范围(大于数千立方米)内发生,由温度、压力以及化学活动性流体等多种因素引起的变质作用。变质作用方式以重结晶、变形、重组合为主。例如,黏土质岩石可变为片岩和片麻岩。区域变质岩的岩性在很大范围内是比较均匀一致的，强度取决于岩石本身的结构和成分等。

3. 动力变质作用

动力变质作用指地壳构造变动时产生的强烈定向压力使岩石发生的变质作用，也叫碎裂变质作用。其特征是常与较大的断层带伴生，原岩挤压破碎、变形并有重结晶现象，可形成断层角砾岩、碎裂岩、糜棱岩等，并可有叶蜡石、蛇纹石、绿帘石等变质矿物产生。

此外，还有混合岩化作用、冲击变质作用。

2.5.2 变质岩的矿物成分

组成变质岩的矿物，一部分与岩浆岩或沉积岩相同，如石英、长石、云母、角闪石、辉石、磁铁矿、方解石及白云石等；另一部分是变质作用产生的特有的变质矿物，如红柱石、矽线石、蓝晶石、硅灰石、刚玉、绿泥石、绿帘石、绢云母、滑石、叶蜡石、蛇纹石、石榴子石、石墨等。这些矿物具有变质分带指示作用，如绿泥石、绢云母、蛇纹石多出现在浅变质带，白云母、黑云母、蓝晶石代表中变质带，而矽线石、硅灰石则存在于深变质带中。这类矿物称为特征变质矿物。

2.5.3 变质岩的结构

1. 变晶结构

岩石在固体状态下发生重结晶和变质结晶所形成的结构称为变晶结构。它表现为矿物形成、长大而且晶粒互相紧密嵌合。这是变质岩石中最常见的结构。该类结构中矿物多呈定向排列。

(1)按变晶矿物的粒度分类

按变晶矿物颗粒的相对大小，变晶结构可分为等粒变晶结构、不等粒变晶结构及斑状变晶结构；按变晶矿物颗粒的绝对大小，可分为粗粒变晶结构（主要矿物颗粒直径 $\phi > 3$ mm）、中粒变晶结构（$\phi = 1 \sim 3$ mm）、细粒变晶结构（$\phi = 0.1 \sim 1$ mm）、显微变晶结构（$\phi < 0.1$ mm）。

(2)按变晶矿物颗粒的形状分类

按变晶矿物颗粒的形状，变晶结构可分为粒状变晶结构、柱状变晶结构、鳞片状变晶结构、角岩变晶结构及纤维状变晶结构等。

2. 碎裂结构

碎裂结构是由于岩石在低温下受定向压力作用，当压力超过其强度极限时发生破裂、错动，形成碎块甚至粉末状物质后又被胶结在一起的结构。其常具条带和片理，是动力变质岩中常见的结构。根据破碎程度可分为碎裂结构、碎斑结构、糜棱结构等。

3. 变余结构

原岩在变质作用过程中，由于重结晶、变质结晶作用进行得不完全，原岩的结构特征被部分保留下来，即称为变余结构。这种结构在低级变质中较常见。例如，泥质砂岩变质以后，泥质胶结物变质成绢云母和绿泥石，而其中的碎屑矿物如石英不发生变化，被保留下来，形成变余砂质结构，其他还有变余凝灰结构、变余花岗结构、变余砾状结构、变余泥质结构等。

2.5.4 变质岩的构造

原岩经变质作用后常形成一些新的构造特征，这些特征是区别于其他两类岩石的特有标志，是变质岩的最重要特征之一。原岩变质后仍残留有原岩的部分构造特征者叫作变余构造，如变余层理构造、变余气孔构造、变余杏仁构造、变余流纹构造等。通过变质作用所形成的新的构造叫作变成构造，分述如下。

1. 片理构造

片理构造指岩石中矿物定向排列所显示的构造，是变质岩中最常见、最有特征的构造。它们使变质岩具有裂开成不十分规则的薄板的趋势，此种性质统称为片理。

(1)板状构造

岩石具有平行、较密集而平坦的光泽暗淡的破裂面——劈理面，沿此面岩石易于分裂成板状体。这种岩石常具变余泥质结构。原岩重结晶程度很低(隐晶质)，仅有少量绢云母或绿泥石，并微有丝绢光泽。它是岩石受较轻的定向压力作用而形成的。

(2)千枚状构造

岩石常呈薄板状，劈开面不如劈理面平整，其中各组分基本已重结晶并呈定向排列，但结晶程度较低，使得肉眼尚不能分辨矿物，片理面上常有较强烈的丝绢光泽，系由绢云母、绿泥石小鳞片造成。此种构造的岩石常具挠曲和小皱纹。

(3)片状构造

在定向挤压应力的长期作用下，岩石中所含大量粒度较大的片状、柱状矿物(如云母、滑石、绿泥石等)都呈平行定向排列。岩石中各组分全部重结晶，而且肉眼可以看出矿物颗粒。有此种构造的岩石各向异性显著，易沿片理面裂开，但裂开面平整程度比千枚状构造差一些，强度、透水性、抗风化能力等也随方向而改变。

(4)片麻状构造

具片麻状构造的岩石以较粗的石英、长石等矿物为主，其间夹以黑云母、白云母、角闪石等鳞片状、柱状变晶矿物，并呈大致平行的断续带状分布。它们的结晶程度都比较高，是片麻岩中常见的构造。

2. 块状构造

岩石中的矿物均匀分布，结构均一，无定向排列，这是一部分大理岩和石英岩等常有的构造。

2.5.5 变质岩的分类及主要变质岩的特征

1. 变质岩的分类

变质岩的分类与命名，首先是根据构造特征，其次是根据结构和矿物成分，见表2-5。

表 2-5 主要变质岩分类表

变质作用	构造、结构		岩石名称	主要矿物成分	原岩
区域变质	片理构造	片麻状构造	片麻岩	石英、长石、云母、角闪石等	中、酸性岩浆岩,砂岩,粉砂岩,黏土岩
		片状构造	片岩	云母、滑石、绿泥石、石英、角闪石等	黏土岩、砂岩、泥灰岩、岩浆岩
		千枚状构造	千枚岩	绢云母、石英、绿泥石等	黏土岩、粉砂岩、凝灰岩
		板状构造	板岩	黏土矿物、绢云母、绿泥石、石英等	黏土岩、黏土质粉砂岩
区域变质、接触变质	块状构造	变晶结构	石英岩	石英为主,有时含绢云母等	砂岩、硅质岩
			大理岩	方解石、白云石	石灰岩、白云岩
动力变质		碎裂结构	碎裂岩	原岩岩块	各类岩石
		糜棱结构	糜棱岩	原岩碎屑	各类岩石

鉴别变质岩时,可先从观察岩石的构造开始,根据构造将变质岩区分为片理构造和块状构造两类。然后可进一步根据片理特征和结构以及主要矿物成分,分析所属的亚类,确定岩石的名称。

2. 主要变质岩的特征

(1)板岩

板岩的特征是岩石呈致密隐晶质,肉眼难以识别,具板状构造,主要由页岩,泥质粉砂岩,中、酸性凝灰岩等变质而成;变质程度较轻,常具变余泥质结构或显微鳞片变晶结构等,重结晶不明显,劈理面上可见绢云母、绿泥石等;板岩易沿劈理面裂开成薄板状,能加工成各种尺寸的石板,用作建筑材料。

(2)千枚岩

千枚岩的特征是岩石细密,具千枚状构造;其原岩类型与板岩相同,重结晶程度比板岩高,基本已重结晶;矿物成分主要有绢云母、绿泥石、石英等,具细粒鳞片变晶结构;片理面有较明显的丝绢光泽;揉皱构造普遍;性质较软弱,易风化破碎。

(3)片岩

片岩的特征是有片理构造,一般为鳞片变晶结构、斑状变晶结构、纤状变晶结构。常见矿物成分有云母、绿泥石、滑石、角闪石等片状、柱状矿物(含量大于30%),粒状矿物以石英为主,长石很少或不含。进一步的分类和命名需根据特征变质矿物和主要片状矿物确定,如云母片岩、绿泥石片岩、滑石片岩、角闪石片岩等。片岩强度较低,易风化,且由于片理发育,易沿片理面裂开。

(4)片麻岩

片麻岩一般具片麻状构造及中、粗粒鳞片粒状变晶结构,可由泥质岩、粉砂岩、砂岩或酸性和中性岩浆岩、火山碎屑岩等经深变质而成。片麻岩的主要矿物成分为长石、石英、黑云母、角闪石和辉石等,其中长石和石英的含量大于50%,长石含量一般大于25%,有时出现红柱石、石榴子石、矽线石等。片麻岩可根据成分进一步分类和命名,如花岗片麻岩、角闪斜长片麻岩、黑云母钾长片麻岩等。

片麻岩的物理力学性质因矿物成分不同而异，一般较坚硬，强度较高，但若云母含量增多且富集在一起，则强度大为降低，并较易风化。

(5)石英岩

石英岩由石英砂岩和硅质岩经变质而成，主要由石英组成(含量大于85%)，其次含少量白云母、长石、磁铁矿等，一般为块状构造，呈粒状变晶结构。石英岩质地坚硬，抗风化能力强，可作为良好的建筑物地基，但因性脆，较易产生密集性裂隙。

(6)大理岩

大理岩因我国云南大理市点苍山盛产花纹美丽的此种石料而得名，它由钙、镁的碳酸盐类沉积岩变质形成，主要矿物成分为方解石、白云石。大理岩具粒状变晶结构、斑状变晶结构，块状构造。洁白的细粒大理岩(汉白玉)和带有各种花纹的大理岩常用作建筑材料和各种装饰石料等。

大理岩硬度较低，岩块或岩粉与盐酸作用起泡，具有可溶性。

(7)动力变质岩

动力变质岩沿断裂带呈带状分布，构成构造破碎带，其规模受断裂带的大小控制。按照碎裂程度，一般将动力变质岩分为构造角砾岩、压碎岩、糜棱岩等。

1)构造角砾岩　也叫断层角砾岩，由被挤压破碎的角砾状岩石碎块组成，岩块大小不一，杂乱无序。碎块之间被后期形成的铁质、硅质、钙质及更细的原岩粉粒充填和胶结，呈角砾状压碎结构，块状构造。

2)压碎岩　碎裂程度较构造角砾岩高，基本上不见岩石碎块，主要由细粒原岩、岩粉及破碎的矿物构成，但无重结晶作用。根据压碎岩仍可确定原岩成分。压碎岩又可进一步分为碎裂岩、碎斑岩及碎粒岩。碎裂岩中矿物全被挤碎，但碎块之间基本未发生相对位移，裂隙中充填有更细的磨碎物质或后期形成的铁质、硅质、钙质物质。碎斑岩中原岩未被碾碎的较粗的颗粒分布于磨成粉粒的细小颗粒中，貌似“斑状”结构。碎粒岩中原岩矿物均被碾碎成粒径为0.02~0.1 mm的粉粒，原岩性质难以推断。

3)糜棱岩　原岩受强烈挤压、磨碎后成为很细的粉末，粒径小于0.02 mm，并出现显著的重结晶、重组合作用，具明显的条带构造、纹理构造。这种构造是由于岩石中的矿物高度变形而定向排列引起的，呈糜棱状结构。岩石致密坚硬，主要矿物是肉眼难以分辨的石英、长石、绢云母、绿泥石、绿帘石、蛇纹石等。

思考题

1. 试述地球的圈层特征以及地球的表面特征。
2. 造岩矿物室内鉴定依据包括哪些方面？常见造岩矿物的主要鉴定特征有哪些？
3. 试述岩浆岩的产状、成分、结构、构造特征。
4. 试述沉积岩的形成、组成、结构、构造特征。
5. 试述变质作用类型及变质岩的矿物成分、结构、构造特征。

6. 试总结对比岩浆岩、沉积岩、变质岩在形成、产状、成分、结构、构造等方面的特征。

7. 试述下列各组岩石的异同点：花岗岩与片麻岩，玄武岩与流纹岩，闪长岩与辉长岩，页岩与片岩，石灰岩与大理岩，板岩与千枚岩，石英砂岩与石英岩，凝灰岩与粉砂岩，砾岩与断层角砾岩。

第3章 地质构造

3.1 地质年代

3.1.1 地质年代的确定方法

地壳发展演变的历史叫作地质历史，简称地史。据科学家推算，地球的年龄至少已有46亿年。在这漫长的地质历史中，地壳经历了许多次强烈的构造运动、岩浆活动、海陆变迁、剥蚀和沉积作用等各种地质事件，形成了不同的地质体。查明地质事件发生或地质体形成的距今年龄和先后顺序是十分重要的。前者称为绝对地质年代，后者称为相对地质年代。

1. 绝对地质年代的确定方法

一般根据放射性同位素的衰变规律测定岩石和矿物的年龄。其原理是基于放射性元素都具有固定的衰变常数（λ）——每年每克母体同位素能产生的子体同位素的克数，且矿物中放射性同位素衰变后剩下的母体同位素含量（N）与衰变而成的子体同位素含量（D）可以测出，根据下式可计算出某一放射性同位素的年龄（t）：

$$t = \frac{1}{\lambda}\ln\left(1 + \frac{D}{N}\right) \tag{3-1}$$

目前，测定同位素年龄广泛采用的方法有钾→氩（$^{40}K \to {}^{40}Ar$）、铷→锶（$^{87}Rb \to {}^{87}Sr$）、铀→铅（$^{235}U \to {}^{207}Pb$，$^{238}U \to {}^{206}Pb$）和碳法（$^{14}C \to {}^{14}N$）。其中，前三者主要用于测定较古老岩石的地质年龄，而碳法专用于测定最新的地质事件和地质体的年龄。

2. 相对地质年代的确定方法

（1）地层层序法

地层是指在一定地质时期内形成的层状岩石（含沉积物）。在一个地区内，如果没有发生巨大的构造变动，沉积岩的原始水平或接近水平的状态会保留下来，并且先形成的地层位于较下部位，后形成的地层位于较上部位。简言之，原始产出的地层具有下老上新的规律。地层层序法是确定地层相对年代的基本方法。有时，因发生构造变动，地层层序倒转，就必须利用沉积岩的泥裂、波痕、雨痕、交错层等构造特征来恢复原始地层的层序，以便确定其新老关系。

（2）生物层序法

地质历史上的生物称为古生物。其遗体和遗迹可保存在沉积岩层中，一般被钙质、硅质充填或交代，形成化石。生物的演变从简单到复杂、从低级到高级，不可逆地不断发展。因此，年代越老的地层中所含的生物越原始、简单、低级；反之，年代越新的地层中所含的生物越进步、复杂、高级。每个地质历史阶段都有特殊的生物组合。同一地质历史时期，在相同的地理环境下所形成的岩层常含有相同的化石或化石组合。

因此，可以根据生物的演化阶段来划分地壳发展演化的阶段。应指出的是，对于研究地质年代有决定意义的化石，具有在地质历史中演化快、延续时间短、特征显著、数量多、分布广等特点，这样的化石叫作标准化石。

(3)岩性对比法

一般在同一时期、同一地质环境下形成的岩石，具有相同的颜色、成分、结构、构造等岩性特征和层序规律。因此，可根据岩性及层序特征与标准剖面对比，从而确定某一地区岩石地层的年代。

(4)地层接触关系法

地层的接触关系有沉积岩之间的整合接触、平行不整合接触和角度不整合接触以及岩浆岩与沉积岩之间的沉积接触和侵入接触，见图3-1。接触关系是同一地区在不同地质时期发生不同性质构造运动的一种结果。

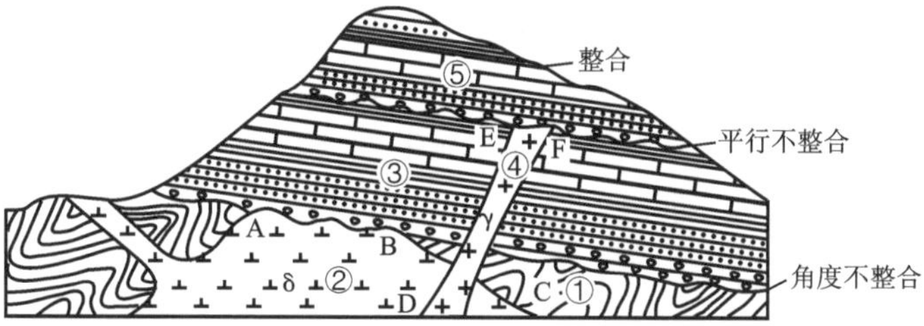

图3-1　地层接触关系示意剖面图

AB、EF—沉积接触　BC、ED—侵入接触　δ—闪长岩　γ—花岗岩

1° 整合接触

整合接触指相邻的新、老两套地层产状一致，它们的岩石性质与生物演化连续而渐变，沉积作用没有间断。整合接触的形成背景是沉积地区较长时期处于构造稳定的条件下，即沉积地区缓慢下降，或虽上升但未超过沉积的基准面。

2° 不整合接触

不整合接触指由于构造运动，往往使沉积中断，形成时代不连续的地层，可分为平行不整合接触和角度不整合接触。

1)平行不整合接触　又叫假整合接触，指相邻的新、老地层产状基本相同，但两套地层之间发生了较长期的沉积间断，其间缺失了部分时代的地层。两套地层之间的界面叫作剥蚀面，也叫不整合面，它与相邻的上、下地层产状一致，并有一定程度的起伏。界面上可能保存有风化剥蚀的痕迹，有时在界面靠近上覆岩层底面一侧还有源于下伏岩层的底砾岩。平行不整合接触主要由地壳的升降运动造成，即由于地壳均衡上升，老岩层露出水面，遭受剥蚀，发生沉积间断，随后地壳均衡下降，在剥蚀面上重新接受沉积，形成上覆新地层。

2)角度不整合接触　相邻的新、老地层之间缺失了部分地层，且彼此之间的产状也不相同,成一定角度相交。剥蚀面上具有明显的风化剥蚀痕迹,保存着古风化壳、古土壤层,常具有底砾岩。角度不整合接触反映了较老的地层形成以后,因强烈的构造运动形成褶皱、断裂,并隆起、遭受剥蚀,造成沉积间断。然后,地壳再下降,在剥蚀面上接受沉积,形成新地层。

3° 侵入接触

侵入接触是由岩浆侵入先形成的地层中形成的接触关系。侵入接触的主要标志是侵入体与其围岩之间的接触带有接触变质现象,侵入体边缘常有捕虏体,侵入体与围岩的界线通常不很规则等。

4° 沉积接触

沉积接触是指后形成的地层覆盖于侵入体之上,其间有剥蚀面相分隔,剥蚀面上堆积有由该侵入体被风化剥蚀形成的碎屑物质。沉积接触的形成过程是当侵入体形成后,地壳上升并遭受剥蚀,侵入体上部的围岩及侵入体的一部分被蚀去,形成剥蚀面,然后地壳下降,在剥蚀面上接受沉积,形成新的地层。

3.1.2 地质年代单位和年代地层单位

根据构造运动和生物演化等特征,将地质历史划分成若干个大小级别不同的时间段落。地质年代单位按时间的长短排序依次是宙、代、纪、世、期、时。首先把地质历史分为四个最大的阶段,分别叫作冥古宙、太古宙、元古宙和显生宙。冥古宙、太古宙和元古宙合起来叫作前寒武纪,特点是生物的遗迹不明显,而显生宙时期具有大量的生物。显生宙分为古生代、中生代和新生代三个阶段,每个代均与生物界的某些“纲”或“目”的发育和演化有一定的对应关系。每个代又可分为若干个纪,纪与纪之间的生物可在“目”和“科”的范围内有重大变化。每个纪进一步分为二至四个世。世与世之间的生物可在“科”和“属”的范围内有一定的变化。更小的地质年代为期。期与期之间的生物只有“属”和“种”的区别。最小的地质年代单位为时。以上宙、代、纪、世等均为国际上统一规定的相对地质年代单位。

在地质历史上,每个地质年代都有相应的地层形成,与宙、代、纪、世、期、时一一对应的年代地层单位分别是宇、界、系、统、阶、时带。

有些地区常因化石依据不足或研究程度不够,只能按地层层序及岩性特征并结合构造运动特点划分区域性地层。区域性年代地层单位按照级别大小可依次分为群、组、段、层等。其中,组是地方性的最基本的地层单位,其岩相、岩性和变质程度大体一致,与上、下地层之间有明确的界限,采用最初建组的地名(山名、村名等)命名。

3.1.3 地质年代表

通过已经建立的各地区的区域地层系统之间的对比和补充,已建立起包括整个地质时代所有地层在内的、完整的、世界性的标准地层表及相应的地质年代表(表 3-1)。它的内容包括各个地质年代单位的名称、代号和同位素年龄值以及世界和我国主要构造运动的时间段落和名称等。表中构造运动的名称源于最早发现并经过详细研究的典型地区的地名。在每一幕构造运动期间都有很多褶皱、断层的形成以及大范围的岩浆活动。

表3-1 地质年代表

宙	代	纪	世	距今年龄（百万年）	主要构造运动	我国地史简要特征
显生宙	新生代(Cz)	第四纪(Q)	全新世(Q_4)	0.01	喜马拉雅运动	地球表面发展成现代地貌，多次冰川活动，近代各种类型的松散堆积物、黄土形成，华北、东北有火山喷发，人类出现
			更新世(Q_3)	0.12		
			更新世(Q_2)	1		
			更新世(Q_1)	1.81		
		新近纪(N)	上新世(N_2)	12		我国大陆轮廓基本形成，大部分地区为陆相沉积，有火山岩分布，台湾岛、喜马拉雅山形成。哺乳动物和被子植物繁盛，是重要的成煤时期和主要的含油地层的形成时期
			中新世(N_1)	23.03		
		古近纪(E)	渐新世(E_3)	33.9		
			始新世(E_2)	55.8		
			古新世(E_1)	65.5		
	中生代(Mz)	白垩纪(K)	晚白垩世(K_2)		燕山运动	中生代构造运动频繁，岩浆活动强烈，我国东部有大规模的岩浆侵入和喷发，形成丰富的金属矿藏。我国中生代地层极为发育，华北形成许多内陆盆地，为主要成煤时期。三叠纪时期华南仍为浅海沉积，以后为大陆环境 生物显著进化，爬行类恐龙繁盛，海生头足类菊石发育，裸子植物以松柏、苏铁及银杏为主，被子植物出现
			早白垩世(K_1)	145.5		
		侏罗纪(J)	晚侏罗世(J_3)			
			中侏罗世(J_2)			
			早侏罗世(J_1)	199.6		
		三叠纪(T)	晚三叠世(T_3)		印支运动	
			中三叠世(T_2)			
			早三叠世(T_1)	251		
	古生代(Pz) 晚古生代(Pz_2)	二叠纪(P)	晚二叠世(P_2)		海西运动	晚古生代我国的构造运动十分广泛，尤以天山地区较强烈。华北地区缺失泥盆系和下石炭统沉积，遭受风化剥蚀，石炭纪中期至二叠纪由海陆交替相变为陆相沉积。植物繁盛，为主要成煤期 华南地区一直为浅海相沉积，晚期成煤，晚古生代地层以砂岩、页岩、石灰岩为主，是鱼类和两栖类动物大量繁殖的时期
			早二叠世(P_1)	299		
		石炭纪(C)	晚石炭世(C_3)			
			中石炭世(C_2)			
			早石炭世(C_1)	359		
		泥盆纪(D)	晚泥盆世(D_3)			
			中泥盆世(D_2)			
			早泥盆世(D_1)	416		
	古生代(Pz) 早古生代(Pz_1)	志留纪(S)	末志留世(S_4)		加里东运动	寒武纪时期，我国大部分地区为海相沉积，生物初步发育，三叶虫极盛。至中奥陶世后，华北上升为陆地，缺失上奥陶统和志留系沉积，华南仍为浅海，头足类、三叶虫、腕足类笔石、珊瑚、蕨类植物发育，是海生无脊椎动物繁盛时代。早古生代地层以海相石灰岩、砂岩、页岩等为主
			晚志留世(S_3)			
			中志留世(S_2)			
			早志留世(S_1)	444		
		奥陶纪(O)	晚奥陶世(O_3)			
			中奥陶世(O_2)			
			早奥陶世(O_1)	488		
		寒武纪($\in$)	晚寒武世($\in_4$)			
			中寒武世($\in_3$)			
			早寒武世($\in_2$)			
			底寒武世($\in_1$)			

续表

相对年代				距今年龄（百万年）	主要构造运动	我国地史简要特征
宙	代	纪	世			
元古宙	新元古代（Pt_3）	震旦纪（Z）		542		元古宙地层在我国分布广、发育全、厚度大、出露好。华北地区主要为未变质或浅变质的海相硅、镁质碳酸盐岩及碎屑岩类夹火山岩，华南地区下部以陆相红色碎屑岩河湖相沉积为主，上部以浅海相沉积为主，以含冰碛物为特征，低等生物开始大量繁殖；菌藻类化石较丰富
		南华纪（Nh）		635		
		青白口纪（Qb）		780	晋宁运动	
	中元古代（Pt_2）	蓟县纪（Jx）		1 000		
		长城纪（Ch）		1 400	吕梁运动	
	古元古代（Pt_1）	滹沱纪（Ht）		1 800		
				2 300		
太古宙	新太古代（Ar_4）			2 500		太古宙构造运动频繁，岩浆活动强烈，侵入岩和火山岩广泛分布，岩石普遍变质很深，形成古老的片麻岩、结晶片岩、石英岩、大理岩等，构成地壳的古老基底。最老的菌化石为 32 亿年
	中太古代（Ar_3）			2 800	五台运动	
	古太古代（Ar_2）			3 200	阜平运动	
	始太古代（Ar_1）			3 600		
				4 000		
冥古宙				4 600		目前已知最古老岩石的年龄为 45.8 亿年

3.1.4 第四纪

1. 第四纪的特点

第四纪是指约 2.0 Ma 以来地球发展的最新阶段。第四纪的特点是：在短暂的地质时期内发生过多次急剧的寒暖气候变化和大规模冰川活动；人类及其物质文明形成和发展；显著的地壳运动；广泛堆积陆相沉积物和矿产；急剧和缓慢发生的各种灾害不断改变人类的生存环境；人类活动的范围和强度与日俱增。第四纪是自然与人相互作用的时代，它的过去、现在和未来变化都与人类的生存与发展息息相关。因此，第四纪研究在科学的理论和实践中有特殊重要的地位。

2. 第四纪沉积物的基本特征

第四纪沉积物是人类赖以生存的基础之一。农业植根于各种松散第四纪沉积物表部发育的土壤；许多工业设施（地表与地下）和民用建筑都以第四纪沉积物为基础；大量的地下水储存在第四纪沉积物中；部分重要矿产（砂金、金刚石、锡、盐和硼等）和建筑材料（黏土、砂、砾石等）产于第四纪沉积物中。

第四纪形成的松散岩石一般称为“堆积物”“沉积物”或“沉积层”，如河流形成的“冲积物”或“冲积层”，洪流形成的“洪积物”或“洪积层”，等等。第四纪沉积物的基本特征有以下几点。

1）岩性松散　第四纪沉积物一般形成不久或正在形成，成岩作用微弱，绝大部分岩性松散，少数半固结，极少硬结成岩。这一特点有利于把反映形成时的古气候、古环境的信息保存下来，并易于进入沉积物内研究，采矿、施工易于进行，但也因此易发生灾害。

2）成因多样　由于第四纪气候、外动力和地貌多种多样，因此形成了多种多样成因的大陆沉积物和海洋沉积物。各种成因的沉积物具有不同的岩性、岩相、结构、构造和物理化学性质与地震效应。

3）岩性、岩相变化快　即使是同一种成因的陆相第四纪沉积物，由于形成时动力和地貌环境变化大，因此沉积物的岩性、岩相、结构变化也大，第四纪海相沉积物则远较陆相沉积物岩性、岩相稳定。

4）厚度差异大　剥蚀区第四纪陆相沉积物厚度一般较小，从几十厘米到十几米，堆积区（山前、盆地、平原、断裂谷地）可达几十米、数百米甚至数千米。

5）不同程度的风化　陆相沉积物大多出露在地表，受到冷暖气候交替变化的影响，时代越老风化越深，研究地表不同时代沉积物的风化程度，对地层划分对比和工程建筑都有好处。但要注意同一时代沉积物的地表和地下掩埋部分的风化程度不同。

6）含有化石及古文化遗存　在洞穴堆积物、河湖相堆积物等第四纪陆相堆积物中，含有大型和小型哺乳动物化石、古人类化石、石器和陶器、用火遗迹（如灰烬和炭屑）及村舍遗址等。

部分第四纪沉积物的主要特征详见第4章。

3.2　岩层产状

由地壳运动形成的变形和变位现象叫作地质构造，无论形态多么复杂，它们总是由一定数量和一定空间位置的岩层或岩石中的破裂面构成的。因此，研究地质构造的一个基本内容就是确定这些岩层及破裂面的空间产出状态以及它们在地面上表现的特点。

3.2.1　岩层的产状

岩层是指由两个平行或近于平行的界面所限制的同一岩性组成的层状岩石。岩层的产状指岩层在空间的产出状态。地质学上用走向、倾向和倾角三个要素（图3-2）确定岩层的产状。

1. 岩层的产状要素

（1）走向

走向表示岩层在空间的水平延伸方向。岩层面与假想水平面的交线叫作走向线，走向线与地理子午线间所夹的方位角就是走向方位角，即岩层的走向。同一岩层的走向有两个值，它们相差180°。

（2）倾向

倾向指岩层倾斜的方向。层面上与走向垂直并指向下方的直线称为倾斜线。它的水平

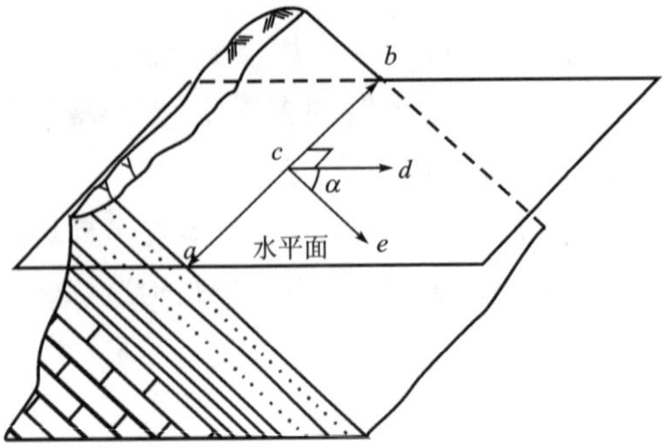

图 3-2 岩层的产状要素

ab—走向线 cd—倾向线 ce—倾斜线 α—倾角

投影所指的方向即为倾向。倾向与走向相差 90°。

(3)倾角

倾角是倾斜线与其在水平面上的投影线间的夹角,也就是层面与假想水平面的最大交角。沿倾向方向测量,称为真倾角。在不垂直于岩层走向线的任何方向上量得的倾角,叫作视倾角。视倾角总是小于真倾角。

2. 产状要素的测量与记录

岩层的产状要素用地质罗盘测量。在野外记录或报告中,岩层产状三要素可写为走向、倾向象限、倾角,如 345°、NE、∠40°,或倾向、倾角,如 75°∠40°等方式。应指出的是,一切地质平面均可通过测量该平面的产状要素来确定其空间展布状态。

3.2.2 不同产状的岩层

由于形成时的地质作用、环境和形成后所受的构造运动的影响不同,岩层在地壳中的空间方位也各不一样。但概括地说只有水平的、倾斜的和直立的三种基本情况。

1. 水平岩层

一个地区出露的产状基本是水平的或近于水平的岩层叫作水平岩层。覆盖大陆表面 3/4面积的沉积岩,绝大多数都是在广阔的海洋和湖泊盆地中形成的,其原始产状大部分是水平或近于水平的。水平岩层多局限于受构造运动影响比较轻微的地区,或只发生了大面积地块均衡上升或下降的地区。对于水平岩层,一般岩层时代越老,存在位置越低;岩层时代越新,则分布的位置越高。较老的岩层只有在受切割很深的情况下才能出露。水平岩层的露头宽度取决于岩层的厚度和地面的坡度。

2. 倾斜岩层

除了沉积盆地的边缘、山坡山口、岛屿周围等少数地区的原始倾斜岩层以外,绝大多数倾斜岩层都是由于构造运动使原来的水平岩层发生倾斜的结果。如果在一定地区内一套岩层的倾斜方向和倾角基本一致,则称为单斜岩层。倾斜岩层在大范围内常常是褶皱构造的一部分。地层顺序正常时,地面出露的顺序为顺倾向方向由老到新变化,而从反倾向方向观察,地层是从新到老依次出露的。如果地层顺序是倒转的,则顺倾向与逆倾向方向地层出露的新老次序与上述情况相反。倾斜岩层露头的宽度受岩层厚度、岩层面与地面间夹角大小以及地面陡缓三方面因素影响。

3. 直立岩层

岩层层面与水平面相垂直时,称为直立岩层。直立岩层是在强烈构造运动的挤压下形成的。其露头宽度与岩层厚度相等,与地形特征无关。

3.3 褶皱构造

3.3.1 褶皱的概念

褶皱是岩层在构造运动中受力形成的弯曲变形现象。它是岩层塑性变形的结果，在层状岩石中表现得最明显。褶皱构造通常指一系列连续弯曲，其中的一个弯曲则称为褶曲。

褶皱的形态多种多样，但基本类型只有两种，即背斜和向斜（图3-3）。

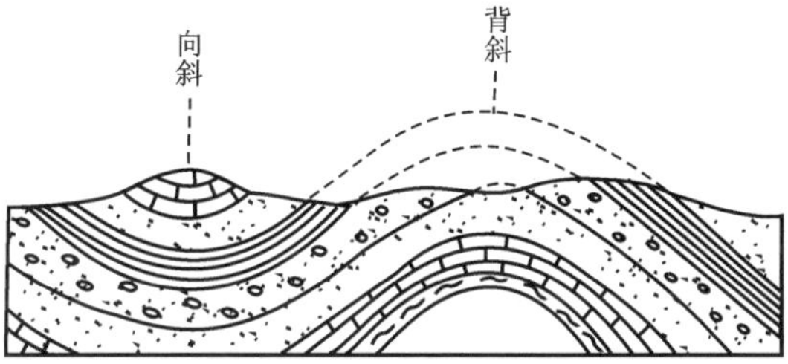

图3-3 背斜和向斜

背斜从外形上看是岩层向上突起的弯曲，两翼岩层从中心向外倾斜。其基本特征：核心部位的岩层时代较老，两侧的岩层时代依次渐新，且对称重复出现。

向斜是岩层向下凹陷的弯曲，两翼岩层自两侧向中心倾斜。其基本特征：核心部位的岩层时代较新，两侧的岩层时代依次渐老，且对称重复出现。

3.3.2 褶皱几何要素

为了便于对褶皱进行分类和描述褶皱的空间展布特征，应首先了解褶皱几何要素。褶皱几何要素主要有核、翼、转折端、轴面、轴和枢纽等，见图3-4。

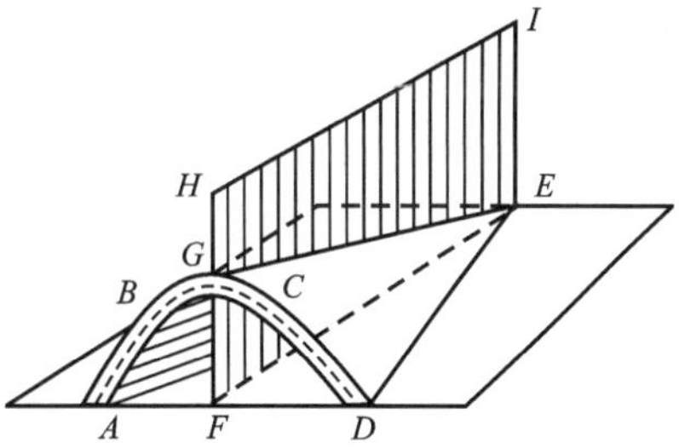

图3-4 褶皱几何要素

AB、*CD*—翼 被*ABGCD*包围的内部岩层—核 *BGC*—转折端 *GE*—枢纽 *EFHI*—轴面 *EF*—轴

组成褶皱中心部分的岩层叫作核。背斜的核是最老的岩层，向斜的核是最新的岩层。核部两侧对称出露的岩层叫作翼。当背斜与向斜相连时，翼是公用的。从一翼转到另一翼的过渡的弯曲部分叫作转折端，即为两翼的汇合部分。它的形态常为圆滑的弧形，也可以是尖棱或一段直线。大致平分褶皱两翼的假想对称面称为轴面。轴面可能是平面，也可能是曲面。轴面与水平面的交线叫作轴，轴向代表褶皱延伸的方向，轴的长度可以反映褶皱的规模。褶皱中同一层面与轴面的交线叫作枢纽，也是褶皱中同一层面上最大弯曲点的连线。枢纽可以是直线，也可以是曲线或折线，其空间方位由测得的倾伏向和倾伏角确定。

3.3.3 褶皱的形态分类

褶皱的形态多种多样，为了便于描述和研究，可以从不同角度进行分类。

1. 按褶皱轴面和两翼产状分类

(1)直立褶皱

轴面直立，两翼岩层倾向相反，倾角大致相等(图3-5(a))。

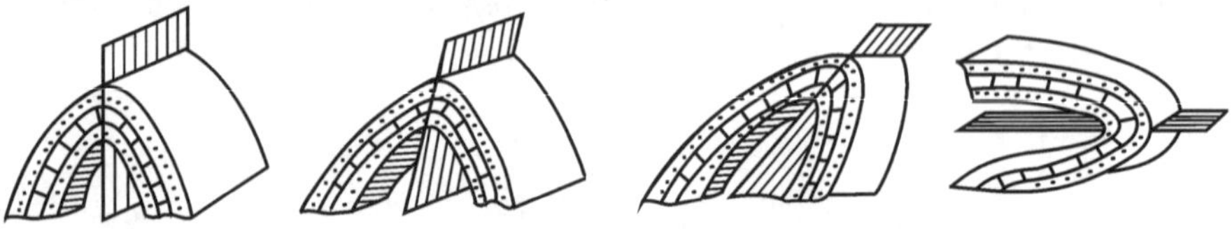

(a) (b) (c) (d)

图3-5 按轴面和两翼产状划分褶皱类型

(a)直立褶皱 (b)倾斜褶皱 (c)倒转褶皱 (d)平卧褶皱

(2)倾斜褶皱

轴面倾斜，两翼岩层倾向相反，倾角不相等，轴面与褶皱平缓翼倾向相同(图3-5(b))。

(3)倒转褶皱

轴面倾斜，两翼倾斜，两翼岩层倾向相同，倾角相等或不相等，一翼岩层层序正常，另一翼层序倒转(图3-5(c))。

(4)平卧褶皱

轴面水平，两翼岩层近于水平重叠，一翼层序正常，另一翼倒转(图3-5(d))。

2. 按枢纽产状分类

(1)水平褶皱

枢纽近于水平延伸，两翼岩层走向大致平行并对称分布(图3-6(a)、(a′))。

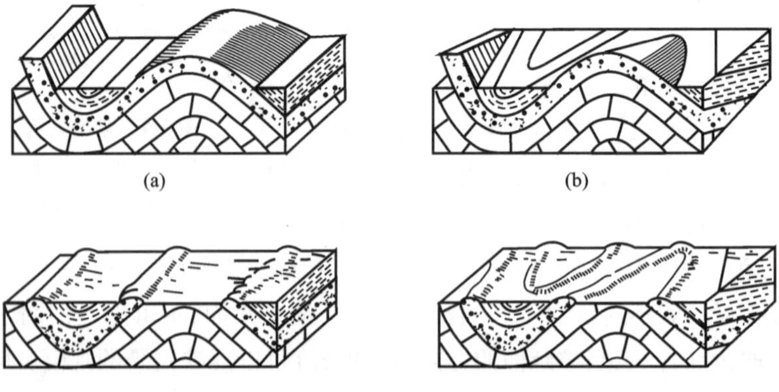

(a) (b)

(a′) (b′)

图3-6 水平褶皱和倾伏褶皱

(a)、(a′)水平褶皱 (b)、(b′)倾伏褶皱

(2)倾伏褶皱

枢纽向一端倾伏,两翼对应的岩层界线发生弧形合围。对于背斜,合围的尖端指向倾伏方向;对于向斜,合围的尖端代表枢纽扬起的方向(图3-6(b)、(b′))。

3. 按平面上褶皱出露形态分类

(1)线形褶皱

褶皱向一定方向延伸很远,一般长度超过宽度的10倍以上。

(2)短轴褶皱

褶皱两端延伸不远即倾伏,长度为宽度的3~10倍。

(3)穹隆与构造盆地

褶皱的长度不超过宽度的3倍。若为背斜则叫作穹隆(图3-7(a));若为向斜则叫作构造盆地(图3-7(b))。

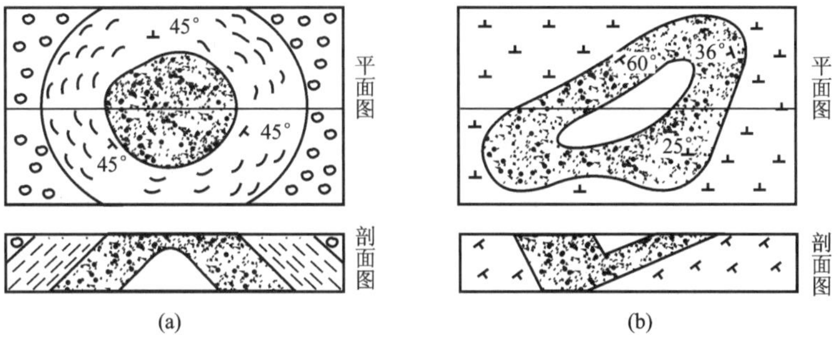

图3-7　穹隆与构造盆地

(a)穹隆　(b)构造盆地

4. 按褶皱在横剖面上的组合方式分类

(1)复背斜

复背斜是一个巨大的背斜,两翼为轴向近一致的一些次一级褶皱甚至更次一级褶皱所复杂化(图3-8(a))。

(2)复向斜

复向斜是一个巨大的向斜,两翼为与轴向近一致的一些次一级褶皱所复杂化(图3-8(b))。

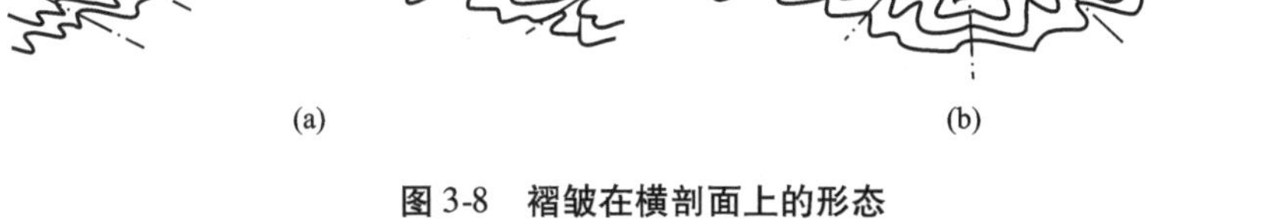

图3-8　褶皱在横剖面上的形态

(a)复背斜　(b)复向斜

此外,根据褶皱转折端形态可将褶皱分为圆弧褶皱、尖棱褶皱、箱状褶皱等。其中,箱状褶皱的特点是两翼岩层陡立，转折端岩层平缓，在横剖面上呈箱形。

3.3.4 褶皱构造的野外识别

在野外辨认褶皱时，首先判断褶皱是否存在并且区别背斜与向斜，然后确定形态特征。在少数情况下，如沿山区河谷或道路两侧，岩层的弯曲可能直接暴露，是背斜还是向斜一目了然。在多数情况下，地面岩层呈倾斜状态，无法看清岩层的弯曲全貌，应按科学的方法进行观察分析。

首先，应注意地形上的高低并不是判别背斜与向斜的标志。岩石变形之初，背斜为高地，向斜为低地。这时的地形是地质构造的直观反映。但经过较长时间的剥蚀后，由于背斜轴部裂隙发育，岩层较破碎，且地形突出，剥蚀作用进行得较快，可能使背斜变成低地或沟谷。与此相反，向斜轴部岩层较为完整，并常有剥蚀产物在轴部堆积，故剥蚀速度较背斜轴部慢，最终导致向斜的地形较相邻背斜高，形成向斜山。

其次，采取穿越法垂直于岩层走向进行观察。当地层出现对称重复分布时，便可判断存在褶皱构造。如图 3-9 所示，区内岩层走向近东西，从南北方向观察，有志留系与石炭系地层两个对称中心。其两侧地层重复对称出现，所以该地区有两个褶曲构造。接着，再分析地层新老组合关系。左半部的褶曲构造，中间是新地层 C，两侧较老地层依次为 D 和 S，故为向斜；右半部的褶曲构造，中间是老地层 S，两侧对称分布的较新地层依次为 D 和 C，故为背斜。上述向斜两翼岩层倾向相反、倾角相近，应定为直立向斜；而背斜两翼岩层均向北倾斜，一翼层序正常，另一翼倒转，应叫作倒转背斜。

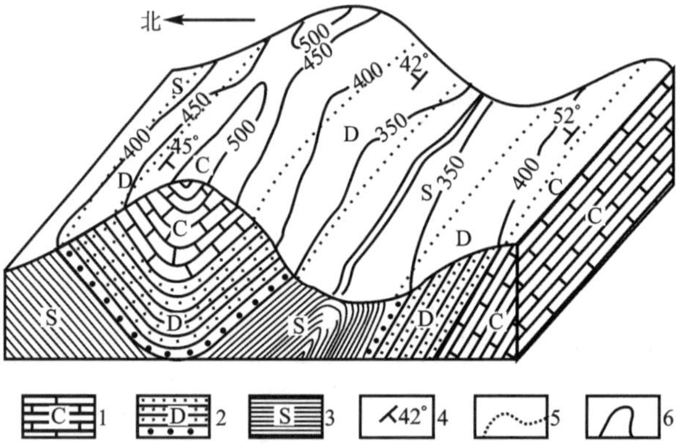

图 3-9 褶皱构造立体图

1—石炭系灰岩 2—泥盆系砂岩 3—志留系页岩 4—岩层产状
5—岩层界线 6—地形等高线

在穿越法的基础上，采取追索法，即沿着某一标志层的延伸方向进行观察，以便了解两翼是平行延伸还是逐渐汇合等情况，从而判断是水平褶皱还是倾伏褶皱。据此判断图 3-9 中的褶皱为水平褶皱。

褶皱的形成年代介于组成褶皱的最新岩层年代与未参与该褶皱的上覆沉积岩层的最老岩层年代之间。

3.3.5 褶皱的工程评价

褶皱构造对工程建筑有以下几方面的影响。

①褶皱核部岩层由于受水平挤压作用,产生许多裂隙,直接影响到岩体的完整性和强度,在石灰岩地区还往往使岩溶较为发育,所以在核部布置各种建筑工程,如厂房、路桥、隧道等,必须注意岩层的塌落及涌水问题。

②在褶皱翼部布置建筑工程时,如果开挖边坡的走向近于平行岩层走向,且边坡倾向与岩层倾向一致,边坡坡角大于岩层倾角,则容易造成顺层滑动现象。如果边坡走向与岩层走向的夹角在40°以上,或者两者走向一致,且边坡倾向与岩层倾向相反,抑或两者倾向相同,但岩层倾角更大,则对开挖边坡的稳定较为有利。

③对于隧道等深埋地下工程,一般应布置在褶皱翼部。因为隧道通过均一岩层有利于稳定,而背斜顶部岩层受张力作用可能塌落。向斜核部是储水较丰富的地段。

3.4 断裂构造

断裂构造是地壳中岩层或岩体受力达到破裂强度后发生断裂变形而形成的构造,在地壳中分布很广,常见的断裂构造有节理和断层两类。

3.4.1 节理

节理也叫裂隙,是岩石中岩块沿破裂面没有显著位移的断裂构造。节理按成因分为两大类:一类是由构造运动产生的构造节理,它们在地壳中分布极广,且有一定的规律性,往往成群、成组出现;另一类是非构造节理,如成岩过程中形成的原生节理以及风化、爆破等作用形成的次生节理。以下只介绍构造节理。

1. 节理的分类

(1)节理的几何分类

根据节理与所在岩层产状之间的关系,一般分为走向节理(节理的走向与所在岩层的走向大致平行)、倾向节理(节理的走向与所在岩层走向大致垂直)、斜向节理(节理的走向与所在岩层走向斜交)及顺层节理(节理面大致平行于岩层层面),见图3-10。

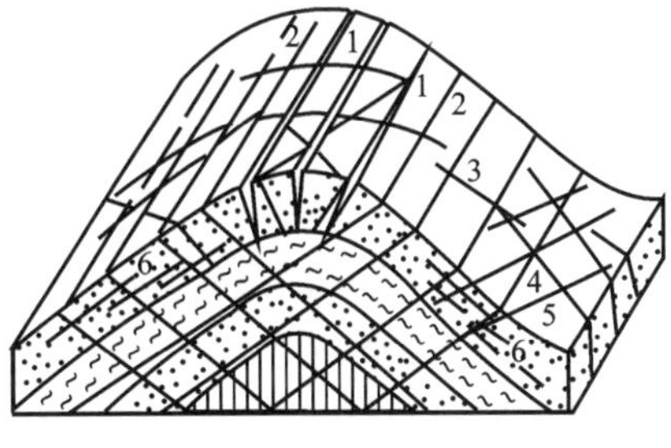

图3-10 褶皱构造中的各种节理

1、2—走向节理(纵节理) 3—倾向节理(横节理)
4、5—斜向节理(斜节理) 6—顺层节理

根据节理走向与所在褶皱的枢纽、主要断层走向或其他线状构造延伸方向的关系,将节理分为纵节理(两者大致平行)、横节理(两者大致垂直)与斜节理(两者斜交),见图3-10。

(2)节理的力学性质分类

按节理形成时的力学性质,主要分为由张应力形成的张节理和由剪应力形成的剪节理以及劈理。

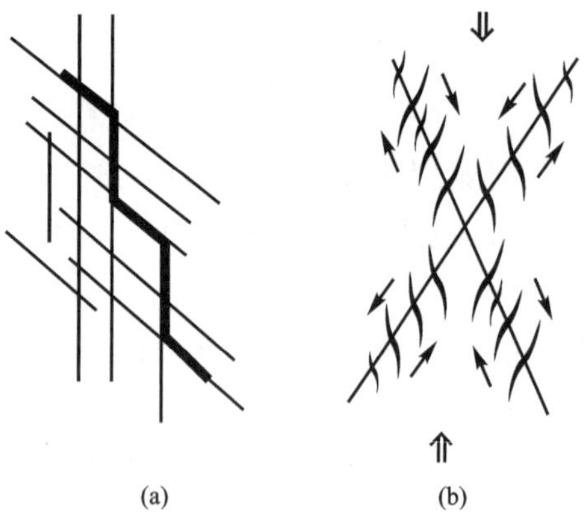

图 3-11 两种张节理形状
(a)追踪张节理 (b)雁列张节理

1)张节理 张节理是岩层受张应力作用形成的破裂面。其主要特征是产状不很稳定,在平面和剖面上的延展均不远;节理面粗糙不平,擦痕不发育,节理两壁裂开距离较大,且裂缝的宽度变化也较大,节理内常充填有呈脉状的方解石、石英以及松散或已胶结的黏性土和岩屑等;当张节理发育于碎屑岩中时,常绕过较大的碎屑颗粒或砾石,而不是切穿砾石;张节理一般发育稀疏,节理间的距离较大,分布不均匀;张节理常沿先期形成的 X 节理发育成锯齿状,叫作追踪节理(图 3-11(a)),也常呈雁行排列(图 3-11(b))。

2)剪节理 剪节理是岩层在剪应力作用下所产生的破裂面。剪节理的特征是产状稳定,在平面和剖面上延续均较长;节理面较光滑,常具擦痕、镜面等现象,节理两壁之间缝隙细小;发育于碎屑岩中的剪节理,常切割较大的碎屑颗粒或砾石;一般发育较密,且常有等间距分布的特点;常成对出现,呈两组共轭剪节理,也叫 X 节理,X 节理将岩石交叉切割成菱形或方形,但常见的是一组发育较好、另一组发育较差。

3)劈理 劈理是一种由裂面或潜在裂面将岩石按一定方向劈开成为平行密集的薄片或薄板的构造。劈理面的间距一般为几毫米至几厘米。劈理作为一种小型构造,在几何形态上或成因上与褶皱、断层有密切关系。根据劈理的形成作用及构造特点,将劈理分为流劈理和破劈理等类型。

流劈理是岩石在强烈构造应力作用下发生塑性流动或矿物重结晶,使矿物呈板状、片状、长条状和针状等沿垂直于压应力的方向平行排列而成。劈理面间距较小,往往使岩石裂成板状的薄片,如板岩的板理和片岩的片理都为流劈理。流劈理多发育于塑性较大的较软弱岩层中,如板岩、片岩等。

破劈理是岩石中密集、平行的剪破裂面,沿这些面一般不产生矿物定向平行排列。劈理间距为数毫米至数厘米。破劈理多发育于脆性较大的石灰岩等岩石中,且只是在构造运动强烈、应力集中的地段才出现,如褶皱翼部、大断层两侧等。

2. 节理与褶皱的关系

节理的发育和分布总是与一个地区的区域性构造或局部构造的形成和发展有密切的联系。褶皱形成前后伴生的节理见图 3-12。

(1)平面 X 剪节理

当一套近于水平的岩层受到水平方向的侧向挤压力作用时,在岩层未发生褶皱前,平面上形成两组 X 剪节理,节理面垂直于层面。

(2)横张节理

横张节理是与挤压力方向平行的岩层弯曲前的张节理,常追踪早期平面 X 剪节理而形成,故呈锯齿状延伸。因为这组节理横切岩层弯曲时形成的褶皱枢纽,故名横张节理。

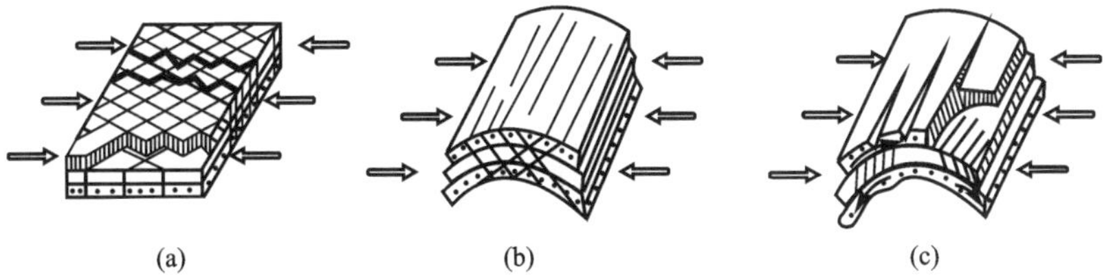

图3-12　节理与褶皱的成生关系

(a)褶皱前两组剪节理及横张节理　(b)褶皱后剖面出现的两组剪节理

(c)褶皱后在背斜顶部出现的纵张节理及层间剪节理

(3)剖面X剪节理

岩层受挤压发生弯曲变形后,在褶曲横剖面上可形成交叉状的剖面X剪节理,其交线平行于褶皱枢纽方向。

(4)纵张节理

纵张节理是岩层在水平侧向挤压力的作用下发生弯曲形成褶皱时,在背斜顶部出现的与褶皱枢纽方向平行的张节理,故名纵张节理。这种纵张节理呈上宽下窄的楔形开口,在横剖面上发育在中和面外侧,呈扇形分布。

(5)顺层节理和层间节理

岩层发生弯曲形成褶皱的过程中沿上、下层面相对滑动,岩层中可能出现一组大致平行于层面的顺层节理和一组斜交于层面的层间节理。层间节理常呈羽状排列,并常密集发育为破劈理,其与层面所夹锐角指向相邻岩层的滑动方向。

3. 节理统计

节理对隧洞围岩、道路边坡及建筑地基等工程岩体稳定性的影响程度取决于节理的成因、形态、数量、尺寸、连通以及充填等特征。通过工程地质勘察查明这些特征后,应对节理的密度和产状进行统计分析,以便评价它们对工程的影响。

节理统计图可以清晰、直观地表示统计地段各组节理的产状。常用的节理统计图有节理玫瑰图、节理极点图和节理等密度图等,这里只介绍节理走向玫瑰图(图3-13)。

首先进行资料整理,将测点上所测的节理走向都换算成北东和北西象限的角度,按走向方位大小,以10°为一组统计各组节理条数,如表3-2所示。其次确定作图比例尺,以等长或稍长于按线条的比例尺表示最多那一组节理条数的线段长度为半径,

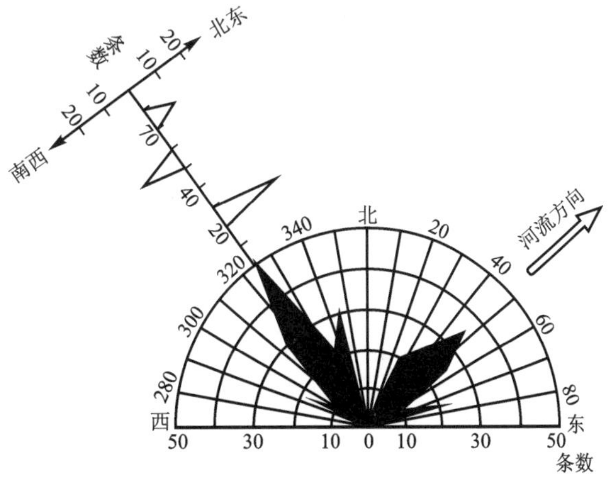

图3-13　节理走向玫瑰图

画一个上半圆,通过圆心标出东、北、西三个方向,并标出10°倍数的方位角。最后将表示各

组节理条数的点标在相应走向方位角中间值的半径上。如图 3-13 所示，走向北东 41°～50°的节理有 35 条，按比例点在北东 45°的半径上。连接相邻组的点即成节理走向玫瑰图。

表 3-2　某地节理统计表

走向(°)	条数	走向(°)	条数	走向(°)	条数	走向(°)	条数
0～10	0	51～60	25	271～280	0	321～330	50
11～20	0	61～70	10	281～290	0	331～340	22
21～30	20	71～80	20	291～300	14	341～350	30
31～40	25	81～90	0	301～310	10	351～360	0
41～50	35			311～320	30		

为表示最发育节理的倾向和倾角，将该组节理走向沿半径延伸出半圆以外，沿径向按比例划分出 10 个刻度(0°，10°，…，90°)代表倾角，切线方向代表倾向，并按比例取一定长度代表条数，见图 3-13。图中最发育的一组节理的走向区间为 321°～330°，倾向北东的有两组，它们的倾角区间和条数分别为 21°～30°、25 条和 71°～80°、10 条；倾向南西的只有一组，其倾角区间为 51°～60°，条数为 15 条。

3.4.2　断层

断层是破裂面两侧岩块有明显位移的断裂构造。断层的规模可大可小，小的可出现在手标本上，大的长达数百千米甚至上千千米，宽可达几千米，且切割深度可能深达上地幔，对工程岩体的稳定有显著影响。

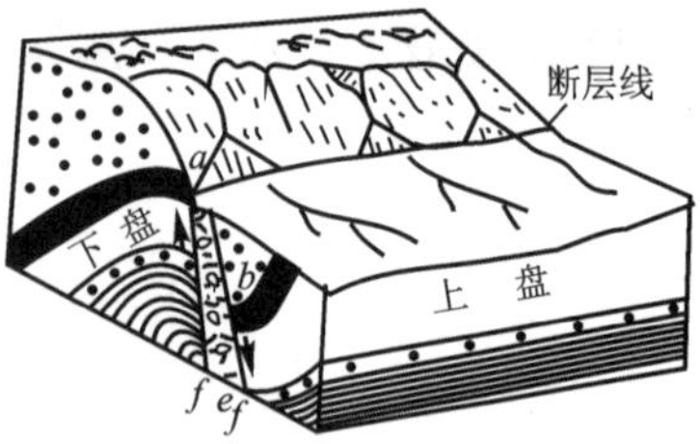

图 3-14　断层要素图

ab—总断距　*e*—断层破碎带

f—断层影响带

1. 断层的几何要素

断层的几何要素包括断层的基本组成部分以及与阐明其空间位置和运动性质有关的具几何意义的要素(图 3-14)。

(1)断层面

断层面指被错开的两部分岩块发生相对滑动的破裂面。断层面有的平坦光滑，有的粗糙，有的略显波状起伏。断层面的走向、倾向、倾角等产状要素的测定与岩层产状一样。有时断层两侧的运动并非沿一个面发生，而是沿着由许多破裂面组成的破裂带发生，这个带称为断层破碎带或断层带。破碎带两侧还可能有受断层影响、节理发育或发生牵引弯曲的部分，叫作影响带。

(2)断层线

断层线是断层面(或带)与地面的交线，即断层在地面的出露线，表示断层的延伸方向。它可以是一条平直的线，也可以是一条曲线。断层线的形状取决于断层面的产状和地面的起伏。

(3)断盘

断盘是断层面两侧沿断层面相对移动的岩块。若断层面是倾斜的,则在断层面上侧的岩块叫上盘;在断层面下侧的岩块叫下盘。按两盘相对运动的方向划分,相对上升的一盘叫上升盘;相对下降的一盘叫下降盘。上盘既可以是上升盘,也可以是下降盘,下盘亦如此。如果断层面直立,就分不出上、下盘,可按断盘相对于断层走向的方位描述。如果岩块沿水平方向移动,也就没有上升盘和下降盘之分。

(4)断距

断距指断盘沿断裂面相对错开的距离,可以据两盘中相当层(未断裂前为同一层)进行测量或计算求取,求得总断距。总断距的水平分量为水平断距,铅直分量为铅直断距,可分别在垂直于岩层走向和垂直于断层走向的剖面上获得。

2. 断层分类

根据断层走向与两盘岩层产状的关系,可将断层分为走向断层、倾向断层和斜交断层。根据断层与伴生褶皱(或区域构造)的关系,可将断层分为纵断层、横断层和斜断层。按断层的力学性质,可将断层分为张性、压性和扭性断层。以下介绍按两盘相对移动特点划分的断层的基本类型及其组合类型。

(1)断层的基本类型

1)正断层　指上盘岩块沿断层面相对向下滑动,下盘相对向上滑动的断层(图3-15(a))。其断层面一般较陡,倾角多为45°以上,以60°左右较为常见。正断层一般是由于地壳处于与断层走向线垂直方向的水平拉伸状态的结果。

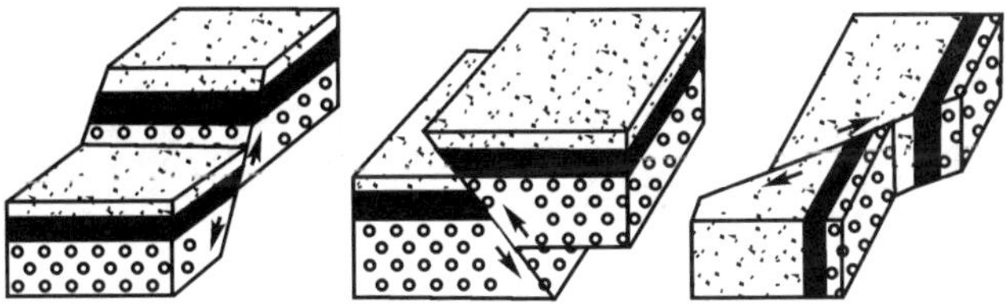

(a)　(b)　(c)

图3-15　断层类型示意图

(a)正断层　(b)逆断层　(c)平移断层

2)逆断层　指上盘沿断层面相对向上滑动,下盘相对向下滑动的断层(图3-15(b))。它一般是因为受到两侧近于水平的挤压应力作用而形成的,故多与褶皱构造伴生。倾角大于45°的逆断层称为逆冲断层;倾角为25°~45°的逆断层称为逆掩断层。规模巨大且上盘沿波状起伏的低角度(倾角小于25°)断层面作远距离(数千米至数十千米)推移的逆掩断层称为推覆构造或辗掩构造。

3)平移断层　指断层两盘基本上沿断层走向作相对水平移动的断层(图3-15(c)),也叫走向滑动断层或平推断层。平移断层可能是由于受水平挤压,顺平面X剪裂面发育而成的,也可能是由于不均匀的侧向挤压,使不同部分的岩块在垂直于纵向逆断层和褶皱枢纽的方向上作不同程度的向前推移而形成的。平移断层有左旋和右旋之分。当垂直于断层走向观察时,对盘向左方移动(即逆时针方向旋转)的叫作左旋平移断层;反之,对盘向右方移动(即顺时针方向旋转)的叫作右旋平移断层。

由于断层两盘有时并非沿断层面作单一的上下或水平移动,而是沿断层面作斜向滑动,这时需将正断层、逆断层和平移断层结合起来命名。如正—平移断层,表示上盘既有相对向下移动,又有水平方向相对移动,即斜向下移动,但以平移为主;而平移—逆断层表示上盘相对斜向上运动且以向上移动为主。

(2)断层的组合类型

在一个地区断层往往是成群出现的,并呈有规律的排列组合。常见的断层组合类型有下列几种。

1)阶梯状断层　是由若干条产状大致相同的正断层平行排列组合而成的,在剖面上各个断层的上盘呈阶梯状,相继向同一方向依次下滑(图3-16)。

2)地堑与地垒　是由走向大致平行、倾向相反、性质相同的两条以上断层组成的(图3-16)。如果两个或两组断层之间的岩块相对下降,两边岩块相对上升则叫地堑;反之,中间上升、两侧下降则称为地垒。两侧断层一般是正断层。地堑在地貌上是狭长的谷地或成串展布的长条形盆地与湖泊,我国规模较大的地堑有汾渭地堑等。

3)叠瓦式构造　指一系列产状大致相同、呈平行排列的逆断层的组合形式,各断层的上盘岩块依次上冲,在剖面上呈屋顶瓦片状依次叠覆(图3-17)。叠瓦式构造常与一系列倒转褶皱相伴生。

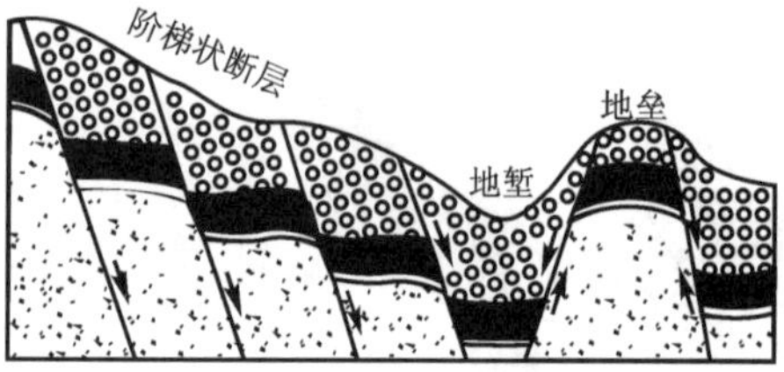

图3-16　阶梯状断层、地堑及地垒

图3-17　叠瓦式构造

3. 断层的野外识别标志

在自然界,大部分断层由于后期遭受剥蚀破坏和覆盖,在地表上暴露得不清楚,因此需根据地层、构造现象等直接证据和地貌、水文等方面的间接证据来判断断层是否存在及断层类型。

(1)构造线和地质体的不连续

任何线状或面状的地质体(如地层、岩脉、岩体、变质岩的相带、不整合面、侵入体与围岩的接触界面、褶皱的枢纽及早期形成的断层等)在平面或剖面上的突然中断、错开等不连续现象是判断断层存在的一个重要标志,如图3-18所示。断层横切岩层走向时,岩层沿走向突然中断。又由于该断层横切褶皱,导致褶皱核部地层的宽度变化,背斜核部相对变窄的为下降盘,而向斜核部相对变宽的为下降盘。

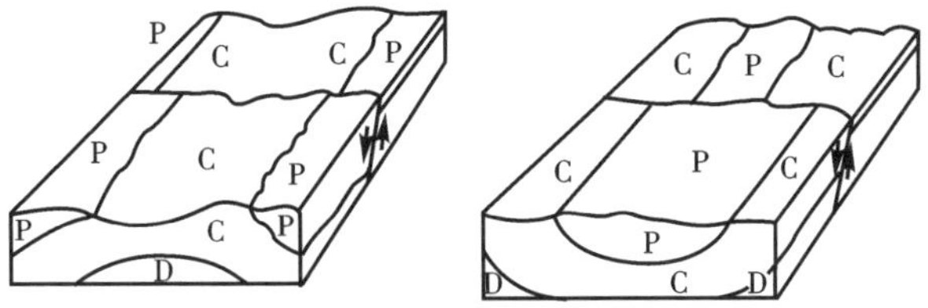

a)　　b)

图 3-18　断层横切褶皱核部立体示意图

(a)背斜核部下降盘变窄　(b)向斜核部下降盘变宽

(2)地层的重复与缺失

在层状岩石分布地区,沿岩层的倾向,原来层序连续的地层发生不对称的重复现象或某些层位的缺失现象,一般是走向正断层或逆断层造成的。地层重复与缺失的几种形式如图 3-19 所示。断层造成的地层重复和褶皱造成的地层重复的区别:前者是单向重复,后者为对称重复。断层造成的缺失与不整合接触造成的缺失也不同。断层造成的地层缺失只限于断层两侧,而不整合接触造成的缺失有区域性特征。

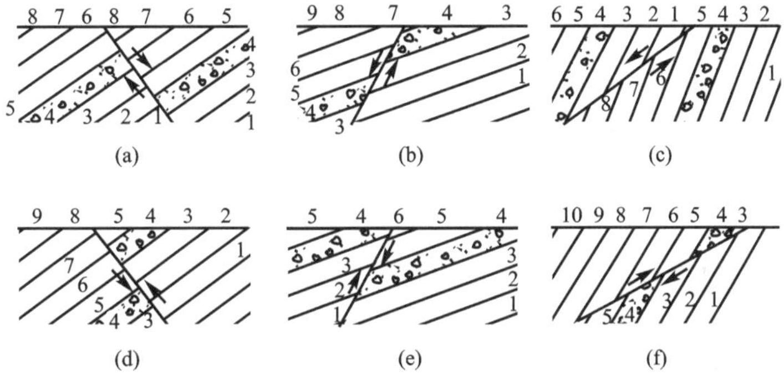

图 3-19　走向断层造成的地层重复与缺失

(a)正断层(重复)　(b)正断层(缺失)　(c)正断层(重复)

(d)逆断层(缺失)　(e)逆断层(重复)　(f)逆断层(缺失)

(3)断层面(带)的构造特征

断层面(带)的构造特征指由于断层面(带)两侧岩块的相互滑动和摩擦,在断层面上及其附近留下的各种证据。

1)断层擦痕和阶步　擦痕常表现为一组彼此平行而且比较均匀细密的相间排列的脊和槽,有时可见擦痕一端粗而深,另一端细而浅,则由粗的一端向细的一端的指向即为对盘运动方向。在硬而脆的岩石中,有的摩擦面光滑如镜,称为摩擦镜面。阶步是指断层面上与擦痕垂直的微小陡坡,在平行运动方向的剖面上其形状特征呈不对称波状,陡坡倾斜方向指示对盘错动方向,见图 3-20。

2)牵引现象　指断层两盘沿断层面作相对滑动时,断层附近的岩层因受断层面摩擦力拖曳而产生的弧形弯曲现象。岩石弧形弯曲突出的方向大体指示本盘错动方向(图 3-21)。

3)伴生节理　指在由断层剪切滑动而诱导的局部应力作用下,在断层的一侧或两侧岩

图 3-20 断层擦痕与阶步图

图 3-21 断层的牵引现象

层常相伴产生规律排列的节理或劈理，多呈羽状排列（图 3-22）。其中伴生张节理（T）与断层面斜交，其锐角指示本盘错动方向。伴生剪节理可有两组，一组与断层面呈锐角相交（S_1），锐角指向对盘滑动方向；另一组与断层面近于平行（S_2）。两组剪节理常只有一组发育。

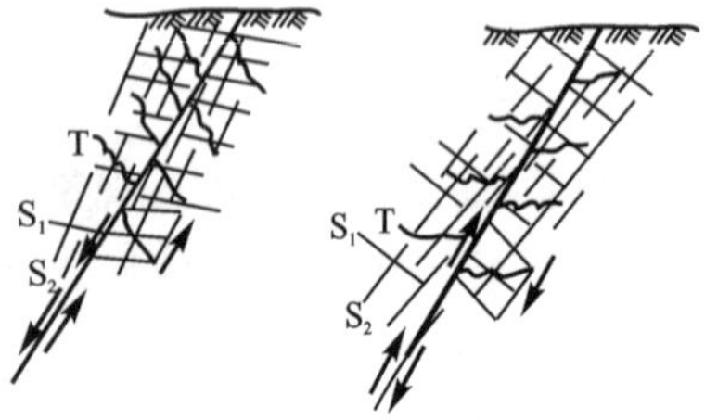

图 3-22 断层伴生的节理

4）构造透镜体　指断层带中常发育的规模不等并呈一定方向排列的透镜状岩块。部分构造透镜体是由于断层形成时的挤压作用产生的共轭剪节理把岩石切割成菱形岩块再进一步挤压研磨而成的。

5）断层构造岩　是断层带中因断层动力作用被搓碎、研磨，有时伴有重结晶作用而形成的一种岩石。根据研磨程度以及重结晶作用所反映的结构、构造特征，可分为断层角砾岩、碎裂岩、糜棱岩等类型，详见第 2 章“变质岩”部分。

6）断层泥　指在断层破碎带中可见到的厚度不等的未经胶结的极细的岩粉构成的泥状物质。

（4）地貌及其他标志

较大的断层由于断层面直接出露，在地貌上形成陡立的峭壁，称为断层崖。当断层崖遭受与崖面垂直的水流侵蚀切割后，可形成一系列的三角形陡崖，叫作断层三角面。断层的存在常常控制和影响水系的发育，并可引起河流遇断层面而急剧改向，甚至发生河谷错断现象。湖泊、洼地呈串珠状排列，往往意味着大断层的存在。温泉和冷泉呈带状分布往往也是断层存在的标志。线状分布的小型侵入体也常反映断层的存在。此外，断层两侧因岩性、土壤性质不同，可能有规律地生长着不同种类的植物，断层带中则可能生长着茂盛的喜湿植物。

4. 断裂构造的工程评价

由于断裂构造的存在破坏了岩体的完整性，加速了风化作用、地下水的活动及岩溶发育，可能在以下几方面对工程建筑产生影响：①降低地基岩体的强度及稳定性，断层破碎带力学强度低、压缩性大，建于其上的建筑物由于地基的较大沉陷，易发生断裂或倾斜，断裂面对岩质边坡、建（构）筑物地基及桥基稳定常有重要影响；②跨越断裂构造带的建筑物，由于断裂带及其两侧上、下盘的岩性均可能不同，易产生不均匀沉降；③隧道工程通过断裂破碎带时易发生坍塌，且可能发生涌水问题；④断裂带在新的地壳运动影响下，可能发生新的移动，从而影响建筑物的稳定。

3.5　地质图

3.5.1　地质图的概念

地质图是指以一定的符号、颜色和花纹将某一地区各种地质体和地质现象（如各种地层、岩体、构造等的产状、分布、形成时代及相互关系）按一定比例尺综合概括地投影到地形图上的一种图件。除了综合表示各种基本地质现象的普通地质图外，还有着重表示某一方面地质现象的专门地质图件，如反映第四纪地层的成因类型、岩性和生成时代以及地貌成因类型和形状特征的地貌及第四纪地质图，反映地下水的类型、埋藏深度和含水层厚度、渗流方向等的水文地质图以及综合表示各种工程地质条件的工程地质图等。

3.5.2　地质图的规格

地质图应有图名、比例尺、方位、图例和责任表（包括编图单位、负责人员、编图日期及资料来源等），在图的左侧为综合地层柱状图，有时还在图的下方附上剖面图。

比例尺的大小反映图的精度。比例尺越大，图的精度越高，对地质条件的反映越详细。比例尺的大小取决于地质条件的复杂程度和建筑工程的类型、规模及设计阶段。

图例一般自上而下或自左而右按地层（上新下老或左新右老）、岩石、构造顺序排列。所用的岩性图例、地质符号、地层代号及颜色都有统一规定，如岩层产状的符号为“”，向斜、背斜的符号分别为“”“”，正断层、逆断层、平移断层的符号分别为“”“”“”等。

3.5.3　地质条件在地质图上的反映

1. 不同产状岩层界线的分布特征

（1）水平岩层

岩层界线与地形等高线平行或重合（图 3-23）。

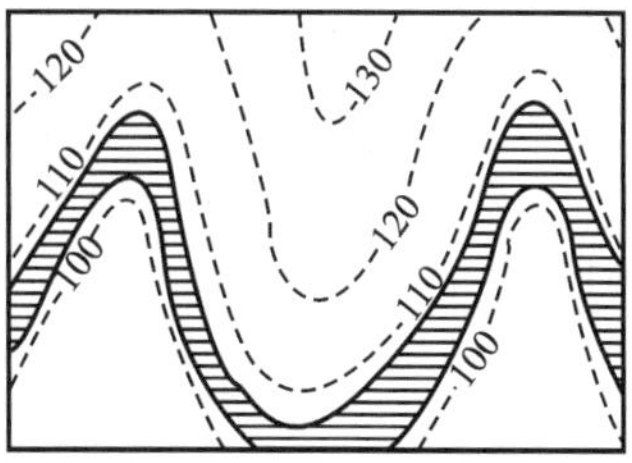

图 3-23　水平岩层在地质图上的分布特征

（2）倾斜岩层

倾斜岩层的分界线在地质图上是一条与地形等高线相交的“V”形曲线。当岩层倾向与地面倾斜的方向相反时，在山脊处“V”形的尖端指向山麓，在沟谷处“V”形的尖端指向沟谷上游，但岩层界线的弯曲程度比地形等高线的弯曲程度要小（图 3-24（a））。当岩层倾向与地形坡向一致时，若岩层倾角大于地形坡角，则岩层分界线的弯曲方向和地形等高线的弯曲方向相反（图 3-24（b））；若岩层倾角小于地形坡角，则岩层分界线的弯曲方向和等高线相同，但岩层界线的弯曲度大于地形等高线的弯曲度（图 3-24（c））。

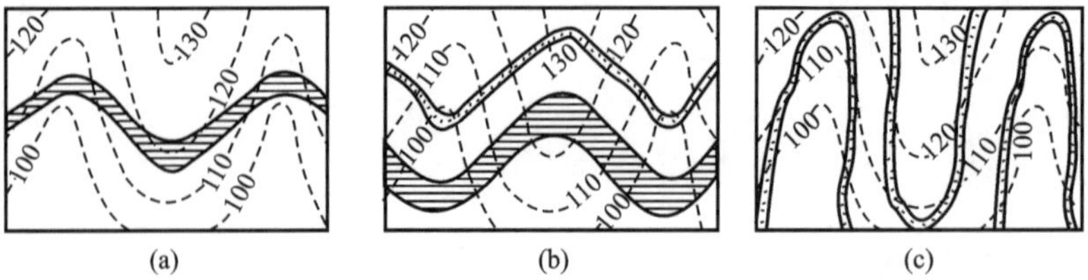

图 3-24 倾斜岩层在地质图上的分布特征

(a)岩层倾向与坡向相反 (b)岩层倾向与坡向相同,岩层倾角大于坡角

(c)岩层倾向与坡向相同,岩层倾角小于坡角

(3)直立岩层

岩层界线不受地形等高线影响,沿走向呈直线延伸。

2. 褶皱

一般根据图例符号识别褶皱。若没有图例符号,则需根据岩层的新、老对称分布关系确定,并根据褶皱两翼的岩层产状及地层界线的延伸特征进一步确定褶皱的形态分类名称。

3. 断层

一般也是根据图例符号识别断层。若无图例符号,则根据岩层的重复、缺失、中断、宽窄变化或错动等现象识别。

4. 地层接触关系

整合接触和平行不整合接触在地质图上的表现是相邻岩层的界线弯曲特征一致,只是前者相邻岩层时代连续,而后者则不连续。角度不整合接触在地质图上的特征是新岩层的分界线遮断了老岩层的分界线。侵入接触使沉积岩层界线在侵入体出露处中断,但在侵入体两侧无错动;沉积接触表现为侵入体被沉积岩层覆盖中断。

3.5.4 综合地层柱状图和地质剖面图

综合地层柱状图是按工作区所有涉及的地层的新老叠置关系恢复成原始水平状态切出的一个具有代表性的柱形图件。在柱状图中可表示出各地层单位、岩性、厚度、时代和地层间的接触关系等。地层柱状图可以附在地质图的左边,也可以单独成一幅图。比例尺可据反映地层详细程度的要求和地层总厚度而定(图 3-25)。

正规地质图(图 3-26)常附有一幅或数幅切过图区主要构造的剖面图,置于图的下方,在地质图上标注切图位置。剖面图所用地层符号、色谱应与地质图一致,参见图 3-27。

3.5.5 地质图的阅读和分析

以下以黑山寨地区地质图(图 3-26、图 3-27)为例,介绍阅读地质图的方法。

1. 比例尺

该地质图比例尺为 1∶10 000,即图上 1 cm 代表实地距离 100 m。

2. 地形地貌

通过地形等高线或河流水系的分布特点,可了解一个地区的山川地势和地形高低起伏

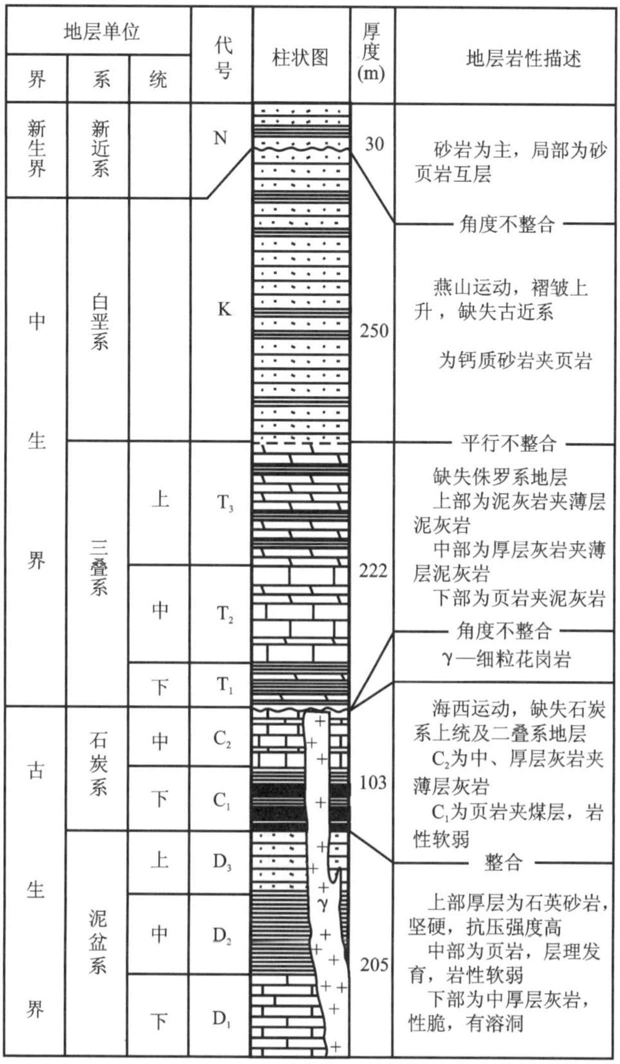

图3-25　黑山寨地区综合地层柱状图

情况。本地区西北部最高，高程约为570 m，东南部较低，约为100 m，相对高差约为470 m。东部有一山冈，高程为300多米。顺地形坡向有两条北北西向沟谷。

3. 地层岩性

主要是了解地层的分布、新老关系及其与地形的关系。本区出露地层从老到新有：古生界——下泥盆统(D_1)石灰岩、中泥盆统(D_2)页岩、上泥盆统(D_3)石英砂岩，下石炭统(C_1)页岩夹煤层、中石炭统(C_2)石灰岩；中生界——下三叠统(T_1)页岩、中三叠统(T_2)石灰岩、上三叠统(T_3)泥灰岩，白垩系(K)钙质砂岩；新生界——新近系(N)砂、页岩互层。古生界地层分布面积较大，中生界、新生界地层出露在北、西北部。

除沉积岩层外，还有花岗岩(γ)岩脉侵入，出露在东北部，侵入在三叠系以前的地层中，属海西运动时期的产物。

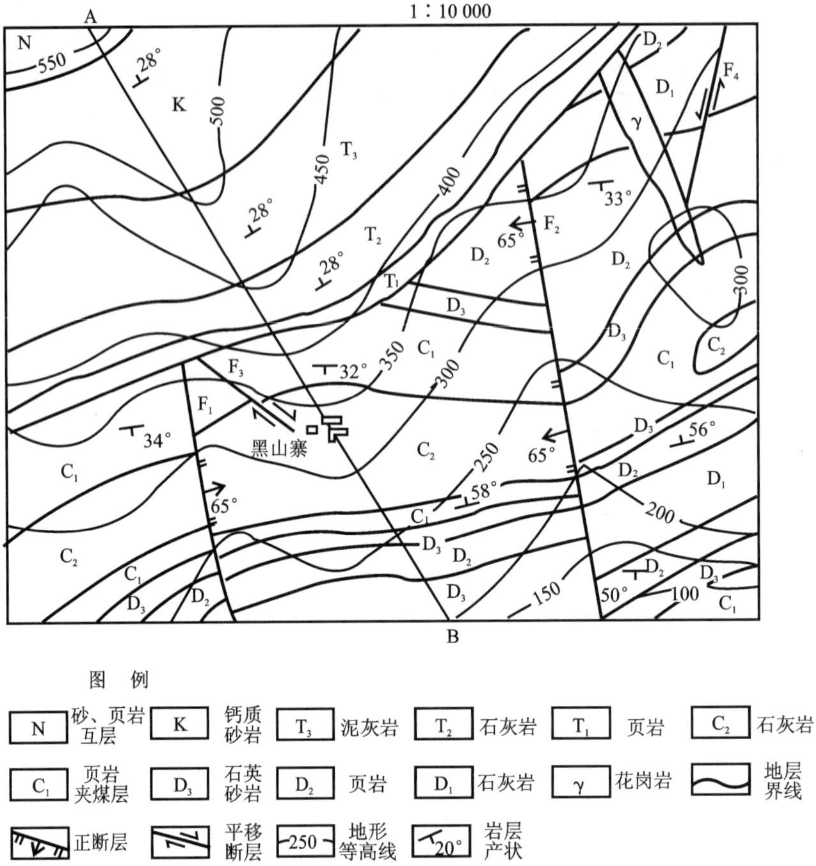

图 3-26 黑山寨地区地质图

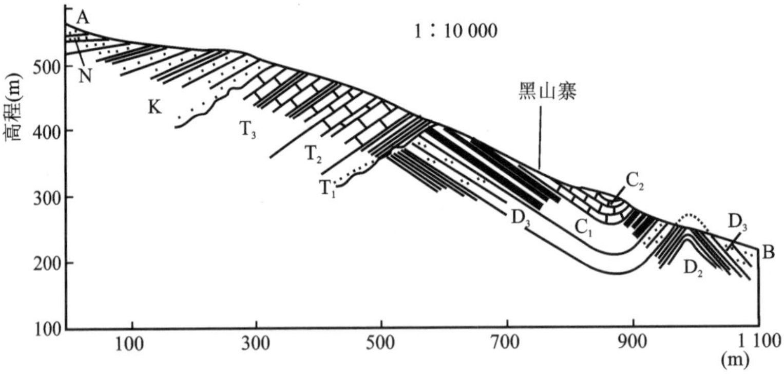

图 3-27 黑山寨地区地质剖面图

4. 地质构造

可根据图例和各种地质构造的表现形式，先了解地区总体构造的基本特点，明确局部构造间的相互关系，然后对单个构造进行具体分析。

(1)岩层产状及其接触关系

N为水平岩层;T、K为单斜岩层,其产状为330°∠28°;D、C地层大致近东西或北东东向延伸。

新近系(N)与其下伏白垩系(K)产状不同,且缺失古近系(E),故为角度不整合接触。白垩系(K)与下伏上三叠统(T_3)之间缺失侏罗系(J),但产状大致相同,故为平行不整合接触。T_3、T_2、T_1之间为整合接触。下三叠统(T_1)与下伏石炭系(C_1、C_2)及泥盆系(D_1、D_2、D_3)直接接触,中间缺失二叠系(P)及上石炭统(C_3),且产状不同,故为角度不整合接触。由C_2至D_1各层之间均为整合接触。

花岗岩(γ)岩脉切穿泥盆系(D_1、D_2、D_3)及下石炭统(C_1)地层并侵入其中,故为侵入接触,因未切穿上覆下三叠统(T_1)地层,故T_1与γ为沉积接触。说明花岗岩(γ)岩脉形成于早石炭世(C_1)以后、下三叠世(T_1)以前,但规模较小,产状呈北北西—南南东分布的直立岩墙。

(2)褶皱

古生界地层从D_1至C_2由北部到南部形成三个褶皱,依次为背斜、向斜、背斜。褶皱轴向为NE 75°~80°。

1)东北部背斜　背斜核部较老地层为D_1,北翼为D_2,产状为345°∠33°(图上未标出),南翼由老到新为D_2、D_3、C_1、C_2,岩层产状为165°∠33°。两翼岩层产状对称,为直立褶皱。

2)中部向斜　向斜核部较新地层为C_2,北翼即上述背斜南翼,南翼出露地层依次为C_1、D_3、D_2、D_1,其产状为345°∠56°~58°。由于两翼岩层倾向相反、倾角不同,故为倾斜向斜。

3)南部背斜　核部为D_1,两翼依次对称分布D_2、D_3、C_1,两翼岩层倾向相反、倾角不同,故为倾斜背斜。

这三个褶皱均发生在晚石炭世(C_2)之后、早三叠世(T_1)以前,因为从D_1至C_2的地层全部经过褶皱变动,而T_1以后的地层没有受此褶皱影响。

(3)断层

本区有F_1、F_2两条较大断层,使得岩层沿走向延伸方向不连续,断层走向为345°,断层面倾角较陡,具体产状为:①F_1:75°∠65°;②F_2:225°∠65°。两断层都是横切向斜轴和背斜轴的正断层。另外,从断层两侧向斜核部C_2地层出露宽度分析,也可说明F_1和F_2间的岩层相对下移,所以F_1、F_2断层的组合类型为地堑。

此外,尚有F_3、F_4两条断层,F_3走向300°,F_4走向30°,均为规模较小的平移断层。

断层也是形成于晚石炭世(C_2)之后、早三叠世(T_1)以前,因为断层没有错断T_1以后的岩层。

从该区褶皱和断层分布时间、空间来分析,它们处于同一构造应力场,受到同一构造运动所形成。压应力主要来自北北西—南南东方向,故褶皱轴向为北东东。F_1、F_2两断层为受张应力作用形成的正断层,故断层走向大致与压应力方向平行,而F_3、F_4则为受剪应力作用所形成的扭性断层。

3.6 大地构造概念

大地构造是指大范围甚至全球性地壳运动的作用及其所导致的地壳构造和形态，即整个岩石圈的地质构造。专门研究大范围地壳构造的地质学分支称为大地构造学。它主要研究区域地质构造的发生、发展、特征、分布、组合关系、历史演化以及动力来源等。地震活动及区域构造稳定性受地壳的大型地质构造所控制。目前，大地构造学说很多，包括地槽—地台学说、板块构造学说、地质力学学说、多旋回学说（黄汲清）及断块构造学说（张文佑）等。下面仅介绍三种主要的学说。

3.6.1 地槽—地台学说

从地壳升降运动的强弱出发，按地壳活动性大小在岩石圈内分出地槽、地台两类不同的构造单元，研究其发生发展过程的运动形式和规律的学说，称为地槽—地台学说，简称槽台说。其基本观点是地壳运动以垂直升降为主，水平运动是由垂直运动派生的。

地槽是指地壳上强烈活动的地带，长可达数百至数千千米，宽几十至几百千米，构造运动强烈，地震活动频繁，升降幅度和速度大，沉积岩层的厚度可达数千米，有大规模的岩浆活动，变质作用强烈。地槽区经过强烈的地壳运动后，可形成复杂的褶皱和断裂构造，因此也称褶皱带。在古生代形成的，称为加里东褶皱带；在新生代形成的，称为喜马拉雅褶皱带等。

地台是大陆地壳相对稳定的地区，多呈不规则外形，直径可达数千千米，升降运动幅度小、速度慢，褶皱、断裂活动微弱，岩浆活动少，无区域变质作用。地台下部为由区域变质岩构成的结晶基底，上层为沉积岩层形成的盖层。基底与盖层间存在着明显的不整合，说明地台是在地槽形成褶皱带后，地壳趋于稳定，并经历过长期剥蚀、夷平和沉积而形成的。地槽可转化为地台，如我国的华南地台和华北地台等。

3.6.2 板块构造学说

板块构造学说是以"大陆漂移说""地幔对流说"和"海底扩张说"等理论为基础，综合大量海洋地质、海底地貌、地球物理（古地磁、地震和地热方面）的资料建立起来的，是当今最盛行的大地构造学说。板块构造学说认为，岩石圈是由若干刚性的块体结合而成的，这些块体称为板块。板块与板块之间相互离散、聚合（碰撞）或平移，引起了全球性的构造运动。板块彼此相互作用的过程及其所形成的各种构造，称为板块构造。洋中脊、海沟、岛弧、转换断层、大陆裂谷和地缝合线等是板块的边界。板块内部是相对稳定的区域。各板块间的接合地带是相对活动的区域，这些地区有频繁的地震、火山活动、强烈的岩浆侵入和造山运动等，如太平洋板块、印度板块与欧亚板块间的接合地带。

板块构造学说将全球划分为六大板块：太平洋板块、欧亚板块、印度板块、非洲板块、美洲板块和南极洲板块。太平洋板块几乎全为海洋，其余五大板块既有陆地，也包括海洋。各大板块又可分为若干个小板块。板块构造学说认为，驱使板块进行运动的动力来源是地幔热力对流作用，即板块漂浮在软流圈上随软流圈的对流而运动。

3.6.3　地质力学学说

地质力学是我国著名地质学家李四光教授创立发展起来的。它是用力学的原理研究地壳构造与地壳运动规律的一门科学。地质力学的观点认为,地壳的构造运动主要是水平运动,垂直运动是由水平运动所引起的。动力来源于地球自转速度变化引起的惯性力。在水平运动的挤压、拉张作用下,形成各种构造形迹(压、张、扭性结构面等),它们之间有着内在的力学成因上的联系(成生联系)。构造体系是许多不同形态、不同力学性质、不同级别和序次,但有成生联系的构造形迹所组成的构造带。构造体系有三种大的类型:纬向构造体系、经向构造体系、扭动构造体系。

思考题

1. 相对地质年代的确定方法有哪些？地质年代是如何划分的？
2. 岩层产状要素有哪些？
3. 试述褶曲的基本类型及特征、褶皱要素及褶皱分类方法。
4. 试述节理的力学成因类型及特征、断层的类型及特征、断层的野外识别标志。
5. 如何进行地质图的阅读分析？
6. 试述三种大地构造学说的基本原理。

第4章　外力地质作用及其第四纪沉积物

以太阳的辐射能和日月的引力能为主要能源，在地表或地表附近进行的地质作用称为外力地质作用。外力地质作用表现为风化作用及地表水流、湖泊、海洋、风及冰川的地质作用等形式。它们塑造了一系列独特的地貌形态。由这些地质作用在第四纪形成的各种堆积物叫作第四纪沉积物。第四纪沉积物的主要成因类型及特征见表4-1。

表4-1　第四纪沉积物的主要成因类型及特征

成因类型	堆积方式及条件	堆积物特征
残积物	岩石经风化作用而残留在原地的碎屑堆积物	碎屑物从地表向深处由细变粗，其成分与母岩相关，一般不具层理，碎块呈棱角状，土质不均，具有较大孔隙，厚度在山丘顶部较薄，低洼处较厚
坡积物或崩积物	风化碎屑物由雨水或融雪水沿斜坡搬运或由重力作用堆积在斜坡上或坡脚处而成	碎屑物岩性成分复杂，与高处岩石的岩性成分有直接关系，碎屑物从上往下逐渐变细，分选性差，层理不明显，厚度变化较大，厚度在斜坡较陡处较薄，坡脚地段较厚
洪积物	由暂时性洪流将山区或高地的大量风化碎屑物挟带至沟口或平缓地带堆积而成	颗粒具有一定的分选性，但往往大小混杂，碎块多呈亚棱角状，洪积扇顶部颗粒较粗，层理紊乱，呈交错状，透镜体及夹层较多，边缘处颗粒细，层理清楚
冲积物	由长期的地表水流搬运，在河流阶地、冲积平原、三角洲地带堆积而成	颗粒在河流上游较粗，向下游逐渐变细，分选性及磨圆度均较好，层理清楚，除牛轭湖及某些河床相沉积外厚度较稳定
淤积物	在静水或缓慢的流水环境中沉积，并伴有生物化学作用而成	颗粒以粉粒、黏粒为主，且含有一定数量的有机质或盐类，一般土质松软，有时为淤泥质黏性土、粉土与粉砂互层，具清晰的薄层理
冰水沉积和冰碛物	由冰川或冰川融化的冰水进行搬运堆积而成	颗粒由巨大块石、碎石、砂、粉土、黏性土混合组成，一般分选性极差，无层理，但为冰水沉积时，常具斜层理，颗粒呈棱角状，巨大块石上常有冰川擦痕
风积物	在干旱气候条件下，碎屑物被风吹扬，降落堆积而成	颗粒主要由粉粒或砂粒组成，土质均匀，质纯，孔隙大，结构松散

4.1　风化作用与残积物

4.1.1　风化作用的类型

分布在地表或地表附近的岩石，经受太阳辐射、大气、水溶液及生物等因素的侵袭，逐渐破碎、松散或矿物成分发生化学变化，甚至生成新的矿物的现象，称为岩石的风化作用。岩石风化后物理力学性质发生显著变化，力学强度明显降低。各种工程建筑所遇到的岩石，绝大多数是经受过不同程度风化的岩石。根据风化作用的性质及其影响因素，可分为物理风化作用、化学风化作用和生物风化作用三种类型。

1. 物理风化作用

物理风化作用是指岩石受风化因素侵袭后，只产生单纯的机械性破坏，而不发生化学成分变化的风化作用。引起物理风化的主要因素是温度变化和水的冻胀等。

岩石是不良的导热体，不同矿物的热膨胀系数也不同，所以当温度发生变化时，岩石的表面与内部以及晶粒与晶粒之间的胀缩变形不一，产生应力，致使发生裂隙，并可逐渐松散破碎。渗入岩石孔隙、裂隙中的水，低温结冰、体积膨胀，可产生100 MPa以上的压力，使裂隙扩大延长，在冰融季节反复交替进行，最后可导致岩石崩裂、破碎。另外，水溶液中盐类物质的集聚结晶也可产生类似的情况。此外，原来处于地下深处的岩石，随着上覆岩石的被剥蚀而出露地表，可产生平行于地表的卸荷裂隙，称为层裂。

物理风化作用的结果，最初是使岩石产生大小不等、方向无序的裂隙，裂隙继续发展、增多，最后可形成大小不等的岩屑堆积。

2. 化学风化作用

化学风化作用是指在氧、水及二氧化碳等风化因素侵袭下，岩石中的矿物成分发生化学变化，改变或破坏岩石的性状并可形成次生矿物的作用过程。化学风化的作用方式有氧化、溶解、水化、水解及碳酸化等多种。

(1)氧化作用

氧化作用是指矿物与空气或水中的游离氧发生化学反应，使低价元素或化合物转变为高价元素或化合物，使原矿物破坏并形成一些新的矿物。在岩石中最易氧化的是含有低价铁的硅酸盐类矿物、硫化物和低价氧化物，如橄榄石、辉石、角闪石、黑云母及黄铁矿等。其中，黄铁矿氧化后变为褐铁矿，同时析出的硫酸又对岩石进行腐蚀，加速岩石风化。其反应式如下：

$$4FeS_2 + 15O_2 + 11H_2O \longrightarrow 2Fe_2O_3 \cdot 3H_2O + 8H_2SO_4$$

(2)溶解作用

溶解作用是指水溶液溶解岩石的某些易溶成分，使其松软、破碎、崩解的过程。例如方解石在水中由于CO_2的影响而加速溶解，并在石灰岩等岩石中形成洞穴。其反应式为

$$CaCO_3 + CO_2 + H_2O \longrightarrow Ca(HCO_3)_2$$

(3)水化作用

水化作用是指矿物吸收一定数量的水分子进入矿物晶格中而变成新的含水矿物。如硬石膏($CaSO_4$)吸水变为石膏($CaSO_4 \cdot 2H_2O$),同时体积膨胀30%。其化学反应式为

$$CaSO_4 + 2H_2O \longrightarrow CaSO_4 \cdot 2H_2O$$

(4)水解和碳酸化作用

水解作用是指水离解出的H^+和OH^-与矿物离解出的离子结合形成新矿物的过程。碳酸化作用是指当CO_2溶解于水中时,形成CO_3^{2-}和HCO_3^-,它们与矿物中的阳离子(K^+、Na^+、Ca^{2+}等)结合形成易溶于水的碳酸盐或碳酸氢盐的过程。在自然界,水中或多或少都溶解有CO_2,所以水解作用和碳酸化作用常常是同时发生的。

以自然界分布极广的钾长石为例,其水解和碳酸化作用的反应式如下:

$$4K[AlSi_3O_8] + 6H_2O \longrightarrow 4KOH + Al_4[Si_4O_{10}][OH]_8 + 8SiO_2$$

$$4K[AlSi_3O_8] + 2CO_2 + 4H_2O \longrightarrow 2K_2CO_3 + Al_4[Si_4O_{10}][OH]_8 + 8SiO_2$$

其中,KOH和K_2CO_3溶于水而流失,SiO_2呈胶体状,或流失或凝聚沉淀下来;$Al_4[Si_4O_{10}][OH]_8$(高岭石)则残留在原地,未经扰动时可保持正长石原有的晶形,扰动后呈黏性土状的堆积。有时高岭石还可进一步水解,最后形成SiO_2胶体溶液和铝土矿($Al_2O_3 \cdot nH_2O$)的堆积。

3. 生物风化作用

由生物的生命活动引起岩石的破坏过程称为生物风化作用。具体地说,生物是通过物理的和化学的两个方面对岩石进行破坏,因此又可分为生物物理风化作用和生物化学风化作用,但生物化学风化作用更为普遍。

由于生物活动导致的岩石的机械破碎过程称为生物物理风化作用,常见的一种形式是根劈作用。这种作用在植被茂盛、岩石裂隙发育的地区是很常见的。

由于生物活动引起岩石化学成分变化而使岩石破坏的过程称为生物化学风化作用。这种作用通常是通过生物在新陈代谢过程中分泌出的物质和死亡之后遗体腐烂分解出来的物质对岩石起化学反应完成的。

上述的物理、化学及生物风化作用都具有独立意义,但在多数情况下,它们是相互伴生、相互影响、相互促进的。只是在不同的地区、不同的气候条件、不同的时期以某种风化作用为主,如在寒冷地区以冰劈作用为主,而在湿热的地区则化学风化作用强烈。

4.1.2 影响岩石风化的因素

影响岩石风化速度、深度、程度以及分布规律的因素,主要有下列几种。

1. 气候、地形和地下水的影响

气候决定着温度、降水及生物生长等情况。干旱、寒冷地区以物理风化作用为主,岩石常破坏为堆积的岩屑,少有化学风化形成的黏土矿物,风化深度也较浅。气候潮湿、炎热地区,化学风化作用强烈,矿物分解变化严重,可形成含大量黏土矿物的残积物,风化深度较深。

地势高度、起伏程度以及山坡朝向等地形因素影响着风化的强度、深度和保存风化物的

厚度及分布情况。地下水的渗流条件及其化学成分对风化速度、程度和分布也有明显影响。

2. 岩石性质的影响

岩石的化学风化过程实际上是各种矿物变异、转化的过程。岩石成因不同，抗风化能力也不一样。一般情况下，沉积岩比岩浆岩和变质岩抗风化能力强。不同的矿物成分抵抗风化的能力差别很大。如果抗风化能力不一的岩石共生在一起，则抗风化能力强的岩石突出，抗风化能力弱的凹入，称为差异风化。

岩石的结构、构造对风化的影响表现在粗粒、不等粒结构较细粒、等粒结构易风化；具有层理、片理等定向排列构造的岩石较均一粒状、致密状的岩石易风化。

3. 断层、裂隙的影响

岩层中的断层破碎带和节理密集带均由破碎的岩块组成，宽度可达数米甚至数十米。断层和裂隙为水和其他风化因素的侵入提供了良好条件，因而沿它们的分布、延伸范围常形成风化严重的地带，如形成深槽状、囊袋状、夹层状的风化带等。

当有几组交叉裂隙将岩体切割成近于方形或菱形的块体时，风化因素沿周围裂隙逐渐侵入，形成表面部分风化严重、层层剥离、向内则风化轻微的球状风化现象。

4.1.3 岩石风化程度的划分

由于风化因素都是从岩石表面开始侵入的，所以由表面向深处风化程度也由严重到轻微。在风化剖面上，通常自上而下分成全风化带、强风化带、中等风化带和微风化带。花岗岩类岩石的典型风化剖面图见图 4-1。确定不同风化带的界线可以为选择岩基持力层、基坑开挖深度、边坡开挖坡度以及采取相应的加固措施等提供地质方面的依据。

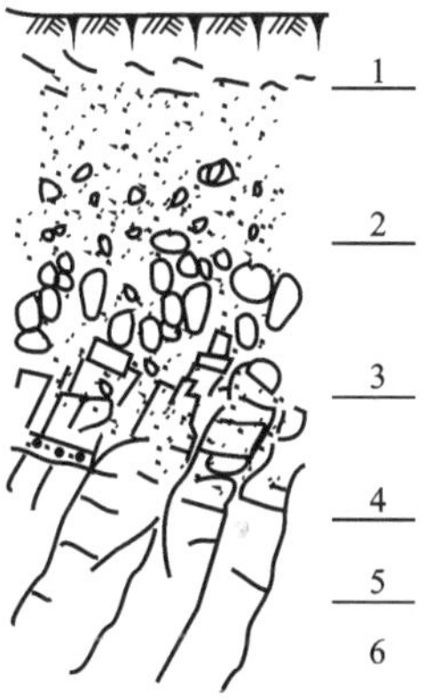

图 4-1　典型风化剖面示意图

1—残积土　2—全风化带
3—强风化带　4—中等风化带
5—微风化带　6—未风化基岩

风化程度的不同使岩石的性状和物理力学性质有很大差别，因此在工程勘察设计中需要对风化程度进行等级划分。《岩土工程勘察规范》(GB 50021—2001,2009 年版)中的岩石按风化程度的分类方案见表 4-2。

表 4-2　岩石按风化程度分类

风化程度	野外特征	风化程度参数指标	
		波速比 K_v	风化系数 K_f
未风化	岩质新鲜，偶见风化痕迹	0.9～1.0	0.9～1.0
微风化	结构基本未变，仅节理面有渲染或略有变色，有少量风化裂隙	0.8～0.9	0.8～0.9
中等风化	结构部分破坏，沿节理面有次生矿物，风化裂隙发育，岩体被切割成岩块，用镐难挖，岩芯钻方可钻进	0.6～0.8	0.4～0.8
强风化	结构大部分破坏，矿物成分显著变化，风化裂隙很发育，岩体破碎，用镐可挖，干钻不易钻进	0.4～0.6	<0.4

续表

风化程度	野外特征	风化程度参数指标	
		波速比 K_v	风化系数 K_f
全风化	结构基本破坏，但尚可辨认，有残余结构强度，可用镐挖，干钻可钻进	0.2～0.4	—
残积土	组织结构全部破坏，已风化成土状，锹镐易挖掘，干钻易钻进，具可塑性	<0.2	—

注：①波速比 K_v 为风化岩石与新鲜岩石压缩波速度之比。

②风化系数 K_f 为风化岩石与新鲜岩石饱和单轴抗压强度之比。

③岩石风化程度除按表列野外特征和定量指标划分外，也可根据当地经验划分。

④花岗岩类岩石可采用标准贯入试验划分：$N \geq 50$ 为强风化；$30 \leq N < 50$ 为全风化；$N < 30$ 为残积土。

⑤泥岩和半成岩可不进行风化程度划分。

4.1.4 防治风化的措施

防治岩石风化作用的措施之一是向岩石孔隙、裂隙灌注各种浆液，提高岩石整体性态和强度，增强岩石的抗风化能力；措施之二是在岩石表面喷抹水泥砂浆、沥青或石灰水泥砂浆，封闭岩面，防止空气、水分与岩石接触或渗入其中。基础工程建设中，对于已经存在的严重风化层，若厚度不大应予清除，使建筑物基础坐落在未风化或微、弱风化的岩石上；若厚度较大不能全部挖除，则应采取相应措施，如桩基等。对边坡、隧道工程可根据风化层厚度及风化程度采用加强支护、支挡、衬砌等措施。

4.1.5 残积物

岩石风化后产生的碎屑物质，一部分被风和大气降水带走，另一部分保留在原地。这种保留在原地的风化碎屑物质称为残积物，见图4-1和图4-2。残积物由黏性土或砂土及棱角状的碎石土组成，粒度从地表向地下一定深度由细变粗，有较多的孔隙和裂隙，没有经过分选，也无层理。残积物多分布在分水岭、山坡和低洼地带，其顶面较平坦，底部与它下面的母岩之间并无明显的界限，而是逐渐过渡的，其成分与母岩成分及所受风化作用的类型密切相关。在残积物上进行工程建设时，要特别注意地基土的不均匀性。

4.2 地表暂时流水的地质作用及其堆积物

地表暂时流水包括片流和洪流。其中，片流是大气降水的同时在山体斜坡上出现的面状流水；洪流是大气降水的同时或紧接其后在山体的沟谷中形成的流量大、流速快的山洪急流。

4.2.1 片流的地质作用及坡积物

片流对山坡松散层产生的破坏作用称为片流的剥蚀作用。片流是一种在斜坡上的面状流水，流速慢，水层薄，无固定流向，所以它的剥蚀作用弱且具有面状发展的特点，故又称洗刷作用。虽然片流的剥蚀作用较弱，但是大量的风化产物剥离原地的最初动力就来自片流。河流所搬运的物质大多数是由片流提供的。片流是大气降水所形成的最初的地面流水，剥蚀形成地表形态的雏形。现今许多地区出现的大量水土流失也与片流的剥蚀作用有关。所以片流的剥蚀作用也是很重要的。

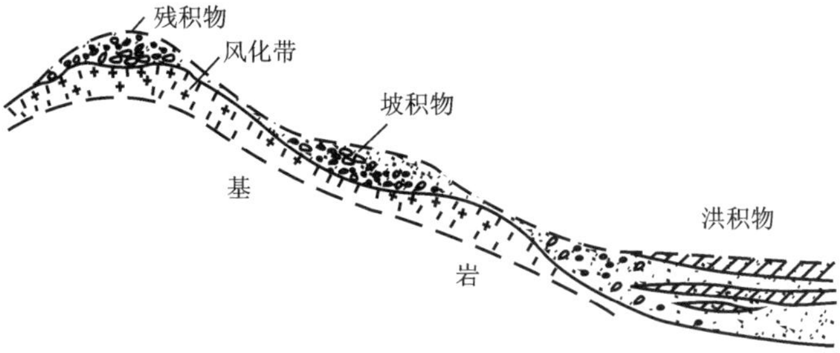

图4-2　残积物、坡积物及洪积物

片流的流量较小、流速较慢，只能搬运少量的、细小的碎屑颗粒。由片流在坡凹、坡麓地带形成的碎屑堆积物叫坡积物（图4-2）。坡积物随斜坡自上而下逐渐变缓，呈现由粗到细的分选作用。但由于每次雨、雪水搬运能力不大，故无明显区别，大小颗粒混杂，层理不明显。坡积物的矿物成分与下卧基岩没有直接过渡关系，这是它与残积物的主要区别。在坡积物上进行工程建设时应注意的几个问题分别是：下卧基岩表面的坡度及其形态、坡积物中含黏土矿物的多少、下卧基岩的透水性及遇水是否容易软化等特征；当坡积物下伏基岩表面倾角较陡，坡积物与基岩接触处为黏性土而又有地下水沿基岩面渗流时，则易发生滑坡；坡积物受冲刷或开挖出现的破坏情况以及可能导致的建筑物的不均匀沉降问题，等等。

4.2.2　洪流的地质作用及洪积物

洪流以其自身的动力和挟带的沙石对沿途沟壁和沟底的破坏作用称为洪流的剥蚀作用。由于洪流的流量较大、流速较快，挟带沙石较多，机械冲击很强，所以常具较强的剥蚀能力，而且以机械方式的作用为主，故又称冲蚀作用。洪流的剥蚀作用也有加深和拓宽沟谷的作用，形成的冲沟在纵剖面上坡降大，在横剖面上呈陡的“V”形。

洪流的流量较大、流速较快，因而具有很强的搬运能力，能挟带大量的泥沙和巨大的石块沿沟谷流动。

洪流的沉积作用很普遍，特别是在干旱和半干旱地区，洪流是主要的地质营力。当洪流挟带大量碎屑物质抵达冲沟口时，水流突然分散，流速降低，因而搬运能力骤减，碎屑物质便沉积下来。由洪流形成的沉积物叫洪积物（图4-2）。洪积物在冲沟口所形成的扇状堆积体叫洪积扇。逐年增大的相邻沟谷的洪积扇互相连接，形成洪积裙或洪积—冲积平原。大型的洪积扇中，洪积物具有明显的分带现象。在洪积扇顶部，堆积有粗大的砾石，这是由于水动力在此地带突然减弱所致。在洪积扇边缘，地形较缓，水动力更弱，沉积物主要为砂、黏土，并具有层理。在扇顶与扇缘之间，沉积物既有砾石，又有砂及黏土。洪积物这种分带现象是粗略的，各带之间没有明显的界线。

洪积物具有如下特点:①洪积物分布有明显的地域性,物质成分较单一,不同冲沟中的洪积物岩性差别较大;②洪积物分选性差,往往砾石、砂、黏土混积在一起;③洪积物的磨圆度较低,一般介于次圆状和次棱角状之间;④洪积物的层理不发育,类型单一;⑤在剖面上,砾石、砂、黏土的透镜体相互交叠,呈现出多元结构。

用工程观点评价洪积物,可把全区分为三个工程地质分带(图4-3)。

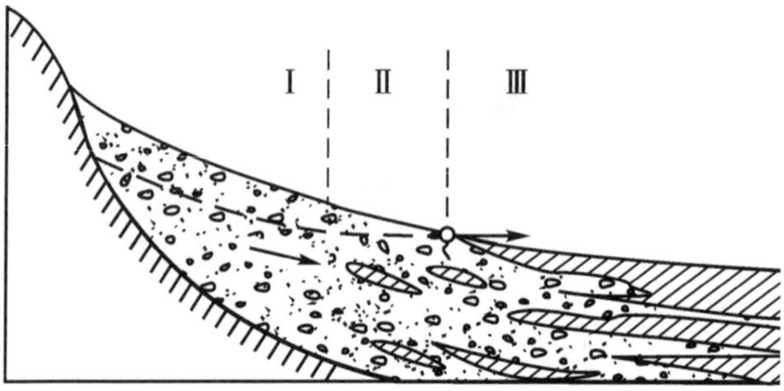

图4-3　洪积物剖面图

1)靠近山区地带(Ⅰ带)　土层为较粗的碎屑土,地势高,地下水位低,地基承载力较高,土质较均匀,是良好的天然地基。

2)离山区远的(前沿)地带(Ⅲ带)　土层虽由粉土、黏土颗粒组成,但由于形成过程中受到周期性干燥气候的影响,土粒被析出的可溶性盐类所胶结而较坚硬,承载力较高,也是较好的天然地基。

3)中间过渡地带(Ⅱ带)　由于受前沿地带细颗粒土(其渗透性极小)的影响,在此地带常有地下水溢出,有时还形成沼泽地带,故土质湿软而承载力较低,对工程建设不利。

坡积物与洪积物经常共存。在野外工作时,应注意二者的区别:①由于坡积物来自附近山坡,所以坡积物一般比洪积物成分更单纯,另外坡积物中砾石含量少,洪积物中砾石丰富;②片流动力弱而不稳定,故坡积物的分选性比洪积物差;③坡积物比洪积物的磨圆度低,砾石的棱角较明显;④坡积物略显层状,不具洪积物的分带现象;⑤坡积物多分布于坡麓构成坡积裙地形,而洪积物分布于沟口形成洪积扇地貌。

4.3　河流地质作用及冲积物

4.3.1　河流地质作用

1. 河流的侵蚀作用

河流是具有明显河槽的常年或季节性水流。在流动过程中,河流以自身的动力(活力)以及所挟带的泥沙对河床进行破坏,使其加深、加宽和加长的过程称为河流的侵蚀作用。由河流作用所形成的谷地称为河谷。河谷的形态要素包括谷坡和谷底两大部分(图4-4)。谷底包括河床及河漫滩。河床是指平水期河水占据的谷底,也称为河槽。河漫滩是经常被洪水淹没的谷底部分。谷坡是河谷两侧因河流侵蚀而形成的岸坡。古老的谷坡上常发育有洪水不能淹没的阶地,阶地是被抬升的古老的河谷谷底。谷坡与谷底的交界称为坡麓,谷坡与山坡交界的转折处称为谷缘,也称为谷肩。

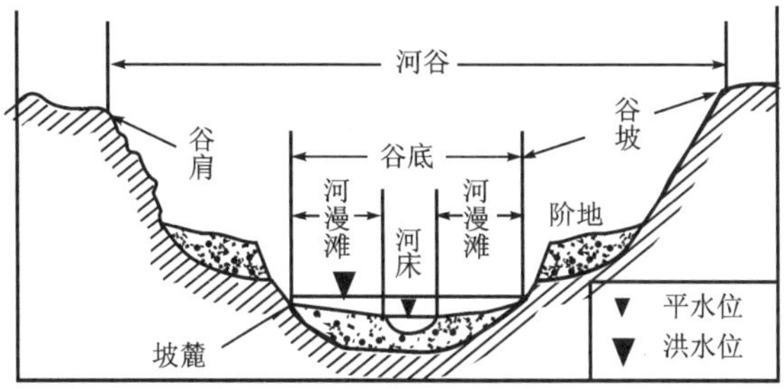

图 4-4　河谷形态要素示意图

河流的侵蚀作用可分为机械侵蚀和化学溶蚀两种方式。总的说来,机械的侵蚀作用更为主要些。河流侵蚀作用按侵蚀的方向又可分为下蚀作用和侧蚀作用。

(1)河流的下蚀作用

河水以及挟带的碎屑物质对河床底部产生破坏,使河谷加深、加长的作用称为河流的下蚀作用(或称底蚀作用)。其作用强度取决于河水的流速、流量、挟沙量,并受河床岩性和地质构造等因素影响。

在河流的上游以及山区河流,由于河床的纵比降和流水速度大,因此活力在垂直方向上的分量也大,就能产生较强的下蚀能力,这样使河谷的加深速度快于拓宽速度,从而形成在横断面上呈“V”形的河谷,也称 V 形谷。在河流的下游或平原区的河流,情况却相反,下蚀能力较弱。

由于不同河段的岩性差异,其抵抗剥蚀的能力也不同。由坚硬岩石组成的河床,抗剥蚀能力强,下蚀作用的速度较慢,河床相对凸起,形成岩槛。而由较软岩石组成的河床,抗剥蚀能力弱,下蚀作用的速度较快,河床相对下凹。从而在河床的纵剖面上形成缓、陡坡交替出现的阶梯。在较陡的河床上,流水急,出现水花,形成急流,急流常具有更强的剥蚀能力。在长期的下蚀作用下,在河床的陡、缓坡交界处,陡坡下部岩石(软的岩石)不断地被剥蚀,而上部的坚硬岩石却保存下来,从而可使河床在纵剖面上出现直立的陡坡,河水从陡坎处直泻而下就形成了瀑布。如我国贵州的黄果树瀑布,河水从 58 m 高的悬崖上倾泻而下,极为壮观。瀑布一般在河流的上游较发育。河流的不均匀下蚀还可能在河床基岩中形成壶(锅)穴、深槽等侵蚀地貌。

下蚀作用在加深河谷的同时,还使河流向源头发展,加长河谷。把河流向源头发展的侵蚀作用称为溯源侵蚀作用。溯源侵蚀作用还可能导致河流的袭夺。

(2)河流的侧蚀作用

河水以自身的动力及挟带的沙石对河床两侧或谷坡进行破坏的作用称为河流的侧蚀作用(或称旁蚀作用)。侧蚀作用是平原区河流及河流下游的主要侵蚀形式。侧蚀作用的结果是使河床弯曲、谷坡后退、河谷加宽。

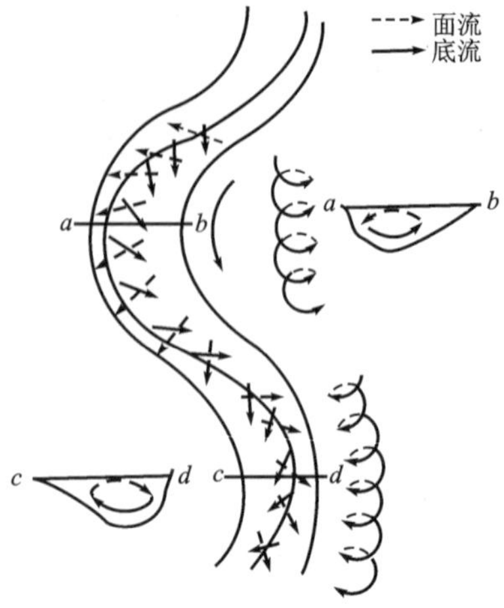

图 4-5　河流横向环流示意图

河水的横向环流是河流产生侧蚀作用的经常性动力因素。在自然界,任何一条河流都是弯曲的,当河水流过河湾时水在惯性离心力的驱使下,河水的主流线(流速最快点的连线)就会偏向河床的凹岸。由于受到凹岸的阻挡作用,河水就沿着河床底部流向凸岸,这样就产生了河水的横向环流(图 4-5)。在横向环流的作用下,凹岸下部岩石不断破碎并被掏空,同时上部的岩石也随之崩塌。破坏下来的岩石碎屑被单向环流的底流搬运到河流的凸岸沉积,所形成的小规模堆积体叫作边滩。其作用结果是:河床的凹岸不断向谷坡方向后退,而凸岸不断前伸,河道的曲率逐渐增加,使原来弯曲较小或较平直的河床变得更弯曲,形成河曲。

由于横向环流的作用,使凹岸不断受到强烈冲刷,凸岸不断发生堆积,结果使河湾的曲率增大,并受纵向流的影响,使河湾逐渐向下游移动,因而导致河床发生平面摆动,形成蛇曲形态的河床。随着天长日久的时间积累,整个河床就被河水的侧蚀作用逐渐拓宽。

随着河床的摆动,蛇曲河床相邻两个河湾的距离不断靠近。在洪水期,由于水量猛增,冲击力加大,河水冲溃两个河湾之间的河岸,从上一个河湾直接流入相邻的下一个河湾,这种现象称为河流的截弯取直。被遗弃的弯曲河道的两个河口,由于河水受阻发生沉积作用,被泥沙淤积、堵塞,演变成牛轭湖。在黄河和长江的中、下游,这种现象很常见。

2. 河流的搬运作用

河流的搬运作用既有机械搬运,也有化学搬运,但以机械搬运作用为主,包括推移、跃移和悬移三种方式。

在河流中、上游水流湍急、颗粒较大,推移、跃移和悬移三者共存,且推移、跃移更重要一些,在中、下游则是跃移和悬移更主要。颗粒的搬运方式不是固定不变的,随着流速增大,推移可变为跃移,跃移也可变为悬移。流速降低时,则发生相反的转变。

流水搬运能力的大小取决于河水的流量和流速,且流速是主要因素。根据爱里定律——被搬运碎屑颗粒的粒径与流速的平方成正比,而颗粒重量与其半径的立方成正比,所以被搬运颗粒的重量与流速的六次方成正比。如果流速增加一倍,则能被搬运的颗粒重量将增大 63 倍。因此,在山区河流或上游河段中,常可见到直径 2 ~ 3 m 的石块被搬运走。

河流的搬运能力不仅与流速、流量有关,还与流域内的自然条件有关。气候干燥、风化强烈、地面缺少植被的地区,进入河流的泥沙多;反之,进入河流的泥沙则少。我国黄河在流经黄土地区以前,机械搬运量不大,而进入黄土地区后,含沙量猛增。黄河最大含沙量为 42.29%,其支流无定河最大含沙量竟达 78%,故有“黄河斗水七升沙”之说。长江流域因植被覆盖较好,输沙量比黄河小得多。

3. 河流的沉积作用

当河水的流速减小或进入河流的碎屑过多而超出河流的搬运能力时,则发生沉积,形成冲积物。河流发生沉积作用有三个主要场所:一是河流汇入其他相对静止的水体处,如河流入海、入湖以及支流入主流处;二是河床纵剖面坡度由陡变缓处,一般来说河流中、下游地势较平坦,沉积作用明显;三是河流的凸岸,由单向环流侵蚀凹岸,产生的碎屑在凸岸沉积形成边滩。边滩在平水期以枯水位岸线与河床分开,在洪水期被淹没,并形成一道道沙堤。

河流的沉积作用能形成下列几种常见的地貌:①心滩与沙洲,心滩形成于河流从狭窄段流入开阔段的部位,是河床中水流遇阻形成的水下不稳定堆积体,平水期也不露出水面,洪水期可徐徐往下游移动,稳定下来并露出水面的心滩便转化为沙洲,如南京附近的江心洲;②冲积扇,是由冲积物形成的扇形碎屑堆积体,若为冲积、洪积物堆积则称为冲积洪积扇;③三角洲,是在河流入海处形成的堆积体,如珠江三角洲、长江三角洲;④冲积平原,是由冲积物所形成的平原,如华北平原、江汉平原等。

4.3.2 冲积物

冲积物按形成部位可分为河床相冲积物、河漫滩相冲积物、牛轭湖相冲积物及三角洲相冲积物等。

1. 河床相冲积物

曲流型河床冲积物是在曲流的发展中,与河流侵蚀作用同时形成的。河床相冲积物可划分为近主流线堆积和滨河床浅滩堆积。近主流线堆积位于河床剖面中较陡的部分,河床冲积物的堆积处于不稳定状态。近主流线堆积是粗粒的卵石、粗砂、细砂等迅速尖灭的透镜体彼此相互交替,形成不规则的带状交替交错层。物质颗粒的分选性差,砾石圆度较好。滨河床浅滩堆积位于河床中堆积作用比较稳定的地带,平水期露出水面部分构成浅滩地形,并组成滨河床沙坝。

平原河流中经常出现心滩、沙洲,使河床分汊,宽窄相间,这种河床称为汊河型河床。汊河型河床形成的河床相冲积物的基本特点与曲流型河床一致。但因河床是以突然改道的形式迁移,所以在冲积物的剖面中不形成连续的水平层,而是以大型透镜体的形式出现。汊河型河床相冲积物的另一特点是以滨河床浅滩沉积为主,可以发现浅水区沉积。

2. 河漫滩相冲积物

河漫滩是边滩变宽、加高且面积增大的结果。在洪水期,河漫滩上发生堆积,形成细粒的沉积物,称为河漫滩相冲积物。从河床到坡麓可以将平坦河漫滩划分为三带:①滨河床沙坝堆积带,是介于河漫滩相与河床相沉积物之间的产物;②河漫滩沿河堆积带,是洪水中悬移质的主要沉积带,分布于滨河床沙坝以外,主要特征是粉土、粉质黏土互层,有时有细砂、粉砂或黏土的薄层透镜体;③河漫滩内部堆积带,位于离河床较远的接近谷麓的部分,沉积物主要是粉质黏土、黏土与粉土互层,具水平层理或隐层理。由于沉积缓慢,成土作用明显,常形成灰褐色的腐殖土及草地土壤。

平坦河漫滩上的河漫滩相冲积物位于河床相冲积物之上,构成冲积物的二元结构。

3. 牛轭湖相冲积物

牛轭湖长年处于静水沉积过程,在洪水期有时分泄部分洪水。牛轭湖中的沉积物是含有机质较丰富的黑色黏土、粉质黏土和粉土,有时有薄层透镜状粉砂和砂的夹层。

4. 三角洲相冲积物

河流流入湖、海的地方叫河口。河口是河流最主要的沉积场所。一方面，由于河流流入河口处水域骤然变宽，河水散开成为许多岔流，加之河水被湖水或海水阻挡，流速大减，机械搬运物便大量堆积下来，河流机械搬运物的一半以上沉积于此。另一方面，河水中呈溶运的胶溶体的胶体粒子所带电荷被海水电解质中和后也会迅速沉淀。大量物质在河口沉积下来，从平面上看，外形像三角形或鸡爪形，所以叫三角洲。三角洲的内部常由顶积层、前积层和底积层组成所谓的三重层构造，见图4-6。

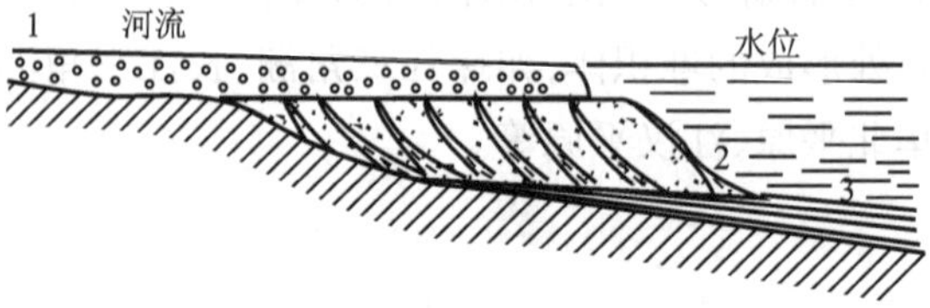

图4-6 三角洲的构造示意图

1—顶积层 2—前积层 3—底积层

前积层是三角洲的水下部分，是三角洲前缘斜坡的堆积物，以细砂、粉矿质黏土为主，发育大型斜层理。再向前就逐渐过渡到底积层。底积层是河流带来的悬浮物质和胶体物质在前积层的前方形成的水平沉积层，粒细而层薄，常由粉砂、黏土组成。顶积层是前积层增长到河底高度时，随着三角洲向海推进，在前积层上沉积的近于水平的河床沉积。

5. 冲积物鉴别标志

冲积物的主要鉴别标志：①砾石成分复杂，往往呈叠瓦状排列，砂和粉砂的矿物成分中不稳定组分较多；②碎屑物质的分选性较好，碎屑颗粒随水动力条件的改变，按大小、比重依次沉积；③碎屑颗粒的磨圆度较高，冲积物通常经过长距离和多次的再搬运，由于磨蚀和碰撞造成较高的磨圆度；④冲积物层理发育，类型丰富，层理一般倾向河流下游；⑤冲积物常呈透镜状或豆荚状，少数呈板片状；⑥冲积物往往具有二元结构，下部为河床沉积，上部为河漫滩沉积。

4.3.3 河流阶地

在河谷地貌的形成和发展过程中，由于不同时期的河漫滩受到构造运动与河流侵蚀、堆积作用的综合影响，呈阶梯状分布于河谷谷坡上，这种地貌称为河流阶地。阶地在河床下切侵蚀的基础上才能形成。引起河床下切侵蚀的主要原因是地壳的升降运动。当地壳相对稳定和下降时，河流以侧向侵蚀为主，塑造河漫滩，堆积冲积物。然后地壳上升，侵蚀基准面相对下降，河流垂直侵蚀作用加强，下切河漫滩，形成阶地陡坎。如果地壳发生多次升降运动，则引起河流侵蚀与堆积交替发生，从而在河谷中形成多级阶地。标记阶地的级序采用从新到老的方法，把最新的超出河漫滩的阶地称为Ⅰ级阶地，其余类推（图4-7）。

根据阶地的结构和形态特征，河流阶地可以划分为三种类型：侵蚀阶地、基座阶地和堆积阶地。堆积阶地根据组成阶地的冲积物厚度与下切深度的关系，又可进一步分为上叠阶地和内叠阶地。

1. 侵蚀阶地

侵蚀阶地由基岩组成,有时阶面上残留极少冲积物(图 4-7(a))。一般分布于山间河谷原始流速较大的河段,或者分布在河流的上游,切割不同的岩层。

2. 基座阶地

基座阶地是由基岩和冲积物两部分组成的,基岩上部冲积物覆盖厚度一般较小,整个阶地主要由基岩组成(图 4-7(b))。它是由于深切侵蚀作用的深度超过原有冲积物的厚度造成的。

3. 堆积阶地

堆积阶地的阶地面和阶地斜坡全由河流冲积物组成,堆积阶地可进一步分为上叠阶地和内叠阶地,它们都是由于各次冲积层堆积厚度愈来愈小造成的(图 4-7(c)、(d))。不同的是上叠阶地每次下切侵蚀的深度都比前一次小,不能到达原来的谷底;内叠阶地各次下切侵蚀的深度均达到原来谷底的位置。

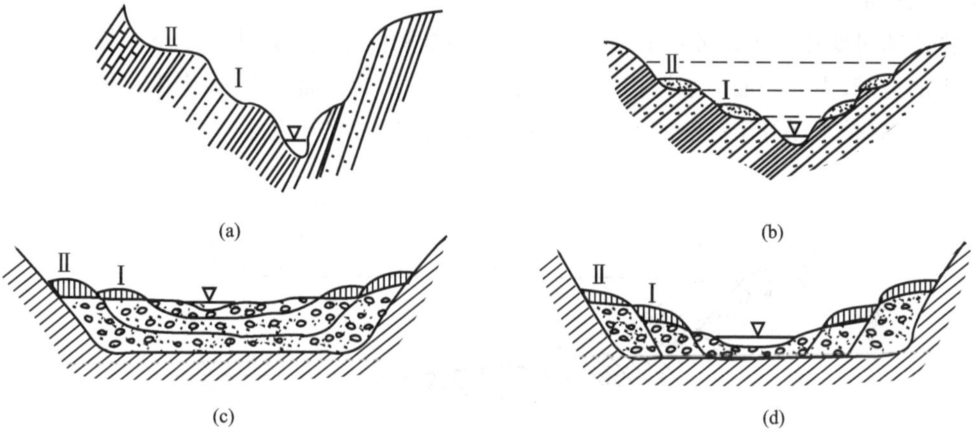

图 4-7　阶地的类型

(a)侵蚀阶地　(b)基座阶地　(c)上叠阶地　(d)内叠阶地

另外,当阶面和阶坡为冲积物组成,不同时代冲积物呈嵌入切割接触,低阶地面高于高阶地基座面时,则叫作嵌入阶地。前期河流阶地被后期冲积物掩埋,则称为掩埋阶地。

4.3.4　河岸掏蚀破坏的预测和防护

对河岸掏蚀破坏地段的防护措施可分为两类:一类是直接防护边岸不受冲蚀作用的措施,如抛石、铺砌、混凝土块堆砌、混凝土板、护岸挡墙、岸坡绿化等;另一类是调节径流以改变水流方向、流速和流量的措施,如为改变河水流向,兴建各类导流工程,如丁坝、横墙等。这些工程从河岸以某种角度伸向下游(图 4-8),水流在其前进途中遇到这些工程而受阻,便改变流向和避开被防护的岸边或降低其流速。在河岸地段,这些工程构筑物之间将会出现松散物质的堆积,形成浅滩。

整治河岸免于被掏蚀破坏的经验表明:只有整治与预防措施并举以及按经济技术指标

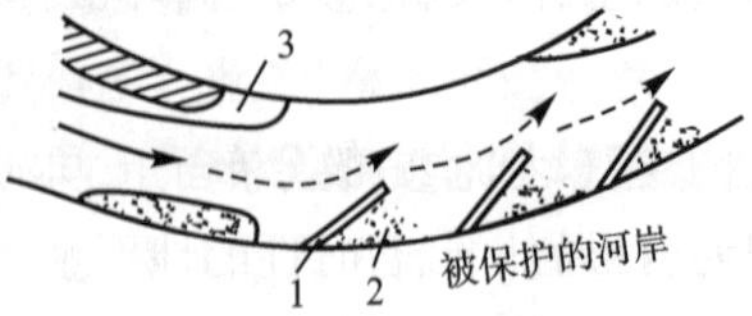

图 4-8 防治岸边掏蚀调节性工程布置示意图

1—导流建筑 2—松散物质淤积带 3—增长的岸边浅滩

对比的办法选择方案，才能取得最大的效益。

4.4 海洋地质作用及海积物

4.4.1 海洋区域的划分

与 2.1 节介绍的海底地形单元大致对应，可以把海洋区域分为以下几个带：①海岸带（滨海），海水深度 0 ~ 20 m；②大陆架（或陆棚）浅海带，海水深度 20 ~ 200 m；③大陆坡半深海带，海水深度 200 ~ 2 000 m；④深海带，位于陆基、深海盆地和大洋中脊之上的广大海域，海水深度大于 2 000 m。

海岸带是海陆相互作用最活跃的地带。海岸带一般包括海岸（潮上带、后滨）、海滩（潮间带、前滨）和水下岸坡（潮下带、近滨）三部分（图 4-9）。海岸是指现代海岸线以上狭窄的近海陆上地带，包括上升的古海岸带。而现代海岸线是指海水面与陆地接触的分界线，并随潮水涨落随时变化。潮间带是平均高潮位与平均低潮位之间的地带。水下岸坡是平均低潮位以下的地带，下界一般为水深相当于波浪的 1/2 波长处。简言之，海岸带上界是激浪达到的地方，下界是水深等于波浪的 1/2 波长的位置。海岸带之外更深的水域叫作外滨。

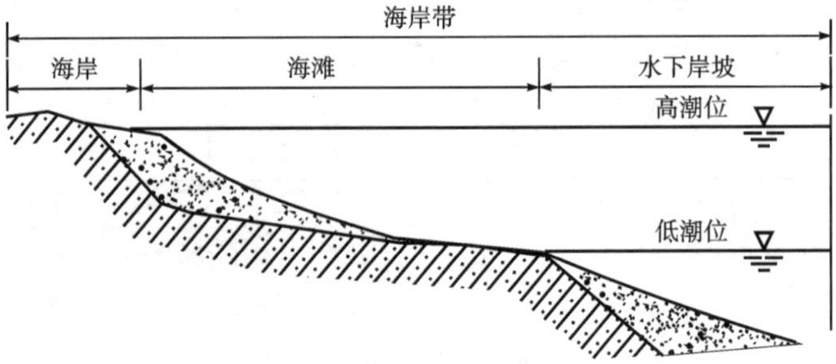

图 4-9 海岸带结构示意图（砂砾质海岸）

4.4.2 海洋的剥蚀作用

海洋的剥蚀作用有冲蚀、磨蚀及溶蚀三种。海浪、潮汐和洋流等都具有破坏作用，其中海浪是破坏海岸的主要力量。波浪形成的原因有风力、地震、海底滑坡、塌陷、海底火山喷发等，但最常见及最有实际意义的是风成浪。而由地震、火山喷发、海底滑坡、塌陷引起的海水的波状起伏称为海啸。

海浪时刻都在冲击着海岸，风力愈强，冲击力愈大。海浪冲击海岸岩石时，对岩石产生很大的压力，使其破坏。海浪可把海岸岩石掏成凹槽或形成洞穴。当这些凹槽和洞穴扩大到一定程度时，它上面悬空的岩石便会崩塌下来。海浪又将这些崩塌下来的岩块忽前忽后反复推动着，把它们当作摩擦、碰撞的工具，即所谓磨蚀，这就进一步加速了对海岸的破坏作用。海浪冲蚀作用进行得愈久，海岸向后撤退就愈远，而海滩也就变得愈宽。陡岸向后撤退得愈远，海浪要达到岸边就愈困难，因为海浪前进的能量都消耗在对海滩的摩擦上了。当海滩增长到海浪达不到陡岸的时候，海浪的破坏作用也就暂告结束。

由可溶性岩石组成的海岸，还会同时受到海水的溶蚀，从而加速海岸的破坏。

4.4.3 海洋的搬运作用

在海洋中，波浪、潮流和海流是主要的搬运营力。有时，浊流和风暴流的搬运作用在一定范围也很明显。在滨海地区，通常以波浪为主要搬运营力；在峡湾或潮汐通道附近，潮流的搬运作用最明显；在半深海与深海则以海流为主要搬运营力。推移方式的搬运主要出现在海滨，推移物质一部分来自河流，另一部分来自海蚀作用。当波浪垂直于海岸作用时，进流将砾石推向岸边，回流则将砂带向深水区。这种物质垂直于海岸方向的移动称为横向搬运。它可使碎屑物质产生良好的分选，并造成碎屑物质由岸向海呈带状分布，即砾石、粗砂在岸边，较细的物质在海洋一侧。滨海砾石的长轴大致与海岸线平行，其最大扁平面倾向海洋。当波浪斜向冲击海岸时，在进流与回流的共同作用下，粗砂和砾石以推移方式沿海岸方向运移。在以潮汐作用为主的低能海岸带，潮流主要能将泥质搬至潮间带，并沉积下来形成潮坪。

4.4.4 海洋的沉积作用

绝大部分沉积岩是在海洋内沉积形成的，所以海洋的地质作用中最主要的是沉积作用。河水带入海洋的物质和海岸破坏后的物质在搬运过程中随着流速逐渐降低而沉积下来。靠近海岸一带的沉积多是比较粗大的碎屑物，离海岸愈远，沉积物也就愈细小。海洋的沉积物质有碎屑物、化学物和生物三种，形成各类海相沉积物。其中，碎屑物的沉积方式是机械堆积，化学物的沉积方式有过饱和、胶体凝聚、生物浓集等。

4.4.5 海积物

1. 海岸带沉积物

海岸带沉积物主要是粗碎屑及砂，它们是由海岸岩石破坏后的碎屑物质组成的，也常含有大量介壳碎片。粗碎屑一般厚度不大，没有层理或层理不规则。碎屑物质经波浪的分选后，是比较均匀的。经波浪反复搬运的碎屑物质磨圆度好，有时有少量黏土质等的胶结物质。海岸带砂土的特点是磨圆度好，纯洁而均匀，常发育交错层理及波痕，较紧密，常见的胶结物质是钙质、铁质及硅质。海岸带沉积物沿海岸往往呈条带分布，有的地区砂土能延伸好几千米长，然后逐渐尖灭。此外，海岸带特别是在河流入海的河口地区常常有淤泥沉积。这些淤泥是由河流带来的泥沙及有机物与海中的有机物沉积的结果。

2. 浅海带沉积物

浅海带沉积物主要是较细小的碎屑沉积物（如砂、黏土、淤泥等）以及生物化学沉积物（硅质沉积物、钙质沉积物等）。在浅海环境里，由于阳光充足，从陆地带来的养料丰富，故生物非常发育。浅海带沉积物的特点：近岸带颗粒粗，以砂砾质为主，具交错层理和不对称波痕，含大量生物化石，有良好的磨圆度和分选性，成分较单一；远岸带粒度细，以粉砂和泥质为主,具水平层理,波痕不发育,有时有对称波痕,分选好,但磨圆度不高,成分较复杂。浅海最主要的生物沉积物是珊瑚礁。

3. **半深海带及深海带沉积物**

半深海的代表性沉积物是由悬浮物质缓慢沉淀而形成的泥质与粉砂或细砂的混合物,以细砂占优势,大部分是陆源的,少数为生物成因,并含有不等量的 $CaCO_3$,有时含有火山物质。深海沉积物主要是一些软泥,如钙质软泥和硅质软泥等,此外还有浊流沉积、金属泥和锰结核等。

4.4.6 海岸地貌

海岸地貌分为海蚀地貌和海积地貌两大类。

1. **海蚀地貌**

基岩海岸受海蚀作用,形成各种海蚀地貌(图 4-10)。

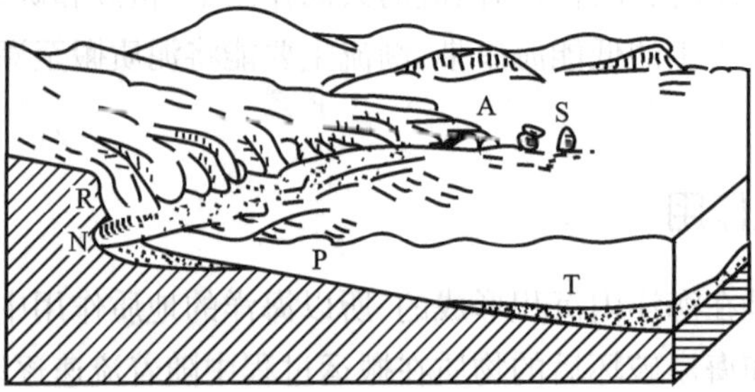

图 4-10 海蚀地貌形态(据 E. Raisz)

N—海蚀穴 R—海蚀崖 P—海蚀平台

A—海蚀拱桥 S—海蚀柱 T—水下堆积阶地

岸边激浪的强烈冲刷作用形成的高度大致相同的凹槽,称为海蚀穴。它们分布在陡崖的脚部,宽度大于深度。深度比宽度大的称为海蚀洞,在节理发育或者夹有软弱岩脉的基岩中,海蚀洞深可达几十米。冲入洞中的浪流及其对空气的压缩作用,可将洞顶击穿,称为海蚀窗。海蚀穴顶的岩石因下部掏空而不断崩塌,形成的陡峭的岩壁称为海蚀崖。上述过程不断进行,海蚀崖不断后退,在陡崖的前方留下一个向海微倾斜的基岩平台,称为海蚀平台。向海突出的岬角同时遭受两个方向波浪的作用,可使两侧海蚀穴蚀穿而成拱门状,称为海蚀拱桥或海穹。坚硬的岩脉常在平台上残留突立的岩柱,称为海蚀柱。被侵蚀下来的碎屑物在波浪的搬运下,堆积在海蚀平台前缘以下的岸坡深处而形成水下堆积阶地。

2. **海积地貌**

当外海的波浪从与海岸线成正交的方向传来时,海岸带的泥沙在波浪底流的作用下垂直于海岸运动,这是泥沙的横向运动,以泥沙横向运动为主的作用形成一系列海岸堆积地貌。在海岸带高潮线所在地带,平行于海岸分布,由进流带来的碎屑物质组成的垄岗状地形是沿岸堤,如沙堤、砾石堤及贝壳堤等。由碎浪形成、大致与海岸线平行的长条形水下泥沙堆积体称为水下沙坝。海面大幅度地迅速下降可以使水下沙坝转变为露出海面的离岸堤。

离岸堤与陆地之间是封闭或半封闭的浅水泻湖。由激浪流形成、与陆地相连接的向海微倾斜的滩地是海滩，按组成碎屑物质种类可分为砾滩、沙滩和泥滩等。

在多数情况下，外来波浪的传播方向与海岸线斜交，海岸带泥沙所受的波浪作用和重力沿坡切向的分力不在一条线上，碎屑物质沿两者的合力方向运动，在横向移动的同时发生沿岸的纵向移动。泥沙纵向移动也形成一系列海岸堆积地貌。泥沙在凸岸处发生堆积形成向海伸展的沙嘴。若沙嘴发生在湾口，可以发展成拦湾坝。若沙嘴向外海的岛屿延伸，当岛后海峡的宽度和深度不大时，可发展成连岛坝。

此外，还有红树林、珊瑚礁等生物海岸堆积地貌。

4.4.7 沿岸建筑物的防护措施

护岸和护港有两方面的目的：一方面是保护岸坡、港口免遭冲刷，以保证岸边建筑物的安全，防止岸坡显著变形或破坏；另一方面是防止边岸、港口遭受淤积，以保证港湾设施及潮汐发电站等正常运行。根据依据原则和作用对象不同，可将防护措施分为两大类。

1. 整流工程

(1)丁坝

丁坝为垂直于边岸的堤坝，适宜在纵向沉积物丰富的岸段上采用。它可以截住一定数量的沉积物流，逐渐形成岸滩，保护岸坡不受冲刷。丁坝的长度和间距应根据岸区主导风浪方向(盛行风)与岸线方向间的关系加以确定，既要减少丁坝数量，也要保证不在两个丁坝间岸段出现冲刷。

(2)破浪堤

破浪堤是设置在水下岸坡上、与岸线近于平行的水下长堤，一般距岸 30 ~ 50 m，堤顶面在水面以下，深度与波浪的波高相近。这样的破浪堤会使波浪破碎，从而使其 75% 以上的能量消失。波浪还可将堤外的泥沙挟入堤内，逐渐形成岸滩，保护岸坡免遭冲蚀。

(3)防波堤

防波堤是一种防淤建筑物。它相当于一条人工的岸线或近岸岛屿屏障，利用纵向沉积物流的运动规律，将泥沙截留在港湾之外。防波堤的具体布置，应根据岸区主导风浪方向和岸线形状特征采取不同形式。

2. 直接防冲工程

(1)抛石或砌石护岸

抛石护岸设计要考虑的主要因素是石料尺寸。粗大的块石必须用一层或多层滤石层与土堤隔离。砌石护岸是一种古老的防护工程，是用块石规整地放置在岸坡上，可通过灌浆或沥青胶结块石。这种护岸形式具有较好的柔性，因此它能够很好地适应岸坡的缓慢沉降。对于严重磨蚀的海岸，花岗岩等火成岩砌体是最优良的护岸材料之一。除了天然石料以外，连锁的混凝土块也是一种很好的护岸形式。

(2)护岸墙

护岸墙是用木头、钢板或混凝土等材料构筑的垂直墙，根据涌浪作用的特点，将护岸墙做成凹面有时效果更好。护岸墙的设计中应特别注意地基条件的变化，对墙脚处冲刷的可能性和海滩情况的变化也都应给予充分的考虑。

4.5 湖沼地质作用及其沉积物

4.5.1 湖泊的地质作用及湖积物

湖泊是陆地上的集水洼地,由水和容纳水的盆地组成。湖的面积较大,由于风的作用及湖水的涨落,能产生湖浪及湖流。湖蚀作用包括机械冲蚀、磨蚀和化学溶蚀等方式,以机械冲蚀为主。湖岸地区的地下水位常因湖水位的变化而升降,四周的岩土被水浸湿发生松软现象,能使建筑物的地基沉降,岸坡也可能出现崩塌或滑动。

湖蚀的产物以及由入湖河流等各种外力带来的物质被潮流、岸流、退流等动力向湖心方向搬运。湖泊的搬运作用与海洋类似,但其动能比海洋要小得多。

湖泊的沉积作用占主导地位。淡水湖以机械沉积为主,咸水湖则以化学沉积为主。此外,还有生物沉积作用。

湖水的机械沉积物主要来源于河流及湖泊周围的片流与洪流,其次为湖岸岩石的破碎产物。碎屑物质从浅水区进入深水区,由于动力逐渐减小,逐步发生沉积。从湖滨到湖心,沉积物粒度由粗变细,呈同心环带状分布。湖泊与海洋相似,粗碎屑物也可以堆积成湖滩、沙坝和沙嘴,细小的黏土级物质被潮流搬运到湖心,极缓慢地沉积到湖底,形成深色的、含有机质的淤泥。湖底较平静,沉积物不受波浪扰动,因此发育水平层理。一般来说,山区湖泊碎屑沉积物的粒度偏粗,平原区湖泊的沉积物粒度较细。

在咸水湖中还有石膏、岩盐及碳酸盐等盐类沉积物。它们不同程度地溶解于水,所以对建筑物地基是有害的。

4.5.2 沼泽的地质作用及其沉积物

1. 沼泽的形成

沼泽是陆地上潮湿积水、喜湿性植物大量生长并有泥炭堆积的地区。它是由于湖泊的泥炭化和陆地的沼泽化而形成的。沼泽的地质作用以碎屑沉积和生物沉积作用为主。在浅水湖或是水流缓慢的河岸地带,生长着喜水植物。这些植物死后就沉到水底,由于水下氧气少,它们不能充分分解而完全腐烂。这种残余物一年年地积累起来就形成泥炭层。随着泥炭层的增加,湖水面积就逐渐缩小,水也变浅,最后完全泥炭化,成为杂草丛生的沼泽。另外,在气候潮湿、地势低洼易积水的地区或地下水离地表很近的地区,地表土层长期被水饱和,也能形成沼泽。沼泽的其他形成途径包括海岸带的沼泽化、河流泛滥地的沼泽化、森林和草地的沼泽化等。

2. 沼泽沉积物的特征

沼泽沉积物中,腐朽植物的残余堆积占主要地位,主要是分解程度不同的泥炭(有时可见到植物纤维)、淤泥和淤泥质土以及部分黏性土及细砂,它们具有不规则的层理。相关内容参见6.6.3节。

4.6　风的地质作用及风积物

风是以水平运动为主的空气运动。风的地质作用是指风对地表岩石和松散堆积物进行机械破坏、搬运和沉积作用。

4.6.1　风蚀作用及风蚀地貌

1. 风蚀作用

风以自身的动力以及所挟带的沙石对地面进行破坏的作用称为风蚀作用。它是一种纯机械的破坏作用,方式包括吹扬作用和磨蚀作用。

(1)吹扬作用

风把地表的松散沙粒或尘土扬起并带走的作用称为吹扬作用。当风刮过地面时,对沙粒产生正面冲击力以及由紊流和涡流产生上举力。如果这两种合力大于重力,沙粒就能离开地面随风一起被扬起。影响吹扬作用强度的因素主要有风速和地面植物多少、组成地面的物质疏密及连接特征。风速大,地面植被稀少,组成地面的物质松散、细小,吹扬作用就强烈;反之,吹扬作用就弱。在沙漠区,地面的沙粒在吹扬作用下不断被带走,形成下凹的风蚀洼地。

(2)磨蚀作用

风以挟带的沙石磨擦地面岩石并使其破坏的作用称为磨蚀作用。风的磨蚀作用通常包括风挟带沙石对地面岩石的正面冲击和磨蚀。磨蚀作用的强度主要与风沙流的特征有关。因为风沙流在近地表 30 cm 范围内含沙量最高,沙粒的运动也最活跃,所以在该范围内风的磨蚀作用最强烈。风的磨蚀作用还受风速和地面松散物质多少等的影响。风速大,地面松散物质多,风沙流的含沙量高,风的磨蚀作用就强。

2. 风蚀地貌

垂直裂隙发育的基岩,经长期风蚀,形成一些孤立的石柱,称为风蚀柱。由于近地表的气流中含沙量较多,磨蚀作用较强,再加上岩性的差异,特别是下部岩性软于上部,则易形成顶大基小的风蚀蘑菇。风常沿着暴雨冲刷的沟谷吹蚀,使之进一步加深扩大,形成风蚀谷。风蚀谷外形宽窄不一,底部崎岖不平。风蚀谷不断扩展,使谷地不断缩小而形成岛状高地或孤立小丘,称为风蚀残丘。在水平岩层地区,由风蚀而形成的平顶残丘,形态酷似城堡,称为“风城”(风蚀城堡)。由松散物质组成的地表,经长期吹蚀后在局部地方形成的凹地,称为风蚀洼地或风蚀坑。风蚀洼地呈椭圆形或马蹄形,背风坡较陡。干旱地区湖积和冲积平原常因干缩而产生龟裂,主要是由于定向风沿着裂隙不断吹蚀,使裂隙逐渐扩大而成沟槽,沟槽之间形成宽达 5 ~ 10 m 的垄脊。这种地貌在塔里木盆地的罗布泊地区最为典型,维吾尔语中称为“雅丹”,意即具有陡壁的风蚀垄槽。干旱气候区,由植被极其稀少的残留的基岩和地面上散布的遭到不同程度风蚀的石块及粗大碎石构成的地貌叫岩漠;由洪积扇表层的细粒物质被吹蚀后留下的表面有明显风蚀痕迹的大砾石构成的地貌叫戈壁。

4.6.2 风的搬运作用

风通常只能吹动砂、黏粒级以内的颗粒。风搬运的能力虽小,但由于风沿地面吹动,常波及几万平方千米的范围。因此,风沙流所挟带的沙量往往是很大的。风的搬运能力主要取决于风速。此外,还与搬运物的颗粒大小、比重、形状及地面情况有关。

细砾石和大沙粒受到飞跃沙粒撞击后,沿地面缓慢滑动或滚动的过程叫作蠕移。但蠕移物质数量较少,大部分颗粒以跃移、悬移为主。跃移是风搬运沙粒的主要形式。在正常的地面风条件下,粒径小于0.1 mm 的颗粒,可悬浮搬运;粒径小于0.005 mm 的黏粒可以像尘埃一样弥散在空气中,被长距离搬运。

4.6.3 风的沉积作用及风积地貌

1. 风的沉积作用

风在搬运过程中,因风速减小以至紊流的上举力低于被运移沙粒所受重力或遇到各种障碍物时,风运物便沉积下来形成风积物。高空的悬浮物遇到冷湿气团时,粉砂、微尘可作为水滴的凝聚核心,随雨滴降落到地面。风的沉积作用具有明显的分带性,干旱的风源地区以风成沙沉积为主,在风源外围的半干旱地区则发育风成黄土。

2. 风积地貌

风积地貌主要是指各种类型的沙丘。其中,新月形沙丘是在风向比较固定的风力作用下形成的堆积地貌,形似新月。其两翼顺着主风向延伸,迎风坡凸而平缓,背风坡位于两翼之间,凹而较陡。沙丘高度一般为数米至30 m。新月形沙丘由沙堆发育而成。新月形沙丘又不断扩大或因不同大小沙丘移动速度的差别,使两个以上新月形沙丘连接起来,构成新月形沙丘链。单个新月形沙丘一般分布在沙漠的边缘地区,而新月形沙丘链发育在沙漠腹地,或是沙子来源丰富的地区。这类沙丘都属于垂直于风向的横向沙丘。另有长轴平行于盛行风向或两股风合成的矢量方向的平行排列的长条形沙垄,叫作纵向沙丘。此外,还有金字塔形沙丘、蜂窝状沙丘等。这类沙丘是在多风向且风力又大致相似的情况下形成的。

沙丘移动的速度与风速有关,还受植被、沙丘的水分和下伏地面等因素的影响。风沙流动对沙漠及其边缘地区的农业、交通与工程建设都有严重的危害。风沙流动包括风沙流和沙丘移动两个方面。风沙流的危害方式主要有吹蚀、沙打和沙埋;沙丘移动的危害主要是造成大规模的沙埋。

4.6.4 风积物

1. 风成沙

风成沙有如下特征:①沙粒大多为石英,亦有长石、暗色矿物、碳酸盐等矿物;②90%以上为0.05~0.25 mm 粒径的细砂、粉砂,分选良好;③磨圆度高,石英沙的表面呈毛玻璃状,并有小的碰撞坑;④较粗的沙粒表面常有氧化铁、氧化锰析出,形成具有油脂光泽的薄膜,称为沙漠岩漆;⑤有中小型交错层理,有时出现大型风成板状交错层理;⑥生物遗迹稀少。

2. 风成黄土及黄土地貌

风吹蚀地面时,使大量粉砂和黏土离开地面,在紊流上举力的作用下,悬浮于空中,被风带出沙漠区,随着风力的减弱在沙漠区外很远的地带徐徐沉降下来,形成风成黄土。风成黄土沉积基本不受地形影响,山顶、山坡、沟谷中都可发生沉积,降落面广大。在太行山几乎连续分布,面积约为631 000 km^2。风成黄土的特征参见6.6.1节。

大型黄土堆积地貌有海拔高程多在1 000 m以上的黄土高原和高程稍低于600 m的黄土平原。黄土高原分布在新构造运动上升区,如陕北、陇东和山西高原,是由黄土堆积形成的高而平坦的地面。黄土高原受现代水流切割,形成下列地貌:①黄土塬,是黄土高原受现代沟谷切割后,保存下来的大型平坦地面,地面上有不密集的深切沟谷和深切河谷;②黄土梁,是平行于沟谷的长条状高地,顶面平坦或微有起伏;③黄土峁,是孤立的黄土丘,大多数是黄土梁进一步被切割而成。

黄土平原分布于新构造运动下降区,如渭河平原。在黄土堆积形成的低平原上发育沟谷系统,但无梁、峁发育。

此外,还有包括黄土区大型河谷及黄土区冲沟的黄土侵蚀地貌以及被称为"黄土喀斯特"的黄土潜蚀地貌,如黄土碟、黄土陷穴、黄土井、黄土柱和黄土桥等。

4.7　冰川的地质作用及冰川堆积物

冰川是指陆地上多年积雪形成的运动着的巨大冰体。冰川融化的水是重要的淡水资源,是一些河流源头的主要水源。冰川对气候的变化十分敏感。冰川消融加快将引起洪水泛滥、泥石流等地质灾害,还会导致海面上升。

4.7.1　冰川的刨蚀作用

在流动过程中,冰川以自身的动力及挟带的沙石对冰床岩石的破坏作用称为冰川的刨蚀作用。其方式有挖掘作用、磨蚀作用和碾磨压碎作用。

1. 挖掘作用

挖掘作用指融雪水渗入冰床基岩的裂隙中,水结冰后使多裂隙、松散的岩石与冰川主体冻结在一起,然后随冰川流动被挟带走的过程。

2. 磨蚀作用

磨蚀作用是冰川及冻结在内部的岩石碎屑在冰川流动过程中,在冰川自身压力下对岩石刮削、锉磨的过程。

3. 碾磨压碎作用

运移的冰川如同巨大的推土机,可以压碎冰床底部及两侧边坡的岩石,并将破碎物质掘起带走。

4. 冰蚀地形

刨蚀作用形成的地形称为冰蚀地形,常见的有冰斗、角峰、刃脊和冰蚀谷等。

(1)冰斗

冰斗是由冰川的刨蚀作用形成的具三面陡壁的围椅状洼地,停留在冰斗中的冰川称为冰斗冰川。冰斗一面开口,是冰斗冰川流出的通道。冰斗常发育在雪线附近。

(2)角峰

三个或三个以上不同方向的冰斗,在冰川的刨蚀作用下,冰斗的后壁不断后退,它们之间的距离不断缩小,最终围成一个尖锐、似金字塔形的山峰,称为角峰。

(3)刃脊

相邻的两个冰斗冰川或山谷冰川,因冰川的刨蚀作用,冰斗的后壁或侧壁、冰川谷的谷壁发生节节后退,使两相邻冰斗或冰川谷之间的山脊变得越来越窄,形成两侧陡峻、顶部尖锐的山脊,叫作刃脊,又称鳍脊。

(4)冰蚀谷

经山谷冰川刨蚀、改造而成的谷地称为冰蚀谷。经改造后的冰蚀谷一般具有以下几个特点:横断面一般为"U"形,故又称U形谷;在纵向上较平直;谷底宽度从上游到下游逐渐有变窄的趋势,如果因岩性及构造的差异性,谷底还可形成阶梯状地形,在谷底或谷壁上还可发育冰溜面或冰川擦痕的岩石,有时分布众多的不对称小石丘,形如伏卧的羊群,称羊背石。

4.7.2 冰川的搬运作用

冰川的搬运颇具特色。首先,它们是固体搬运,即载移,搬运能力很大;其次,冻结在冰体内的岩石碎块不能自由移动,彼此间很少摩擦与撞击,只是岩块与岩壁间有摩擦;再者,冰川具有较大的压力。这些特点决定了其沉积物的特征。冰川搬运的物质通常称为冰碛。冰川的搬运能力取决于冰川类型、流动速度、流经区岩石的性质和冰冻风化作用的强弱等因素。

4.7.3 冰川的沉积作用

随着气温逐渐升高,冰川逐渐消融,冰运物也就随之堆积。此外,冰川前进时若底部碎屑物过多或受基岩的阻挡,也会发生中途停积。由冰川形成的沉积物统称为冰碛物。

冰川将冰运物源源不断地输送到冰前堆积,形成弧形的垄岗,称为终碛堤。在大陆冰川终碛堤的内侧,冰川流动时,因碎屑物过多并受基岩阻挡,冰运物堆积,形成一系列长轴平行于流向的丘状地形,称为鼓丘。当气候转暖,冰川萎缩时,即冰退时期,冰运物不再运往固定的地点堆积,而是随着冰川的后退广泛堆积在冰床上,这部分冰碛称为底碛。山谷冰川的两侧在冰川退缩时,可堆积成侧碛堤。在复式冰川中,两冰川侧面的复合部位可堆积成中碛堤。在冰川消融后,原来随冰川运行的表碛、中碛和内碛等都将附落于底碛之上,形成高低起伏的冰碛丘陵。

由冰川消融径流或冰川边缘水流所产生的堆积物可形成蛇形丘、冰砾阜、冰砾阜阶地、锅穴、冰水扇和冰水平原等地貌。

4.7.4 冰川堆积物

1. 冰碛物

冰碛物常具有如下特征：①山岳冰川碎屑成分与冰川发育区的基岩成分基本一致，大陆冰川的冰碛物成分复杂，并且细粒碎屑中不稳定的成分较多；②由于冰川为固体，无分选作用，故冰碛物分选性极差，大至漂砾，小至黏土，混杂堆积在一起，形成"泥包砾"的现象；③冰川中的碎屑颗粒彼此不相互摩擦、碰撞，故冰碛物磨圆度极差；④岩块和砾石无定向排列，杂乱无章，亦无层理；⑤冰碛物表面常有磨光面或交错的钉头形擦痕，还可出现凹坑和裂隙，具有冰川擦痕的砾石称为条痕石；⑥冰碛物内部化石稀少，常保存寒冷型的孢子花粉。

2. 冰水堆积物

冰水堆积物是由冰川的冰下水所挟带碎屑物沉积形成，以砂颗粒为主，夹杂少量砾石、黏土，具一定分选性。砾石有一定的磨圆度，具斜层理，常是地下水的良好含水层。

3. 冰湖堆积物

由于冰川掘蚀或冰碛堵塞等原因形成凹地积水而成的湖泊叫冰湖，冰水搬运的物质在冰湖中沉积，形成冰湖沉积物。冰湖沉积物包括三角洲沉积物、湖滨沉积物。三角洲沉积物、湖滨沉积物与普通三角洲沉积物或湖滨沉积物没有多大差别，所不同的是在沉积物中有冰川砾石，在砾石上可能有冰川压磨痕迹；湖底沉积物粗细相间出现，层理极薄，称为"纹泥"。粗粒层是浅色的砂层，成分主要为石英和长石，细粒层是深色黏土层，一深一浅沉积层代表一个年层。

思考题

1. 试述风化作用及其类型、风化程度的划分、残积物及其特征。
2. 试述片流与洪流的地质作用特征、坡积物与洪积物特征的区别。
3. 试述河流的侵蚀作用特征、河流的地貌特征、冲积物特征、阶地类型及特征。
4. 试述海岸带的划分、海岸地貌类型、沿岸建筑物的防护措施。
5. 试述湖积物与沼泽沉积物的特征。
6. 试述风蚀作用类型、风蚀地貌与风积地貌类型及特征、风积物（含黄土）的特征。
7. 试述冰川地质作用、冰蚀地貌特征、冰川堆积物特征。

第5章 地下水

地球上的水以不同的物质状态(固态、液态、气态)存在于地球大气圈、生物圈、水圈和岩石圈中。通常把大气圈中降落到地面的水称为大气降水;地表上的江河、湖泊、海洋中的水称为地表水;而赋存于地表以下岩(土)体的空隙中的水称为地下水。全球地下水总水量为23 716 000 km^3,占地球浅部圈层水的1.723%,占全球淡水量的22%。

地下水可作为一种地下资源来开采,但它的各种地质作用常对工程的稳定性和施工等产生不利的影响,因此有必要对地下水进行研究。

5.1 地下水的基本概念

地壳表层10 km范围内三大类岩石都程度不等地存在一定的空隙,特别是浅部1 ~ 2 km范围内,空隙分布较为普遍,这就为地下水的形成、储存、运动和发展提供了必要的空间条件。因此,研究岩土空隙的分布及其特征就成为研究地下水的重要基础。

5.1.1 岩土的空隙及地下水的存在形式

由于岩石性质和受力作用的不同,岩土体中各种空隙的形状、多少、大小及其连通与分布具有很大的差别,它们对地下水的分布和运动具有重要的影响。根据岩土空隙的成因,可把空隙分为孔隙、裂隙和溶隙三大类(图5-1)。

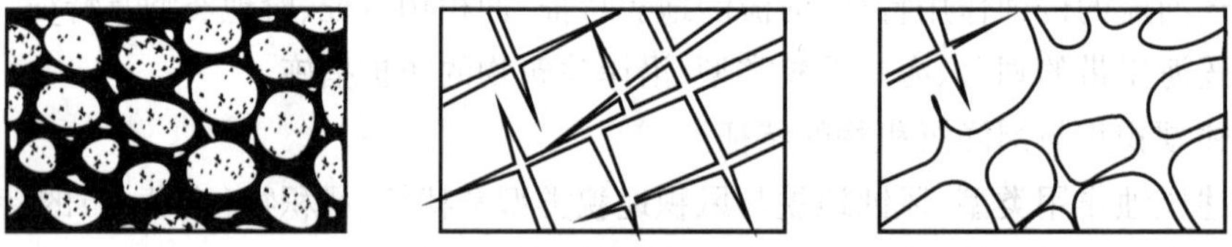

(a) (b) (c)

图5-1 岩土空隙

(a)孔隙 (b)裂隙 (c)溶隙

1. 孔隙

松散岩土由大小不等的颗粒组成,颗粒或颗粒集合体之间的空隙呈小孔状,称为孔隙。岩土中孔隙的发育程度常用孔隙度来表示,它是影响地下水储存能力的重要因素。所谓孔隙度(n),是指孔隙体积(V_n)与包括孔隙在内的岩石总体积(V)的比值,用百分数表示为

$$n = \frac{V_n}{V} \times 100\% \tag{5-1}$$

松散岩石的孔隙度受多种因素的影响，其大小主要取决于岩土的排列方式、颗粒的分选性、颗粒的形状和颗粒的胶结程度。其一般规律是：岩土越松散、分选越好、浑圆度和胶结程度越差时，孔隙度就越大；反之，孔隙度就越小（图5-2）。表5-1为自然界中主要松散岩土孔隙度的参考数值。

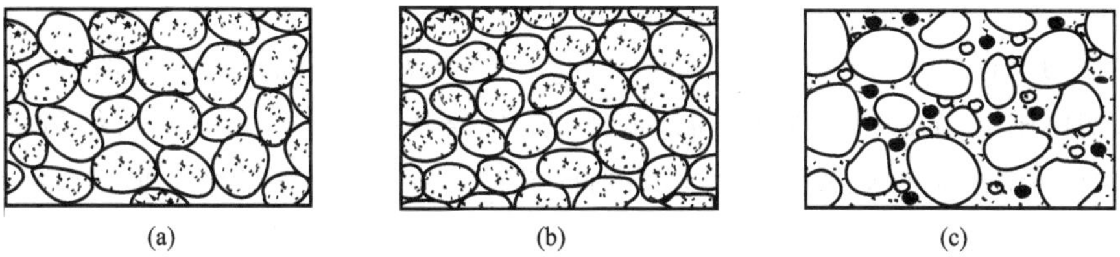

图5-2 不同的孔隙度

(a)分选良好、排列疏松的砂 (b)分选良好、排列紧密的砂 (c)分选不良含泥、砂的砾石

表5-1 主要松散岩土孔隙度的参考数值

岩土名称	砾石	砂	粉砂	黏土
孔隙度变化范围(%)	25~40	25~50	35~50	40~70

2. 裂隙

坚硬岩石颗粒之间基本上不存在孔隙，仅存在由于地壳运动及在其他内外地质营力作用下岩石破裂变形而产生的空隙，称为裂隙。岩石的裂隙一般呈裂缝状，长度、宽度、数量、分布及连通性等在空间上差异很大。与孔隙相比，裂隙具有明显的不均匀性。

裂隙发育程度用裂隙率(K_t)表示。所谓裂隙率，是指裂隙体积(V_t)与包括裂隙体积在内的岩石总体积(V)的比值，用百分数表示为

$$K_t = \frac{V_t}{V} \times 100\% \tag{5-2}$$

常见岩石裂隙率参考值见表5-2。要注意的是，表中所列各值是指岩石裂隙率的平均值。对局部岩石来说，裂隙发育可能有很大的差别，如同一种岩石，有的部位裂隙率可能小于1%，而有的部位可达百分之几十。

表5-2 常见岩石裂隙率的参考值

岩石名称	裂隙率(%)	岩石名称	裂隙率(%)
砂岩	3.2~15.2	正长岩	0.5~2.8
石英岩	0.008~3.4	辉长岩	0.6~2.0
片岩	0.5~1.0	玢岩	0.4~6.7
片麻岩	0.3~2.4	玄武岩	0.6~1.3
花岗岩	0.02~1.9	玄武岩流	4.4~5.6

3. 溶隙

由于地下水流长期溶蚀可溶岩(盐岩、石灰岩、白云岩等)而形成的空隙称为溶隙,这种地质现象称为岩溶(喀斯特)。溶隙的发育程度用溶隙率表示。所谓溶隙率(K_k),是指溶隙的体积(V_k)与包括溶隙在内的岩石总体积(V)的比值,用百分数表示为

$$K_k = \frac{V_k}{V} \times 100\% \tag{5-3}$$

溶隙率的变化范围极大,有的溶隙率可能小于1%,有的可达百分之几十,而且在相邻很近处溶隙的发育程度可能完全不同,也可能在同一地点的不同深度上有很大变化。在地下水的长期作用下,溶隙可发展为溶洞、暗河、竖井、落水洞等多种形式。溶隙与裂隙相比,在形状、大小等方面显得更加千变万化。因此,储存于可溶岩石中的地下水分布与流动极不均匀。

研究岩石的空隙时,不仅要研究空隙的多少,还要研究空隙的大小、空隙间的连通性和分布规律。松散岩土孔隙的大小和分布都比较均匀,且连通性好,所以孔隙度可表征一定范围内孔隙的发育情况;岩石裂隙的宽度、长度和连通性差异均很大,分布也不均匀,因此裂隙率只能代表被测定范围内裂隙的发育程度;溶隙大小相差悬殊,分布很不均匀,连通性更差,所以溶隙率的代表性更差。

4. 地下水的存在形式

根据水在空隙中的物理状态、水与岩石颗粒的相互作用等特征,可将地下水存在的形式分为结合水、重力水、毛细水、气态水、固态水、结晶水和结构水等。这里着重介绍岩土空隙中的结合水、重力水和毛细水。

(1)结合水

结合水是指受固相表面的引力大于水分子自身重力的那部分水,即被岩土颗粒的分子引力和静电引力吸附在颗粒表面的水。由于固相表面对水分子的吸引力自内向外逐渐减弱,结合水的物理性质也随之变化,故将接近固相表面的结合水称为强结合水(吸着水),其外层的结合水称为弱结合水(薄膜水)。

(2)重力水

重力水存在于岩土颗粒之间,结合水层之外,不受颗粒静电引力的影响,可在重力作用下运动,能够传递静水压力。重力水能产生浮托力、孔隙水压力。流动的重力水在运动过程中会产生动水压力。重力水具有溶解能力,对岩土产生化学潜蚀,导致岩石的成分及结构的破坏。重力水是本章研究的主要对象。

(3)毛细水

在岩土细小的孔隙和裂隙中,受毛细管力作用控制的水叫作毛细水,它是岩土中三相界面上毛细力作用的结果。对于土体来说,毛细水上升的快慢及高度取决于土颗粒的大小。土颗粒愈细,毛细水上升高度愈高,上升速度愈慢。毛细水上升高度还随地下水面的升降和蒸发作用变化。

在地下水面以上,由于毛细管力的作用,一部分水沿细小孔隙上升,在地下水面以上形成一个与饱水带有直接水力联系的接近饱和的地带叫作毛细水带。毛细水能垂直运动,可

以传递静水压力，被植物所吸收。毛细水对建筑工程的意义主要有：①产生毛细压力，对于砂土特别是细砂、粉砂，由于毛细压力作用使砂土具有一定的黏聚力（称为假黏聚力）；②对土中气体的分布与流通有一定影响，常常导致封闭气体的产生；③当地下水位埋深变浅时，由于毛细水上升，可助长地基土的冰冻现象，使地下室潮湿，危害房屋基础及公路路面，促使土的沼泽化、盐渍化。

5.1.2 岩土的水理性质

岩土的水理性质是指岩土与水作用时所具有的特征，主要有容水性、持水性、给水性和透水性。

1. 容水性

岩土的容水性是指岩土容纳一定水量的能力。容水性用容水度（K_r）表示。容水度是指岩土空隙完全被水充满时的含水量，可表示为岩土所能容纳的最大水体积（V_r）与岩土体积（V）之比，即

$$K_r = \frac{V_r}{V} \times 100\% \tag{5-4}$$

容水度在数值上与孔隙度、裂隙率或溶隙率相等。但是，对于具有膨胀性的黏土来说，充水后体积扩大，容水度可以大于孔隙度。容水性较强的岩土是黏土，较差的是卵砾石。

2. 持水性

岩土的持水性是指在重力作用下，岩土依靠分子力和毛细力，能够保持一定液态水的能力，常用持水度（K_c）表示。持水度是指在重力释水后仍能保持的水的体积（V_c）与岩土体积（V）之比，即

$$K_c = \frac{V_c}{V} \times 100\% \tag{5-5}$$

在重力作用下，岩土空隙中所保持的主要是结合水。因此，持水度实际上反映岩土中结合水含量的多少。

3. 给水性

岩土的给水性是指岩土中保持的水在重力作用下能够自由流出一定数量的能力，用给水度（K_g）示。给水度是指饱和岩土在重力作用下排出水的体积（V_g）与岩土体积（V）之比，即

$$K_g = \frac{V_g}{V} \times 100\% \tag{5-6}$$

给水度在数值上等于容水度减去持水度。岩土的给水性和持水性显然与岩土的容水性直接相关。在容水性相同的岩土中，如果重力作用超过岩土对水的引力，则给水性强，持水性弱；反之，则给水性弱，持水性强。给水性还与岩土颗粒直径成正比，如卵石给水度大，黏土给水度小。

4. 透水性

透水性是指岩土允许重力水透过的能力。岩土的透水性取决于岩土空隙的大小、多少

和连通程度。一般地,岩土空隙大而多,且连通程度好,则具良好的透水性;反之,空隙小而少,且连通程度差,则透水性弱或不透水。评价岩土透水性的指标是渗透系数 K。可根据渗透系数 K 对岩土进行渗透性分级如下:①极微透水($K<10^{-6}$ cm/s);②微透水(10^{-6} cm/s $<K<10^{-5}$ cm/s);③弱透水(10^{-5} cm/s $<K<10^{-4}$ cm/s);④中等透水(10^{-4} cm/s $<K<10^{-2}$ cm/s);⑤强透水(10^{-2} cm/s $<K<1$ cm/s);⑥极强透水($K>1$ cm/s)。渗透系数可通过室内的渗透试验及现场的抽水试验等方法测定。

5.1.3 含水层和隔水层

根据岩土的水理性质可将岩土层分为含水层和隔水层。在重力作用下能够给出并且通过相当数量水的饱水岩层或土层称为含水层。构成含水层的条件有二:一是岩土中要有空隙存在并充满足够数量的重力水;二是这些重力水能够在岩土空隙中自由运动。因此,含水层必须有良好的透水性能,同时又必须有一定的地质构造条件和地形条件,使地下水聚集和储存起来。此外,含水层必须有一定的补给水量。

隔水层是指在常压条件下,由于重力作用不能给出并通过相当数量水的岩土层。通常由黏土、粉质黏土和页岩、泥灰岩等透水性能差的岩石组成的岩层构成隔水层。隔水层对地下水的运动起着阻碍作用。

5.2 地下水的分类

根据埋藏条件,地下水可分为包气带水、潜水和承压水三类。不论是哪种类型的地下水,均可按其含水层的空隙性质分为孔隙水、裂隙水和岩溶水。因此,地下水可以组合成九种不同的类型,如孔隙上层滞水、裂隙潜水、岩溶承压水等(表5-3)。

表5-3 地下水的分类

按埋藏条件分类	按含水层空隙性质分类		
	孔隙水(松散沉积物孔隙中的水)	裂隙水(坚硬基岩裂隙中的水)	岩溶水(可溶岩溶隙中的水)
包气带水	土壤水、季节性存在于局部隔水层之上的上层滞水	裂隙黏土、基岩裂隙风化区中季节性存在的重力水	裸露岩溶化岩层垂直渗入区中季节性存在的重力水
潜水	上部无连续完整隔水层存在的各种松散岩层中的水	基岩上部裂隙中的水	裸露岩溶化岩层中的水
承压水	松散岩层组成的向斜、单斜和山前平原自流斜地中的地下水	构造盆地及向斜、单斜岩层中的裂隙承压水,断层破碎带深部的局部承压水	向斜及单斜岩溶岩层中的承压水

5.2.1 按埋藏条件分类的各类地下水特征

包气带位于饱水带之上,直接与大气圈接触,为岩石、空气和水的三相系统。水流受重力作用,由上往下渗流,故又称为垂直循环带。饱水带位于地下水面以下。饱水带岩石空隙全部为液态水所充满，既有重力水也有结合水，水流方向近水平，故又称为水平循环带，参看图5-3。

1. 包气带水

包气带水是存在于包气带中以各种形式出现的水，是一种局部的、暂时性的地下水。其中既有气态水、结合水、毛细水等非重力水，也有正在下渗的“过路”重力水和存在于包气带中局部隔水层上之的重力水——上层滞水（图5-3、图5-4）。

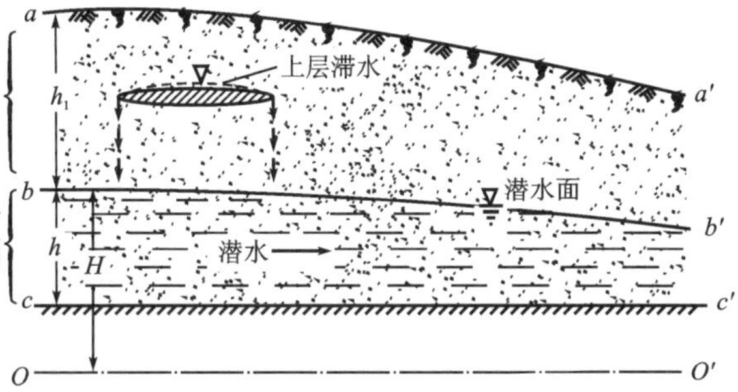

图5-3　包气带和饱水带

h_1—潜水面埋藏深度　h—潜水含水层厚度　H—潜水位

aa'—地面　bb'—潜水面　cc'—隔水层顶面　OO'—基准面

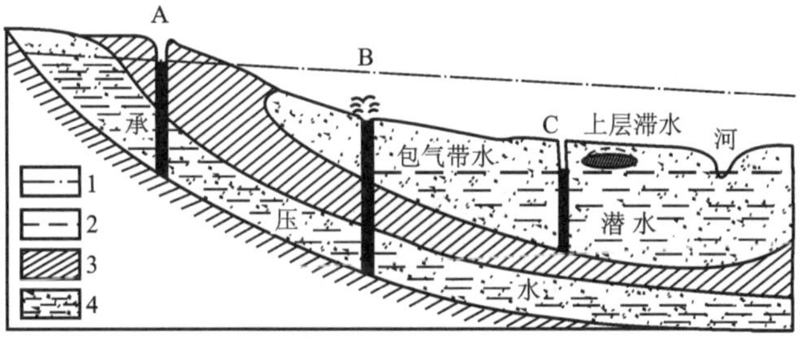

图5-4　地下水埋藏示意图

1—承压水位　2—潜水位　3—隔水层　4—含水层

A—承压水井　B—自流水井　C—潜水井

上层滞水的特征：完全依靠大气降水或地表水流直接下渗补给，因而多位于距地表不深的地方，以蒸发或逐渐下渗的形式排泄；分布范围有限；补给区与分布区一致；水量随季节变化，雨季出现，旱季消失，极不稳定。

包气带水因接近地表，对建筑物基础的施工有影响，应考虑排水的措施。

2. 潜水

潜水是指埋藏在地表以下第一层较稳定的隔水层以上具有自由水面的重力水（图5-3、图5-4）。潜水的自由水面称为潜水面，潜水面上某点的高程称为潜水位。从地面至潜水面的距离称为潜水的埋藏深度。潜水面至下伏隔水层顶板之间的距离称为含水层厚度。

潜水的埋藏条件决定了潜水的基本特征是具有自由表面，在重力作用下，由潜水位较高处向较低处流动，流动的快慢取决于含水层的渗透性能和潜水面的水力坡度。潜水面的形状与地形有一定程度的一致性，即地面坡度越大，潜水面的坡度也越大，但比地形的起伏要平缓得多。此外，潜水面的形状也和含水层的透水性及隔水层底板形状有关。在潜水流动的方向上，含水层的透水性增强或含水层厚度较大的地方，潜水面就变得平缓；隔水层底板隆起处，潜水层厚度减小，潜水面就变得狭窄。潜水的分布区和补给区是基本一致的。潜水的动态（如水温、水位、水量、水质等随时间的变化）受气候影响较大，具有明显的季节性变化特征。潜水易受地面污染的影响。

潜水主要由大气降水、地表水和凝结水补给。当承压水与潜水有联系时，承压水也能补给潜水。大气降水是补给潜水的主要来源，因此在大多数情况下，潜水的分布区与补给区是一致的。大气降水补给潜水的数量多少，取决于降水的特点及强度、包气带上层的透水性及地表的覆盖情况等。一般来说，时间短的暴雨，对补给地下水不利，而连绵细雨能大量地补给潜水。在干旱地区，大气降水很少，潜水的补给只靠大气凝结水。地表水也是地下水的重要补给来源，当地表水水位高于潜水水位时，地表水就补给地下水。如果深层地下水水位较潜水水位高，深层地下水会通过构造破碎带或导水断层补给潜水。某个地区的潜水可以有一种或几种补给来源。

潜水的排泄方式主要有两种，即垂直排泄与水平排泄。前者是平原地区与干旱地区潜水排泄的主要方式——蒸发排泄；后者主要出现在地势比较陡峻的河流中、上游地区，直接流入地表水体。在地形有利的情况下，潜水则以泉的形式出露地表。

潜水面常以潜水等水位线图表示，绘制方法与绘制地形等高线图一样。将研究地区的很多潜水人工露头（钻孔、探井、水井）和天然露头（泉等）的水位同时测定，绘在地形图上，连接水位等高的各点即是等水位线图（图 5-5）。该图可用于解决如下问题。

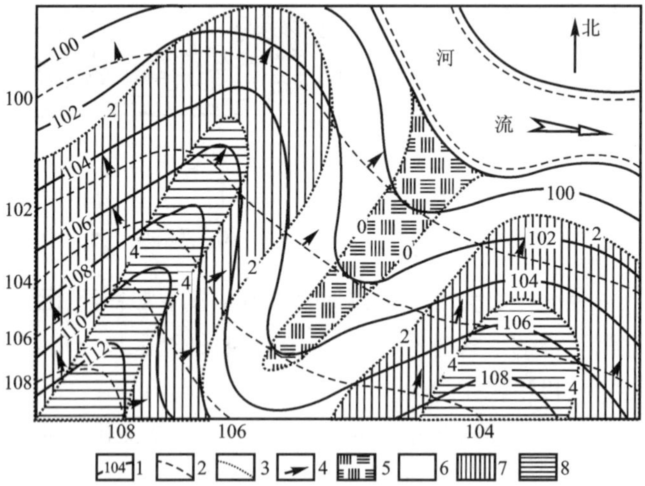

图 5-5 潜水等水位线图（比例尺 1:10 000）

1—地形等高线 2—等水位线 3—等埋深线 4—潜水流向

5—埋深为零区（沼泽） 6—埋深为 0 ~ 2 m 区 7—埋深为 2 ~ 4 m 区

8—埋深大于 4 m 区

1）确定潜水的流向及水力坡度 垂直于等水位线、自高等水位线指向低等水位线的方向即为流向。图5-5中箭头方向即为潜水流向。在流动方向上,取任意两点的水位高差除以两点间在平面上的实际距离,即为此两点间的平均水力坡度。

2)确定潜水与河水的相互关系　如果潜水流向指向河流,则潜水补给河水(图5-6);如果潜水流向背向河流,则潜水接受河水补给。

3)确定潜水面埋藏深度　潜水面的埋藏深度等于该点的地面标高减潜水位。根据各点的埋藏深度值,可绘出潜水等埋深线图(图5-5)。

4)确定含水层厚度　当等水位线图上有隔水层顶板等高线时,同一测点的潜水水位与隔水层顶板标高之差即为含水层厚度。

5)确定给水和排水工程的位置　水井应布置在地下水流汇集的地方,排水沟(截水沟)应布置在垂直水流的方向上。

潜水对建筑物的稳定性和施工均有影响。建筑物的基础埋深最好小于潜水位埋深,尽量避免水下施工。如果潜水对施工有危害,宜用排水、降低水位、隔离(包括冻结法)等措施处理。

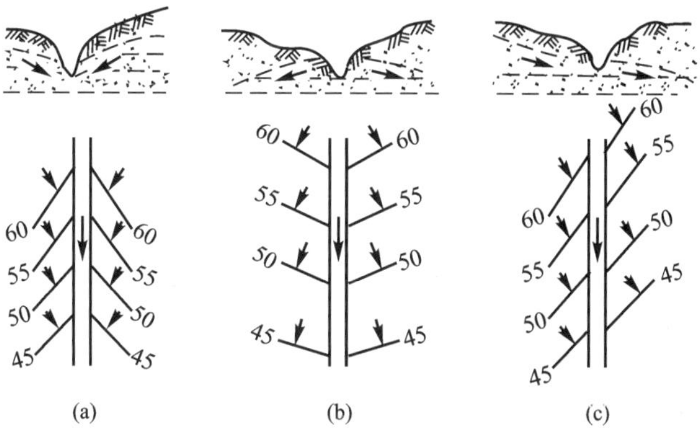

图5-6　潜水与河水间不同关系的等水位线图

(a)潜水补给河水　(b)河水补给潜水

(c)右岸潜水补给河水、左岸河水补给潜水

3. 承压水

承压水是充满于上、下两个稳定隔水层之间的含水层中具承压性质的地下水(图5-4、图5-7)。承压含水层上、下部的隔水层分别叫作隔水顶板和隔水底板。隔水顶板和底板之间的距离称为承压含水层的厚度。承压水的特征:不具有自由水面,承受一定的静止压力;具有明显的补给区、承压区和排泄区,补给区与排泄区相距很远;由于具有隔水顶板,埋藏深度一般都大于潜水;在水位、水量、水温、水质等方面受水文气象因素、人为因素及季节变化的影响较小;承压水水质不易被污染。因此,富水性好的承压含水层是理想的供水水源。

承压区中地下水承受静止压力,当钻孔打穿隔水顶板时所见的水位称为初见水位。随后,地下水上升到含水层隔水顶板以上某一高度稳定不变,这时的水位标高叫作承压水位。承压水位高出地面,地下水就可以溢出或喷出地表,叫作自流水。承压水位与隔水顶板的距离称为水头。

承压水的埋藏条件主要取决于地质构造。最适宜于形成承压水的地质构造是向斜构造和单斜构造。向斜构造是承压水形成和埋藏最有利的地方，又称为承压盆地或自流盆地。一个完整的自流盆地一般可分为三个区：补给区、承压区和排泄区（图 5-7）。由透水层和隔水层互层所组成的单斜构造，在适宜的地质条件下可以埋藏有承压水，常称为承压斜地或自流斜地。承压斜地与承压盆地一样可以分为补给区、承压区和排泄区，但由于其补给区和排泄区常常结合在一起而不易截然分开。由以下四种情况可以形成承压斜地：①含水层发生相变或尖灭（图 5-8）；②隔水层和透水层相间分布，常出现在倾斜的基岩中和第四纪松散堆积物组成的山前斜地中；③含水层被断层所阻（图 5-9）；④含水层被侵入体阻截。

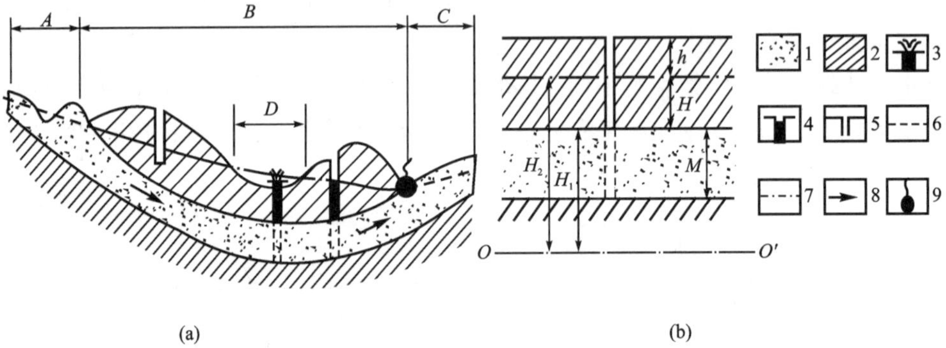

图 5-7　承压含水层示意图

（a）自流盆地　（b）局部剖面图

1—含水层　2—隔水层　3—自流井　4—非自流井　5—干井

6—潜水位　7—承压水位　8—地下水流向　9—上升泉

A—补给区　*B*—承压区　*C*—排泄区　*D*—自流区　*h*—承压水位埋深

M—承压含水层厚度　H_1—初见水位　H_2—承压水位　*H*—承压水头　*OO′*—基准面

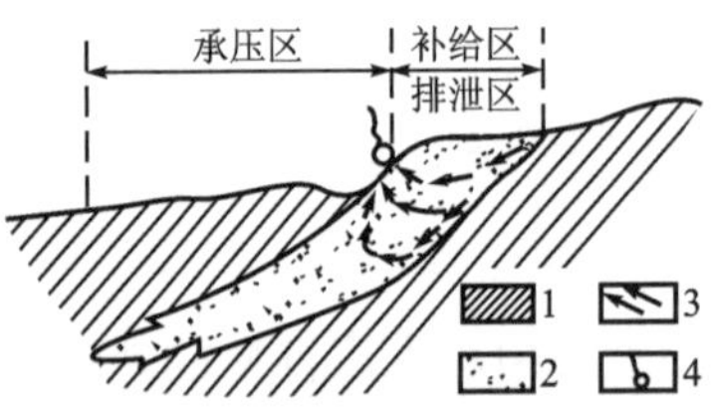

图 5-8　岩性变化形成的承压斜地

1—隔水层　2—含水层

3—地下水流向　4—泉

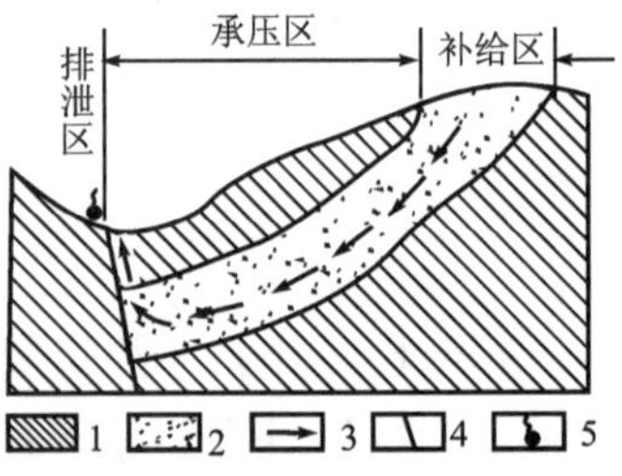

图 5-9　断层构造形成的承压斜地

1—隔水层　2—含水层　3—地下水流向

4—导水断层　5—泉

承压水的补给方式：当承压水补给区直接出露于地表时，大气降水是主要的补给来源；当补给区位于河床或湖沼地带时，地表水可以补给承压水；当补给区位于潜水含水层之下，且潜水位高于承压水位时，潜水便可直接补给到承压含水层中。此外，在适宜的地形和地质构造条件下，承压水之间还可以互相补给。

承压水的排泄有多种形式：当含水层或其排泄区出露于地表时，承压水泄流成泉或者补给地表水(图5-7);当含水层被断层切割且断层导水时,则沿断层线承压水以泉的方式排出(图5-9)。

承压水径流条件取决于地形、含水层透水性和地质构造以及补给区与排泄区的承压水位差。补给区与排泄区的地形高差和水位差越大,含水层透水性越好,构造挠曲程度越小,承压水径流便越通畅,水交替便越强烈;相反,承压水径流缓慢,水交替微弱。承压水径流条件的好坏、水交替强弱,决定了水的总矿化度高低及水质好坏。

承压水位标高相同点的连线,便是承压水等水压线。承压水等水压线图的绘制方法与潜水等水位线图相类似。等水压线图可用于:①确定承压水的流向;②计算某地段承压水的水力坡度;③确定承压水位距地表的深度;④确定承压含水层的埋藏深度;⑤确定承压水头值。

5.2.2　不同岩土介质中的地下水

根据含水层空隙性质的不同,可将地下水分为孔隙水、裂隙水和岩溶水三类。

1. 孔隙水

孔隙水是赋存于松散沉积物颗粒或集合体构成的孔隙网络中的地下水,多呈均匀而连续的层状分布。岩土的孔隙情况决定了孔隙水的存在条件和特征,因为岩土孔隙的大小和多少关系到岩土的透水性并直接影响到岩土中的地下水含量以及地下水在岩土中的运动条件和地下水的水质。一般情况下,岩土的颗粒大而均匀,则含水层孔隙大、透水性好,地下水运动快、水质好、水量大;反之,则含水层孔隙小、透水性差,地下水运动慢、水质差、水量也小。

孔隙水多分布于洪积物、冲积物、湖积物、滨海沉积物、冰川沉积物等第四纪松散沉积层中。

2. 裂隙水

裂隙水是指赋存并运移于坚硬基岩裂隙中的地下水。岩石裂隙的密集程度、连通情况和填充情况等决定着地下水的分布情况和能否富集。岩石的裂隙按成因可分为风化裂隙、成岩裂隙和构造裂隙三种类型,相应地也将裂隙水分为风化裂隙水、成岩裂隙水和构造裂隙水。

(1)风化裂隙水

风化裂隙水(图5-10)是指分布在岩石风化裂隙中的地下水,多数为层状裂隙水。风化裂隙是由岩石的风化作用形成的,无一定方向,延伸短,发育密集而均匀,彼此连通,因此在一定范围内形成的地下水也是相互连通的水体,具有统一的水面,多属潜水,有时也存在上层滞水。当风化壳上部的覆盖层透水性很差时,下部的裂隙带有一定的承压性。

风化裂隙水多分布于出露基岩的表层,其下新鲜的基岩为含水层的下限。水平方向透水性均匀,垂直方向随深度而减弱。

风化裂隙水分布广泛,埋藏浅,水质较好,易于开采,但因风化层厚度有限,一般水量不大。

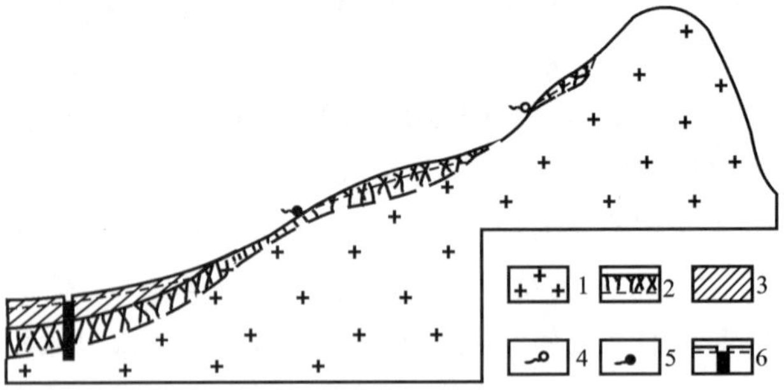

图 5-10　风化裂隙水示意图

1—母岩　2—风化带　3—黏土
4—季节性泉　5—常年性泉　6—井及地下水位

(2)成岩裂隙水

成岩裂隙水常储存于具有成岩裂隙的岩层中。成岩裂隙是岩石在形成过程中产生的空隙,一般常见于岩浆岩中的喷出岩类中,如玄武岩经常发育柱状节理及层面节理,裂隙均匀密集,张开性好,贯穿连通,常形成储水丰富、导水畅通的潜水含水层。成岩裂隙水多呈层状,在一定范围内相互连通。具有成岩裂隙的岩体被后期地层覆盖时,也可构成承压含水层,在一定条件下可以具有很大的承压性。

成岩裂隙水分布范围较小,而水量往往较大,裂隙不随深度减弱。

此外,侵入岩接触带张开裂隙发育,常形成近乎垂直的带状裂隙含水系统。

(3)构造裂隙水

分布于构造裂隙中的地下水称为构造裂隙水。由于构造裂隙较为复杂,因而构造裂隙水的分布和运动也相当复杂(图 5-11)。按岩石中裂隙分布的产状,可将构造裂隙水分为层状裂隙水和脉状裂隙水两类。

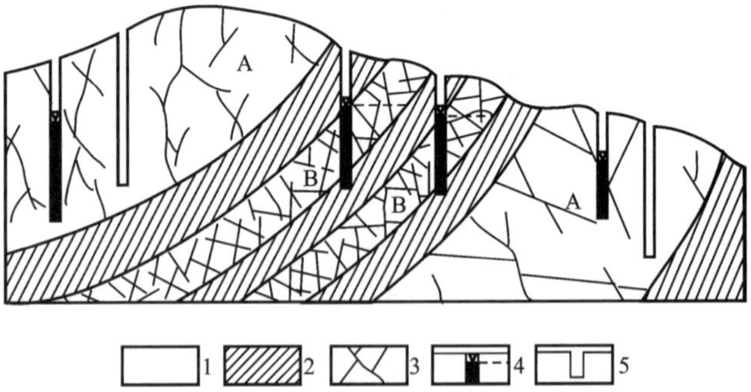

图 5-11　构造裂隙水示意图

1—脆性岩层　2—塑性岩层　3—张开裂隙　4—井及地下水位　5—干井
A—脉状裂隙水　B—层状裂隙水

当构造应力分布比较均匀且强度足够时,则在岩体中形成比较密集均匀且相互连通的张开性构造裂隙,储存层状构造裂隙水。层状构造裂隙水可以是潜水,也可以是承压水。柔性与脆性岩层互层时，前者构成具有闭合裂隙的隔水层，后者成为发育张开裂隙的含水层。柔性岩层覆盖下的脆性岩层中便储存承压水。层状裂隙水常埋藏于沉积岩的节理以及变质岩的节理和片理等裂隙中。

当构造应力分布相当不均匀时，岩体中张开性构造裂隙分布不连续，互不连通，则储存脉状构造裂隙水。由于裂隙分布不连续，所形成的裂隙各有自己独立的系统、补给源及排泄条件，水位不一致，有一定压力，分布不均，水量较小，水位、水量变化大，多为承压水。脉状裂隙水往往存在于断层破碎带中，在地形低洼处，常沿断层带以泉的形式排泄。

具有同一岩性的岩层，由于构造应力的差异，一些地方可能储存层状裂隙水，另一些地方则可能储存脉状裂隙水。反之，当构造应力大体相同时，由于岩性变化，裂隙发育不同。张开裂隙密集的部位储存层状裂隙水，其余部位则为脉状裂隙水。但是，不论是层状裂隙水还是脉状裂隙水，其渗透性常常显示各向异性。这是因为，不同方向的构造应力性质不同，某些方向上裂隙张开性好，另一些方向上的裂隙张开性差，甚至是闭合的。

3. 岩溶水

岩溶（详见7.1节）水又称喀斯特水，是指赋存并运移于岩溶化岩层中的地下水。岩溶的发育特点决定了岩溶水的特征。岩溶水在空间的分布变化很大，甚至比裂隙水更不均匀。有的地方地下水汇集于溶洞孔道中，形成地下水很丰富的地区；而另一些地方，水可沿溶洞空隙流走，形成在一定范围内严重缺水的现象。岩溶水具有水量大、运动快、在垂直和水平方向上分布不均匀的特性，其动态变化受气候影响显著。

实践证明，在岩溶地区进行地下工程和地面建筑工程时，必须弄清岩溶水的分布和运动规律，用排除、截源、改道等方法处理，以避免突然涌水等工程事故的发生。

5.2.3 泉

泉是地下水的天然露头，是地下水排泄的主要方式之一。因此，它是反映岩层富水性和地下水的分布、类型、补给、径流、排泄条件和变化的一个重要标志。

泉是在一定的地形、地质和水文地质条件的结合下出现的。在山区、丘陵区的沟谷和坡脚，常可以见到泉，而在平原地区很少有泉。按照泉的含水层性质，可将泉分为上升泉及下降泉两大类（图5-12）。

上升泉是由承压含水层补给的，水流在压力作用下作上升运动。下降泉是由潜水或上层滞水补给的，水流作下降运动。

根据泉的出露条件又可分为侵蚀泉、接触泉、溢出泉和断层泉四类。

1. 侵蚀泉

侵蚀泉是沟谷切割到含水层时形成的，含水层若为潜水则形成侵蚀下降泉（图5-12(a)、(e)），若为承压水则形成侵蚀上升泉（图5-12(b)）。

2. 接触泉

接触泉是由于地形被切割到含水层下面的隔水层，地下水自两者的接触处涌出地表（图5-12(c)），或在侵入体与围岩接触带地下水沿裂隙上升至地表形成的（图5-12(d)）。

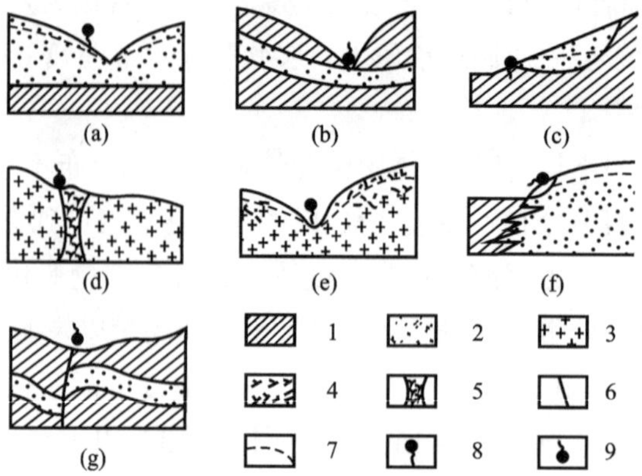

图 5-12 各种泉示意图

(a)侵蚀下降泉 (b)侵蚀上升泉 (c)接触下降泉

(d)接触上升泉 (e)侵蚀下降泉 (f)溢出下降泉 (g)断层上升泉

1—隔水层 2—透水层 3—坚硬岩层 4—风化岩石 5—岩脉

6—导水断层 7—地下水位 8—下降泉 9—上升泉

3. 溢出泉

溢出泉是指地下水在运动过程中,由于前方岩层的透水性变弱、隔水层隆起以及阻水断层阻隔等因素使潜水流动受阻而溢出地表形成的泉(图 5-12(f))。

4. 断层泉

断层泉是承压水沿导水断层上升,在地面标高低于承压水位处涌出地表形成的(图 5-12(g))。这类泉常沿断层呈串珠状分布。

5.3 地下水的性质

5.3.1 地下水的物理性质

地下水的物理性质有温度、颜色、透明度、气味、味道、比重、导电性及放射性等。

1. 温度

地下水的温度受埋藏深度和所处自然条件的影响。浅层地下水受当地的气温和地表温度影响较大。由于地下水形成的环境不同,温度变化也很大,可为 0 ~ 100 ℃,个别地区达到 100 ℃以上。根据温度将地下水分为以下几类:过冷水(<0 ℃)、冷水(0 ~ 20 ℃)、温水(20 ~ 42 ℃)、热水(42 ~ 100 ℃)、过热水(>100 ℃)。

2. 颜色

地下水一般是无色的,在含某些离子或富集悬浮物质、胶体物质时则有色。例如,含硫化氢的水为翠绿色;含 Fe^{2+} 的水为灰蓝色;含 Fe^{3+} 的水为黄褐色;含腐殖质时呈暗黄、灰黄色。

3. 透明度

地下水多半是透明的。当水中含有某种离子、悬浮物、有机质及胶体时,地下水的透明度会改变。根据透明度可将地下水分为以下几种:透明的、微浑浊的、浑浊的、极浑浊的。

4. 气味

地下水通常是无气味的,当含有气体或有机质时,具有一定的气味。如含腐殖质时,具腐草味或腐泥臭味;含硫化氢时有臭蛋味。

5. 味道

地下水的味道主要取决于地下水的化学成分和气体成分。地下水一般淡而无味。含 NaCl 的水具咸味;含较多 CO_2 的水清凉爽口;含 $Ca(HCO_3)_2$ 和 $Mg(HCO_3)_2$ 的水味美可口,俗称"甜水";当 $MgCl_2$ 和 $MgSO_4$ 存在时,地下水有苦味。

6. 比重

地下水的比重取决于水中溶解盐类的数量。溶解盐类越多,地下水的比重就越大。一般地下水的比重接近 1。

7. 导电性

当含有一些电解质时,水的导电性增强,当然也受温度的影响。

地下水的物理性质可初步反映其形成环境、污染情况及化学成分,为开采和利用地下水提供依据。

5.3.2 地下水的化学性质

1. 化学成分

地下水的化学成分包括各种离子成分、气体成分、胶体成分和有机质、微生物等。自然界中存在的元素几乎都可在地下水中找到,只是含量不同而已。地下水中各元素的含量主要取决于周围岩石的性质及溶解度。主要气体成分有 CO_2、O_2、N_2、H_2S、CH_4,主要离子成分有 Cl^-、SO_4^{2-}、HCO_3^-、Na^+、K^+、Ca^{2+}、Mg^{2+},胶体成分分布最广的有 $Fe(OH)_3$、$Al(OH)_3$ 和 H_2SiO_3 等。有机质也经常以胶体方式存在于地下水中。

2. 化学性质指标

地下水的化学性质指标主要包括地下水的酸碱度、总矿化度和硬度。

(1)地下水的酸碱度

地下水的酸性和碱性程度取决于水中 H^+ 浓度的大小。为方便起见,H^+ 浓度一般用对数表示,并取其负值,以符号"pH"表示,即

$$pH = -\lg[H^+]$$

地下水按 pH 值可分为五类(表 5-4)。

表 5-4　地下水按 pH 值分类

地下水类型	强酸性水	弱酸性水	中性水	弱碱性水	强碱性水
pH 值	<5	5 ~ 7	7	7 ~ 9	>9

(2)地下水的总矿化度

地下水中所含有的各种离子、分子和化合物的总量称为总矿化度,单位为 g/L。它表示

地下水的矿化程度，是评价水质的重要指标之一。习惯上用105～110 ℃的温度将地下水样品蒸干后所得的干涸残余物总量来表示总矿化度。但地下水中的 HCO_3^- 在加温时受到破坏，最好还是采用直接将测得的全部离子量、分子量及化合物量相加的方法。由于地下水中盐类的溶解度不同，使得离子成分与地下水总矿化度之间有一定的规律。总体上看，氯盐的溶解度最大，硫酸盐次之，碳酸盐较小，钙的硫酸盐更小，钙、镁的碳酸盐溶解度最小。随着总矿化度增大，钙、镁的碳酸盐首先达到饱和并沉淀析出，继续增大时，钙的硫酸盐也饱和析出。因此，高矿化水中易溶的氯离子和钠离子占优势。

根据总矿化度的大小，可将地下水分为五种类型(表5-5)。

表5-5 地下水按总矿化度分类

地下水类型	淡水	微咸水	咸水	盐水	卤水
总矿化度(g/L)	<1	1～3	3～10	10～50	>50

(3)地下水的硬度

地下水的硬度是指水中 Ca^{2+}、Mg^{2+} 的含量。单位体积的地下水中所含 Ca^{2+}、Mg^{2+} 的量愈高，则水的硬度愈大。硬度分为总硬度、暂时硬度和永久硬度。总硬度是指水中所含 Ca^{2+}、Mg^{2+} 的总量；暂时硬度是指将水加热煮沸后，与 HCO_3^- 作用生成 $CaCO_3$ 或 $MgCO_3$ 沉淀物的 Ca^{2+}、Mg^{2+} 的量。永久硬度等于总硬度减去暂时硬度。含大量 Ca^{2+}、Mg^{2+} 的地下水，对于生活和工业上的使用都是很不利的。

我国采用德国制硬度来计量地下水硬度的大小，以符号H°表示，1 H°相当于1 L水中含10 mg的氧化钙(CaO)或7.2 mg的氧化镁(MgO)。根据总硬度把地下水分为五类，见表5-6。

表5-6 地下水按总硬度分类

地下水类型	极软水	软水	微硬水	硬水	极硬水
德国制硬度(H°)	<4.2	4.2～8.4	8.4～16.8	16.8～25.2	>25.2

5.4 地下水向集水构筑物的稳定运动

在计算流向集水构筑物的地下水的涌水量时，必须区分集水构筑物的类型。集水构筑物按构造形式可分为垂直的井、钻孔和水平的引水渠道、渗渠等。汲取潜水或承压水的垂直集水坑、井分别称为潜水井或承压水井。按潜水井和承压水井的完整程度又可分为完整井及不完整井两种类型。完整井的井底达到了含水层下的不透水层，水只能通过井壁进入井内；不完整井的井底未达到含水层下的不透水层，水可从井底或井壁和井底同时进入井内。以下仅介绍地下水向完整井的稳定流运动。稳定流是在水流场中任一点的流速大小和方向都不随时间变化的水流。

5.4.1 潜水完整井

从潜水含水层中抽水时，水井周围的潜水位逐渐下降，形成一个以井孔为轴心的漏斗状潜水面，即所谓降落漏斗（图5-13）。当出水量和井中动水位稳定一段时间后，这个漏斗也趋于稳定。降落漏斗边缘到井轴的距离称为影响半径（R）。

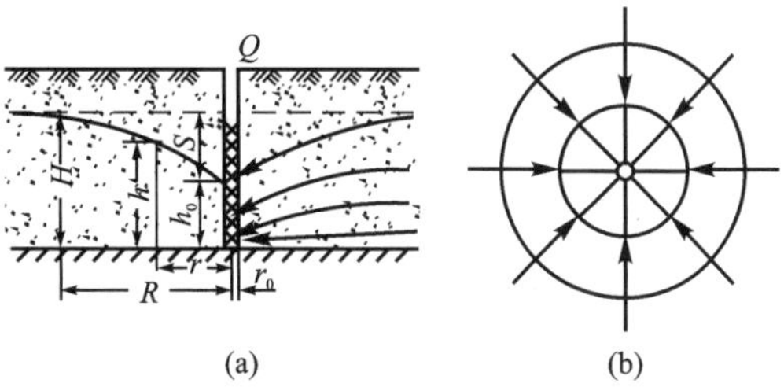

图5-13 地下水流向潜水完整井示意图

(a)剖面图 (b)平面图

如图5-13所示，围绕井轴取一过水断面，该断面距井轴的距离为 r，该处的过水断面高度为 h，从而过水断面积为

$$A = 2\pi rh \tag{5-7}$$

水力坡度为

$$i = \frac{dh}{dr} \tag{5-8}$$

当地下水遵循直线渗透定律运动时，穿过该断面的流量为

$$Q = KiA = K\frac{dh}{dr}2\pi rh \tag{5-9}$$

式中：Q——井的出水量，m^3/d；

K——渗透系数，m/d。

分离变量，并在 $r_0 \sim R$ 及 $h_0 \sim H$ 间积分，整理后得

$$Q = 1.366K\frac{H^2 - h_0^2}{\lg(R/r_0)} \tag{5-10}$$

式中：H——含水层厚度，m；

h_0——井中水位降落后的水层厚度，m；

r_0——井的半径，m；

R——影响半径，m。

上式即为潜水完整井稳定流运动时的出水量的计算公式，也称裘布依公式。

式(5-10)还可表达为

$$Q = 1.366K\frac{(2H - S)S}{\lg(R/r_0)} \tag{5-11}$$

式中：S——井水的水位降（$S = H - h_0$），m。

进行抽水时，有时设有一个或两个观测孔。此时根据相应的积分上、下限，可得一个观测井的流量公式为

$$Q = 1.366K\frac{h_1^2 - h_0^2}{\lg(r_1/r_0)} \tag{5-12}$$

两个观测井的流量公式为

$$Q = 1.366K\frac{h_2^2 - h_1^2}{\lg(r_2/r_1)} \tag{5-13}$$

式中：h_1、r_1——1 号观测井的水深和该观测井距主井的距离，m；

h_2、r_2——2 号观测井的水深和该观测井距主井的距离，m。

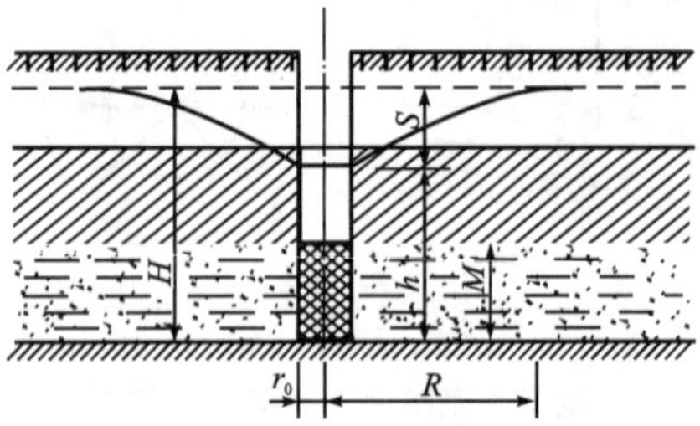

图 5-14 承压水完整井示意图

5.4.2 承压水完整井

承压水完整井抽水达到稳定状态时，如图 5-14所示，降落漏斗形成于含水层隔水顶板以上。参考潜水完整井计算公式的推导方法，得任意过水断面的流量公式为

$$Q = 2.732K\frac{MS}{\lg(R/r_0)} \tag{5-14}$$

式中：M——承压含水层厚度，m。

5.5 地下水与工程建设

地下水与工程建设紧密相关，掌握地下水的储存、分布、性质及运移特性对保证工程的安全至关重要。通常情况下，地下水对建筑工程的不良影响主要有：地下水流动诱发渗透破坏；基坑下伏有承压含水层时导致基坑涌水；降低地下水位导致地面沉降；地下水对位于水位以下的岩、土层和建筑物基础产生浮托作用；某些地下水对钢筋混凝土的腐蚀等。

5.5.1 渗透破坏

地下水的渗透破坏主要有潜蚀、流土和管涌三种现象。

1. 潜蚀

潜蚀可分为机械潜蚀和化学潜蚀两种。机械潜蚀是指渗透水流在一定水力坡度（即地下水水力坡度大于岩土产生潜蚀破坏的临界水力坡度）条件下产生较大的动水压力，冲刷、挟走细小颗粒或溶蚀岩土体，使岩土体中孔隙不断增大，甚至形成洞穴，导致岩土体结构松动或破坏，以致产生地表裂隙、塌陷，影响工程的稳定。化学潜蚀是指地下水溶解土中的易溶盐分，削弱土粒间的结合力，使土的结构破坏，土粒被水带走形成洞穴。

2. 流土

流土是指松散细小颗粒土被地下水饱和后，在动水压力的作用下，产生的悬浮流动现象。当地下水自下而上流动产生的动水压力等于土体的有效重度时，土颗粒之间的有效应力等于零，土粒处于悬浮状态，它将随渗流水一起流动，流土现象就产生了。出现流土时的水力坡度称为临界水力坡度。

流土多发生在颗粒级配均匀的粉细砂中，有时在粉土中也会产生流土。

3. 管涌

地基土在具有某种渗透速度的渗透水流作用下，细小颗粒被冲走，岩土的孔隙逐渐增大,慢慢形成一种能穿越地基的细管状渗流通道,从而掏空地基或坝体,使地基或斜坡变形、失稳,此现象称为管涌。

上述三种地下水的渗透破坏现象,经常出现在建筑物的基坑开挖过程中。基坑开挖时,由于基坑内外地下水位存在一定的水头差,在动水压力作用下,基坑周围的土体会发生流砂、管涌现象,最后导致岩、土体结构松动和破坏,引起基坑坍塌。此外,在可能有地下水溢出的边坡或地面也容易产生上述三种渗透破坏现象。

5.5.2　基坑涌水

当深基坑下部有承压含水层存在时,开挖基坑会减小含水层上覆隔水层的厚度。当隔水层厚度减小到一定程度时,承压水的水头压力能顶裂或冲毁基坑底板,造成突涌现象。基坑突涌将导致地基土开裂,破坏地基强度,并给施工带来很大困难。

为避免基坑突涌的发生,必须验算基坑底层的安全厚度。基坑底层厚度 M 与承压水头压力的平衡关系式为

$$\gamma M = \gamma_w H \tag{5-15}$$

式中:γ、γ_w——黏性土和地下水的重度,kN/m^3;

H——承压水头,由含水层隔水顶板算起,m;

M——基坑开挖后所需保留的最小隔水层厚度,m。

所以,基坑底部隔水层的厚度必须满足下式(参见图5-15):

$$M > \frac{\gamma_w}{\gamma} H \tag{5-16}$$

如果 $M < (\gamma_w/\gamma)H$,为防止基坑突涌,则必须对承压含水层进行预先排水,使承压水头下降至坑底能够承受的水头压力(参见图5-16),且相对于含水层顶板的承压水头 H_w 必须满足下式:

$$H_w < \frac{\gamma}{\gamma_w} M \tag{5-17}$$

以上计算中均应考虑一定的安全系数。

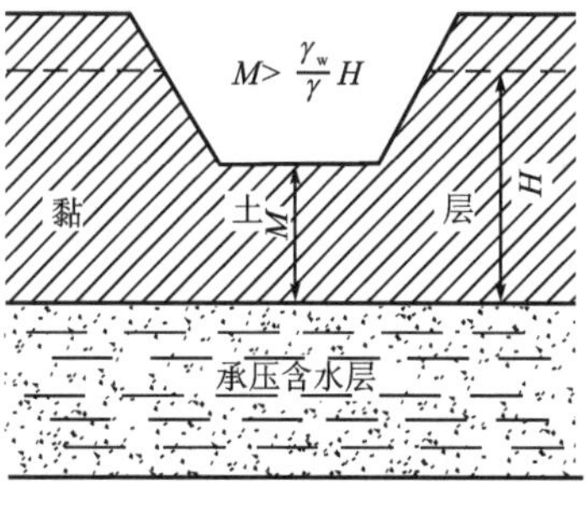

图5-15　基坑下最小隔水层厚度

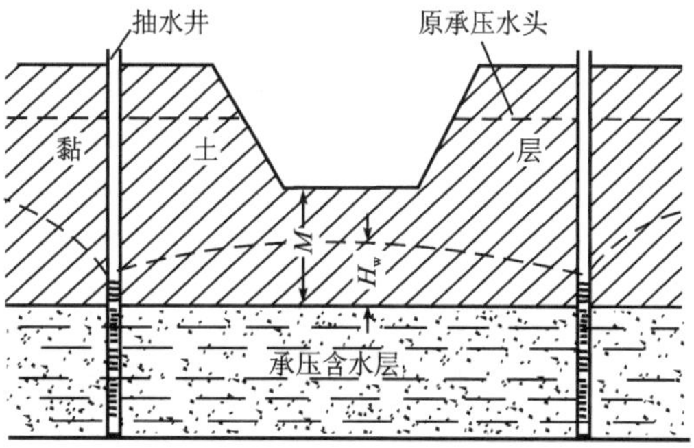

图5-16　防止基坑突涌的排水减压

5.5.3 地面沉降

在地下水位较高地区开挖基坑时,土的含水层被切断后,地下水就会不断渗入基坑内。为保证正常施工,往往需要人工降低地下水位。而地下水位降低后,在抽水影响半径范围内土层会产生新的固结,引起地面沉降。若降水不当,会使周围地基土层产生较大沉降,轻者造成邻近建筑物或地下管线的不均匀沉降;重者使建筑物基础下的土体颗粒流失,甚至掏空,导致建筑物开裂和危及安全使用。

井管开始抽水时,井内水位下降,井外含水层中的地下水不断流向滤管,经过一段时间后,在井周围形成漏斗状的弯曲水面——降水漏斗(参见图5-16)。在这一降水漏斗范围内的软土层会发生渗透固结而造成地基土沉降。而且,由于土层的不均匀性和边界条件的复杂性,降水漏斗往往是不对称的,因而使周围建筑物或地下管线产生不均匀沉降,甚至开裂。

此外,如果抽水井滤网和砂滤层的设计不合理或施工质量差,则抽水时会将软土层中的黏粒、粉粒甚至细砂等细小土颗粒随同地下水一起带出地面,使周围地面土层很快产生不均匀沉降,造成地面建筑物和地下管线不同程度的损坏。

地下水位下降诱发地面沉降的现象可以用有效应力原理解释。地下水位的下降减小了土中的孔隙水压力,从而增加了土颗粒间的有效应力,有效应力的增加会引起土的压缩。许多大城市过量抽取地下水致使区域地下水位下降从而引发地面沉降,也是这个原因。有关内容详见7.4节。

5.5.4 地下水的浮托作用

当建筑物基础底面位于地下水位以下时,地下水对基础底面产生静水压力,即产生浮托力。如果基础位于粉土、砂性土、碎石土和节理发育的岩石地基上,则按地下水位100%计算浮托力;如果基础位于节理不发育的岩石地基上,则按地下水位50%计算浮托力;如果基础位于黏性土地基上,浮托力较难确切地确定,应结合地区的实际经验考虑。

5.5.5 地下水对混凝土的腐蚀

1. 腐蚀类型

硅酸盐水泥遇水硬化,并且形成$Ca(OH)_2$、水化硅酸钙($CaO \cdot SiO_2 \cdot 12H_2O$)、水化铝酸钙($CaO \cdot Al_2O_3 \cdot 6H_2O$)等。这些物质往往会受到地下水的腐蚀。根据不同腐蚀中化学反应的特点,将腐蚀的类型分为以下三种。

(1)结晶类腐蚀

如果地下水中SO_4^{2-}的含量超过规定值,那么SO_4^{2-}将与混凝土中的$Ca(OH)_2$起反应,生成二水石膏结晶体($CaSO_4 \cdot 2H_2O$)。这种石膏再与水化铝酸钙($CaO \cdot Al_2O_3 \cdot 6H_2O$)发生化学反应,生成水化硫铝酸钙。这是一种铝和钙的复合硫酸盐,习惯上称为水泥杆菌(反应式见(3)结晶分解复合类腐蚀)。由于水泥杆菌结合了许多的结晶水,因而体积比化合前增大很多,约为原体积的221.86%,于是在混凝土中产生很大的内应力,使混凝土的结构遭到破坏。

(2)分解类腐蚀

地下水中含有 CO_2 和 HCO_3^-。CO_2 与混凝土中的 $Ca(OH)_2$ 作用,生成碳酸钙沉淀:

$$Ca(OH)_2 + CO_2 = CaCO_3 \downarrow + H_2O$$

由于 $CaCO_3$ 不溶于水,它可填充混凝土的孔隙,在混凝土周围形成一层保护膜,能防止 $Ca(OH)_2$ 的分解。但是,当地下水中 CO_2 的含量超过一定数值,而 HCO_3^- 离子的含量过低时,则超量的 CO_2 再与 $CaCO_3$ 反应,生成重碳酸钙 $Ca(HCO_3)_2$ 并溶于水,即

$$CaCO_3 + H_2O + CO_2 = Ca^{2+} + 2HCO_3^-$$

上述这种反应是可逆的:当 CO_2 含量增加时,平衡被破坏,反应向右进行,固体 $CaCO_3$ 继续分解;当 CO_2 含量变少时,反应向左进行,固体 $CaCO_3$ 沉淀析出。当 CO_2 和 HCO_3^- 的浓度平衡时,反应停止。

所以,当地下水中 CO_2 的含量超过平衡所需的数量时,混凝土中的 $CaCO_3$ 就被溶解而受腐蚀,这就是分解类腐蚀。将超过平衡浓度的 CO_2 叫作侵蚀性 CO_2。地下水中侵蚀性 CO_2 愈多,对混凝土的腐蚀愈强。地下水流量、流速都很大时,CO_2 易补充,平衡难建立,因而腐蚀加快。另一方面,HCO_3^- 离子含量愈高,对混凝土腐蚀性愈弱。

若地下水的酸度过大,即 pH 值小于某一数值,那么混凝土中的 $Ca(OH)_2$ 也要分解,特别是当反应生成物为易溶于水的氯化物时,对混凝土的分解腐蚀很强烈。

(3)结晶分解复合类腐蚀

当地下水中 NH_4^+、NO_3^-、Cl^- 和 Mg^{2+} 等离子的含量超过一定数量时,与混凝土中的 $Ca(OH)_2$ 发生反应,例如:

$$MgSO_4 + Ca(OH)_2 = Mg(OH)_2 + CaSO_4$$

$$MgCl_2 + Ca(OH)_2 = Mg(OH)_2 + CaCl_2$$

$Ca(OH)_2$ 与镁盐作用的生成物中,除 $Mg(OH)_2$ 不易溶解外,$CaCl_2$ 则易溶于水并随之流失;硬石膏 $CaSO_4$ 一方面与混凝土中的水化铝酸钙反应生成水泥杆菌:

$$3CaO \cdot Al_2O_3 \cdot 6H_2O + 3CaSO_4 + 25H_2O = 3CaO \cdot Al_2O_3 \cdot 3CaSO_4 \cdot 31H_2O$$

另一方面,硬石膏遇水生成二水石膏:

$$CaSO_4 + 2H_2O = CaSO_4 \cdot 2H_2O$$

二水石膏在结晶时,体积膨胀,破坏混凝土的结构。

2. 腐蚀性评价标准

地下水对混凝土建筑物的腐蚀是一个复杂的物理化学过程,在一定的工程地质与水文地质条件下,对建筑材料的耐久性影响很大。为了评价地下水对建筑结构的腐蚀性,必须在现场采水样,密封后送实验室分析。分析项目包括:pH 值、游离 CO_2、侵蚀性 CO_2、Ca^{2+}、Mg^{2+}、K^+、Na^+、NH_4^+、Fe^{3+}、Fe^{2+}、Cl^-、SO_4^{2-}、HCO_3^-、NO_2^-、总硬度和有机质。根据水样的化学分析结果,按国家标准《岩土工程勘察规范》(GB 50021—2001,2009 年版)规定进行环境水对混凝土结构以及钢筋混凝土结构中钢筋的腐蚀性评价。

①根据每升地下水中 SO_4^{2-}、Mg^{2+}、NH_4^+、OH^-(指 KOH 及 NaOH 中含的 OH^-)等离子或总矿化度的数量(mg/L),并参考环境类型(Ⅰ、Ⅱ或Ⅲ)和干湿交替作用情况(有或无),确

定环境类型水对混凝土结构的腐蚀性等级(微、弱、中、强)。

②根据地下水的 pH 值、侵蚀性 CO_2 含量(mg/L)和 HCO_3^- 含量(mmol/L),并参考是直接临水或强透水层中的地下水,还是弱透水层中的地下水,进行地层渗透性水对混凝土结构的腐蚀性评价(微、弱、中、强)。其中,HCO_3^- 含量是指水属于总矿化度低于 0.1 g/L 的软水时,该类水质 HCO_3^- 的腐蚀性。

③根据地下水中的 Cl^- 含量(mg/L),并参考是长期浸水,还是干湿交替,确定对钢筋混凝土结构中钢筋的腐蚀等级(微、弱、中、强)。

思考题

1. 什么是岩土的空隙性? 它们在数量上如何表示?
2. 按埋藏条件可将地下水分为哪些类型? 各有哪些特点?
3. 地下水按孔隙性质可以分为哪几种类型? 它们有哪些不同?
4. 地下水的物理性质包括哪些? 地下水的化学性质有哪些?
5. 试述地下水的渗透破坏现象。
6. 产生基坑突涌的原因是什么?
7. 地下水对钢筋混凝土的腐蚀分为哪几种类型?

第6章　岩土的工程地质特征

岩土体的工程性质直接影响建筑物地基、边坡和地下洞室围岩的稳定性，控制自然和人类活动影响下一些工程地质问题和地质灾害的形成及发育规律。因此，岩土体工程性质的研究是整个工程地质学的理论基础。

6.1　岩石的物理性质

6.1.1　岩石的质量指标

1. 岩石颗粒密度

岩石颗粒密度(ρ_s,g/cm^3)是岩石在105～110 ℃温度下烘至恒量时岩石固相颗粒质量(m_s,g)与其体积(V_s,cm^3)的比值。岩石颗粒密度试验采用比重瓶法。岩石颗粒密度的表达式为

$$\rho_s = \frac{m_s}{V_s} \tag{6-1}$$

岩石颗粒密度与4 ℃水的密度之比叫作相对密度(比重)，比重用G_s表示。

2. 岩石块体密度

岩石块体密度(ρ,g/cm^3)是岩石质量(m,g)与岩石体积(V,cm^3)的比值。根据岩石的含水状态，岩石块体密度可分为天然密度、干密度和饱和密度。岩石的块体密度试验可采用量积法、水中称量法或蜡封法，并应符合下列要求：①凡能制备成规则试件的各类岩石，宜采用量积法；②除遇水崩解、溶解和干缩湿胀性岩石外，均可采用水中称量法；③不能用量积法和水中称量法进行测定的岩石，宜采用蜡封法。岩石块体密度的表达式为

$$\rho = \frac{m}{V} \tag{6-2}$$

工程上常用岩石容重或重度(γ,kN/m^3)，其数值等于密度与重力加速度g的乘积。

6.1.2　岩石的水理性质

岩石的水理性质是指岩石与水相互作用所表现出的性质，包括含水性、吸水性、膨胀性、抗冻性、渗透性等。

1. 岩石的含水率

岩石的含水率(w,%)是岩石在105～110 ℃下烘至恒量时所失去的水的质量(m_0-m_s,

g)与岩石固体颗粒质量(m_s,g)的比值,以百分数表示。岩石含水率试验采用烘干法,并适用于不含结晶水矿物的岩石。

按下列公式计算岩石含水率:

$$w = \frac{m_0 - m_s}{m_s} \times 100 \tag{6-3}$$

式中:m_0——烘干前的试件质量,g。

2. 岩石的吸水性

岩石在一定的条件下吸收水分的性能称为岩石的吸水性。它取决于岩石孔隙的数量、大小、开闭程度和分布情况。有关岩石的孔隙率、裂隙率等空隙性指标见5.1.1节。表征岩石吸水性的指标有吸水率、饱和吸水率和饱水系数。岩石吸水率(w_a,%)是岩石在大气压力和室温条件下吸入水的质量($m_0 - m_s$,g)与岩石固体颗粒质量(m_s,g)的比值,以百分数表示;岩石饱和吸水率(w_{sa},%)是岩石在强制条件下的最大吸水量($m_p - m_s$,g)与岩石固体颗粒质量(m_s,g)的比值,以百分数表示;岩石饱水系数 k_w 是指岩石吸水率与饱和吸水率的比值,以百分数表示。

岩石吸水性试验包括岩石吸水率试验和岩石饱和吸水率试验。岩石吸水率采用自由浸水法测定。岩石饱和吸水率采用煮沸法或真空抽气法强制饱和后测定。

按下列公式计算岩石吸水率、饱和吸水率和饱水系数:

$$w_a = \frac{m_0 - m_s}{m_s} \times 100 \tag{6-4}$$

$$w_{sa} = \frac{m_p - m_s}{m_s} \times 100 \tag{6-5}$$

$$k_w = \frac{w_a}{w_{sa}} \times 100 \tag{6-6}$$

式中:m_0——试件浸水48 h后的质量,g;

m_p——试件强制饱和后的质量,g。

一般岩石的饱水系数 k_w 介于50%~80%。饱水系数对于判别岩石的抗冻性具有重要意义。饱水系数小于70%的岩石是抗冻的。

3. 岩石的膨胀性

膨胀性是指某些由黏土矿物组成的岩石浸水后,因黏土矿物具有较强的亲水性,致使岩石中颗粒间的水膜增厚,或者水渗入矿物晶体内部,从而引起岩石的体积或长度膨胀。表征岩石膨胀性的指标有岩石自由膨胀率、岩石侧向约束膨胀率和岩石膨胀压力等。岩石自由膨胀率(V_D、V_H)是岩石试件在浸水后产生的径向变形(ΔD,mm)、轴向变形(ΔH,mm)分别与岩石试件直径(D,mm)、高度(H,mm)之比,以百分数表示。岩石侧向约束膨胀率(V_{HP})是岩石试件在有侧限条件下,轴向受有限荷载时,浸水后产生的轴向变形(ΔH_1,mm)与试件原高度(H,mm)之比,以百分数表示。岩石膨胀压力(P_e,MPa)是岩石试件浸水后保持原体积不变所需的压力。

岩石膨胀性试验应包括岩石自由膨胀率试验、岩石侧向约束膨胀率试验和岩石膨胀压力试验。

按下列公式计算岩石自由膨胀率、侧向约束膨胀率、膨胀压力：

$$V_D = \frac{\Delta D}{D} \times 100 \tag{6-7}$$

$$V_H = \frac{\Delta H}{H} \times 100 \tag{6-8}$$

$$V_{HP} = \frac{\Delta H_1}{H} \times 100 \tag{6-9}$$

$$P_e = \frac{F}{A} \tag{6-10}$$

式中：F——轴向荷载，N；

A——试件截面面积，mm^2。

4. 岩石的耐崩解性

岩石的崩解性是指由于吸水膨胀作用，致使岩石内部出现非均匀分布的应力，加之有的胶结物被溶解掉，因而造成岩石中颗粒及其集合体分散。岩石的耐崩解性指数（I_{d2}，%）是岩石在经过干燥和浸水两个标准循环后，岩石残留的质量（m_r，g）与其原质量（m_s，g）之比，以百分数表示。岩石的耐崩解性试验主要适用于黏土类岩石和风化岩石。

按下列公式计算岩石的耐崩解性指数：

$$I_{d2} = \frac{m_r}{m_s} \times 100 \tag{6-11}$$

5. 岩石的抗冻性

岩石抵抗冻融破坏的性能，称为岩石的抗冻性。岩石的抗冻性常用岩石冻融质量损失率（M，%）、岩石冻融单轴抗压强度（R_{fm}，MPa）和岩石冻融系数（K_{fm}）等指标表示。其中，岩石冻融质量损失率（M，%）用下式计算：

$$M = \frac{m_p - m_{fm}}{m_s} \times 100 \tag{6-12}$$

式中：m_p——冻融前饱和试件质量，g；

m_{fm}——冻融后试件质量，g；

m_s——试验前烘干试件质量，g。

岩石冻融系数是冻融后岩石单轴抗压强度平均值与岩石饱和单轴抗压强度平均值之比。

岩石的水理性质还有软化性、溶解性和透水性等。软化性参见 6.2.1 节，溶解性参见 7.1 节，透水性参见 5.1.2 节。

6.2　岩石的力学性质

6.2.1　岩石的强度特性

岩石在各种荷载作用下达到破坏时所能承受的最大应力称为岩石的强度。

1. 岩石的单轴抗压强度

岩石在单轴压缩荷载作用下达到破坏时所能承受的最大压应力称为岩石的单轴抗压强度，或称为非限制性抗压强度。岩石的单轴抗压强度一般是通过在压力机（材料试验机）上对岩石试件进行加压试验测定的。根据试验结果，按下式计算岩石的单轴抗压强度：

$$R_c = \frac{P}{A} \tag{6-13}$$

式中：R_c——岩石的单轴抗压强度，MPa；

P——岩石破坏荷载，N；

A——试件截面面积，mm^2。

抗压强度是表示岩石力学性质最基本、最常用的指标。影响抗压强度的因素主要是岩石本身的性质，如矿物成分、结构、构造、风化程度和含水情况等。另外，也与试验条件，如试件大小、形状和加荷速率等有关。

岩石吸水后，抗压强度都有不同程度的降低，表示这一特性的指标是软化系数 K_R，定义为饱和试样与烘干试样的抗压强度之比（R_{cw}/R_{cd}）。软化系数小于 0.75 的岩石，即被认为是软化岩石，其抗水、抗风化、抗冻性差。

2. 岩石的抗拉强度

岩石在单轴拉伸荷载作用下达到破坏时所能承受的最大拉应力称为岩石的单轴抗拉强度，简称为抗拉强度。

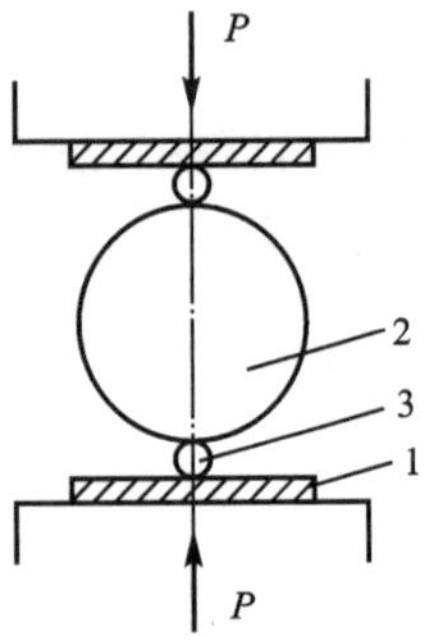

图 6-1 劈裂法试验示意图
1—承压板 2—试件
3—钢丝

目前，常用劈裂法测定岩石的抗拉强度。试验方法：在试件直径方向上施加一对线性荷载，使试件沿直径方向破坏，间接测定岩石的抗拉强度。线荷载通过在试件与上、下承压板接触处各放一根直径为 4 mm 左右的钢丝或胶木棒做成的垫条实现（图 6-1）。按下列公式计算岩石的抗拉强度：

$$\sigma_t = \frac{2P}{\pi Dh} \tag{6-14}$$

式中：σ_t——岩石的抗拉强度，MPa；

P——试件破坏荷载，N；

D——试件直径，mm；

h——试件厚度，mm。

岩石的抗拉强度一般为抗压强度的 1/25～1/4，平均为 1/10。由于岩石的抗拉强度很低，所以在重大工程设计中应尽可能避免拉应力的出现。

3. 岩石的抗剪强度

抗剪强度（τ）指岩石抵抗剪切破坏的能力。抗剪强度指标是黏聚力 c 和内摩擦角 φ。内摩擦角的正切（$\tan\varphi$）即为摩擦系数（f）。

根据受荷情况及试件的特征，岩石的抗剪强度分为三种类型，即抗剪断强度、摩擦强度及抗切强度，相应的试验原理及强度曲线如图 6-2 所示。

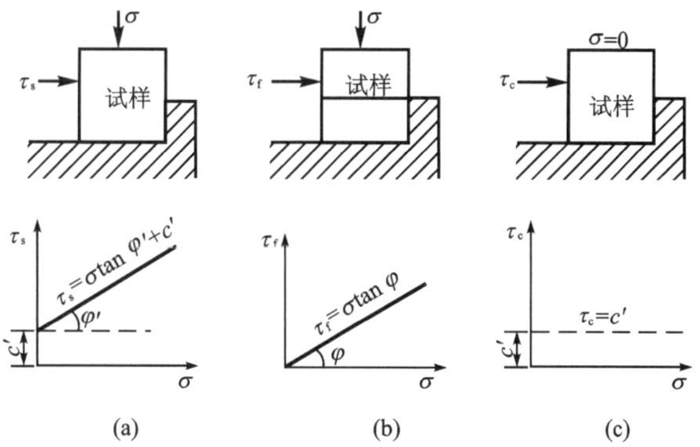

图 6-2　岩石抗剪强度试验原理示意图

(a)抗剪断试验与抗剪断强度曲线　(b)摩擦试验与摩擦强度曲线

(c)抗切试验与抗切强度曲线

(1)抗剪断强度

抗剪断强度(τ_s)指试样在一定的垂直压应力(σ)作用下被剪断时的最大剪应力。剪断前试样上没有破裂面。内摩擦角(φ')和黏聚力(c')均起作用,其表达式为

$$\tau_s = \sigma \tan \varphi' + c' \tag{6-15}$$

(2)摩擦强度

受荷条件同前,但试件的剪切破裂面是预先制好的分裂开来的面或是已剪断的试样,恢复原位后重新进行剪切。这种试验过去也叫作抗剪试验(狭义的),所得的抗剪强度称为摩擦强度(τ_f)。摩擦强度的表达式为

$$\tau_f = \sigma \tan \varphi \tag{6-16}$$

(3)抗切强度

抗切强度(τ_c)指垂直压应力(σ)为零时,无裂隙岩石的最大剪应力,此时

$$\tau_c = c' \tag{6-17}$$

抗剪断强度试验常用于混凝土与基岩的接触面或完整岩石。摩擦试验则常用于含有节理裂隙等软弱结构面的岩体或已滑动过的破裂面,如滑坡的滑动面。抗切强度用于求岩石的 c' 值及某些岩石边坡稳定性的计算。

4. 岩石的点荷载强度

岩石的点荷载强度由点荷载强度试验确定。试验方法:将岩心试件置于点荷载仪上下一对球端圆锥之间,施加集中荷载直至破坏。试件可用钻孔岩心或从岩石露头、勘探坑槽、平洞、巷道中央采取的岩块。按下式计算岩石的点荷载强度:

$$I_s = \frac{P}{D_e^2} \tag{6-18}$$

式中:I_s——未经修正的岩石点荷载强度,MPa;

P——破坏荷载,N;

D_e——等价岩石直径,mm。

国际岩石力学学会(ISRM)将直径为 50 mm 的圆柱体试件径向加载点荷载试验的强度

指标值 $I_{s(50)}$ 确定为标准试验值。其他尺寸试件的试验结果均需据一定的公式进行修正。岩石点荷载强度指数 $I_{s(50)}$ 的一个重要应用是用于换算岩石的饱和单轴抗压强度。《工程岩体分级标准》(GB/T 50218—2014)推荐的换算公式为

$$R_c = 22.82 I_{s(50)}^{0.75} \tag{6-19}$$

6.2.2 岩石的变形特性

在工程上,岩石的变形特性主要指岩石在荷载的作用下所发生的形状及体积改变。随着荷载的不断增加,或在恒定荷载作用下,随时间的增长,岩石变形逐渐增大,最终导致岩石破坏。

1. 岩石的变形性质

岩石的变形有弹性变形、塑性变形和黏性变形三种。

(1)弹性变形

岩石在外力作用下发生变形,当外力撤去后又恢复其原有的形状及体积的性质称为弹性。外力撤去后能够恢复的变形称为弹性变形。

(2)塑性变形

岩石在超过其屈服极限的外力作用下发生变形,当外力撤去后不能完全恢复其原有的形状及体积的性质称为塑性。外力撤去后不能恢复的变形称为塑性变形。

(3)黏性变形

岩石在外力作用下的变形不能在瞬间完成,并且应变速率 $d\varepsilon/dt$ 是应力 σ 的函数。也可以说,随着应变速率 $d\varepsilon/dt$ 增大,应力 σ 也上升,而当外力撤去后不能恢复其原有形状及体积,这种变形性质称为黏性。所发生的具有黏性性质的变形称为黏性变形。

2. 单轴压缩条件下岩石的变形特征

根据图 6-3 所示的岩石应力—应变关系曲线,可以将岩石在单轴压力作用下的变形全过程划分为五个变形阶段,分述如下。

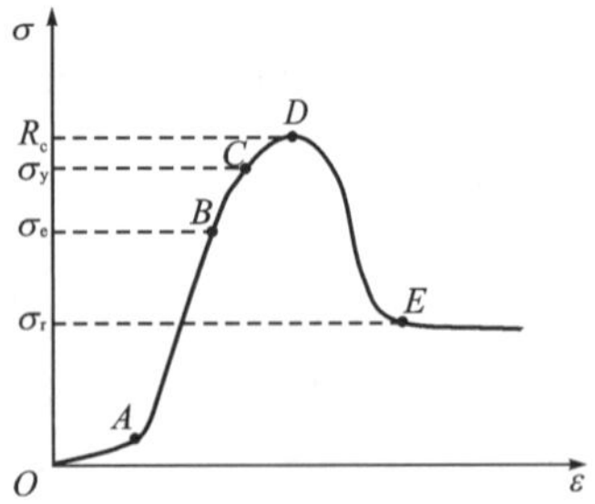

图 6-3 岩石在单轴压力作用下的应力—应变关系曲线

第一变形阶段为图 6-3 中 *OA* 段曲线,属于微裂隙压密阶段,岩石中的微裂隙在压力作用下逐渐被压密,因而岩石的应力—应变曲线呈上凹形,斜率随应力增加而增大。

第二变形阶段为图 6-3 中 *AB* 段曲线,属于弹性变形阶段,岩石中的微裂隙进一步闭合及压密,孔隙被压缩,因而岩石的应力—应变曲线为典型的直线形式。曲线上 *B* 点所对应的应力 σ_e 为弹性极限强度或比例极限。

第三变形阶段为图 6-3 中 *BC* 段曲线,属于初级膨胀阶段,岩石的应力—应变曲线为略向下凹的曲线。该曲线上 *C* 点所对应的应力 σ_y 为屈服极限。这时岩石压密至最密实状态。

第四变形阶段为图 6-3 中 *CD* 段曲线,属于破坏阶段,岩石的应力—应变曲线为较平缓的向下凹的曲线。曲线上 *D* 点所对应的应力 R_c 为峰值强度或单轴极限抗压强度,反映微裂

隙迅速增加、不断扩展,形成局部拉裂或剪切面,最终导致岩石结构完全破坏。

第五变形阶段为图6-3中 *DE* 段曲线,属于峰值后的变形与破坏阶段。曲线上 *E* 点所对应的应力 σ_r 为残余强度,反映岩石在达到峰值强度后,并不是完全丧失承载能力,而是保持较小的数值。

3. 岩石的变形指标

岩石在每一级压力 σ 下的应变 ε 可以分为弹性应变 ε_e 和残余应变 ε_p 两部分。变形模量 E_0 和弹性模量 E_e 是表征岩石变形的重要参数,表达式为

$$E_0 = \frac{\sigma}{\varepsilon_p + \varepsilon_e} \tag{6-20}$$

$$E_e = \frac{\sigma}{\varepsilon_e} \tag{6-21}$$

岩石的径向应变 ε_d 与轴向应变 ε_h 的比值称为泊松比 μ,即

$$\mu = \frac{\varepsilon_d}{\varepsilon_h} \tag{6-22}$$

4. 常见岩石的主要物理力学性质指标

常见岩石的主要物理力学性质指标见表6-1。

表6-1　常见岩石的主要物理力学性质指标

岩石名称	岩石颗粒密度(g/cm³)	重度(kN/m³)	孔隙率(%)	吸水率(%)	抗压强度(MPa)	软化系数	弹性模量(GPa)	等效内摩擦角(°)
花岗岩	2.50~2.84	22.6~27.5	0.04~3.5	0.1~0.7	110~210	0.72~0.95	33~69	28~37
闪长岩	2.60~3.10	24.7~29.0	0.2~3.0	0.11~0.4	150~270	0.60~0.90	22~114	28~35
辉绿岩	2.60~3.10	24.8~29.1	0.3~6.38	0.2~5.0	123~287	0.60~0.90	69~79	34~42
流纹岩	2.50~2.73	25.5~26.0	0.9~2.3	0.14~1.97	120~250	0.75~0.95	22~114	27~35
安山岩	2.60~2.80	22.6~27.0	1.1~4.15	0.3~4.5	110~240	0.75~0.91	20~106	27~40
玄武岩	2.60~3.10	24.8~30.4	0.35~3.0	0.3~2.8	110~200	0.80~0.95	34~106	29~36
凝灰岩	2.56~2.78	22.9~25.0	1.5~7.5	0.5~7.5	100~250	0.52~0.86	22~114	24~35
砾岩	2.67~2.71	24.0~26.6	0.4~10.0	0.3~2.4	40~200	0.5~0.96	10~114	33~39
砂岩	2.60~2.75	21.6~27.1	1.0~20.0	0.2~9.0	20~180	0.21~0.97	13~54	25~39
页岩	2.57~2.77	22.6~26.5	0.4~7.6	0.5~6.0	10~100	0.24~0.74	10~35	19~28
石灰岩	2.48~2.85	23.0~27.2	0.5~3.5	0.1~4.5	70~160	0.70~0.90	10~80	28~35
泥灰岩	2.70~2.80	23.0~27.0	1.0~10.0	0.5~8.2	35~60	0.44~0.54	13~53	19~32
板岩	2.68~2.81	22.7~27.0	6.3~13.5	0.5~0.82	60~200	0.39~0.79	22~34	27~40
千枚岩	2.71~2.96	26.6~28.0	0.4~3.6	0.5~0.8	30~140	0.67~0.96	22~34	26~54
片岩	2.72~3.02	26.3~28.6	0.7~3.0	0.1~0.6	60~220	0.70~0.93	2~80	27~48
片麻岩	2.69~2.82	26.0~27.4	0.7~2.2	0.1~0.7	80~180	0.75~0.97	15~70	33~43
石英岩	2.70~2.75	26.0~27.0	0.1~2.8	0.1~0.4	150~240	0.94~0.96	45~142	32~60

6.3 岩体的结构特征

岩体是指地质历史过程中形成的,由岩块和结构面网络组成的,具有一定的结构并赋存于一定的天然应力状态和地下水等地质环境中的地质体。在岩体内存在的不同成因、不同特性的物质分异面和不连续面统称为结构面。被各种结构面切割而成的形态不一、大小不等、成分各异的岩石块体称为结构体。

影响岩体力学性质的基本因素有结构体(岩块)力学性质、结构面力学性质、岩体结构力学效应和环境因素(特别是水和地应力的作用)。结构体(岩块)是岩体的基本组成部分。结构面是岩体力学强度相对薄弱的部分,它导致岩体力学性能的不连续性、不均匀性和各向异性。岩体在工程荷载作用下的变形与破坏,主要受各种结构面的性质及其组合形式的控制。

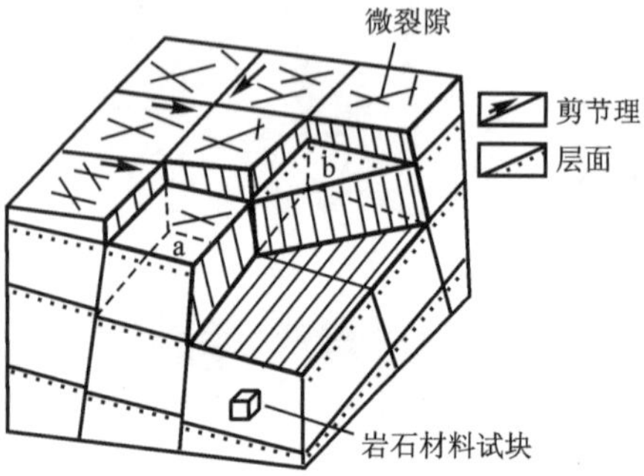

图 6-4 岩石结构示意图

a—方块状结构体 b—三棱柱状结构体

岩体的结构特征就是岩体中结构面、结构体的形状、规模、性质及其组合关系的特征。图 6-4 表示了结构面和结构体的相互关系。

6.3.1 结构面的成因类型

据地质成因,结构面可分为原生的、构造的和次生的三大类。

1. 原生结构面

原生结构面是在岩石成岩过程中形成的,有以下三类。

(1)沉积结构面

沉积岩的层理、层面、沉积间断面及沉积软弱夹层等都属于沉积结构面。沉积结构面一般延伸性较强,在海相沉积岩中分布尤为稳定。一般层理和层面的强度不一定很低,但由于构造作用产生的层间错动或后期的风化作用会降低其强度。沉积间断面包括假整合面和角度不整合面,常构成一个形态多变的软弱带。

对岩体稳定影响最显著的是沉积软弱夹层,因为它们的力学强度低,遇水易软化,最容易引起滑动。在后期构造运动及地下水的作用下,易成为泥化夹层,对工程岩体稳定性的威胁更大。

(2)火成结构面

火成结构面指岩浆侵入、喷溢及冷凝过程中形成的结构面,如流层、流线、原生节理、侵入体与围岩的接触面(蚀变带、挤压破碎带)及岩浆间歇喷溢所形成的软弱接触面等。

(3)变质结构面

变质结构面可分为残留的变余结构面和变成的重结晶结构面两种。前者为沉积岩浅变质所具有,层面仍保留,但在层面上有绢云母、绿泥石等鳞片状矿物密集并呈定向排列。重结晶结构面主要有板理、片理和片麻理等,由于片状或柱状矿物富集并高度定向排列,对岩体特性常起控制性作用。

由于变质岩中的薄层云母片岩、绿泥石片岩和滑石片岩等片理发育、岩性软弱、易于风化,常构成相对的软弱夹层。

2. 构造结构面

构造结构面包括节理、劈理、断层、层间剪切带等。这类结构面除已胶结者外,绝大部分都是开裂的。其中的断层及由于层间错动所造成的层间剪切带,规模大,并充填有厚度不等、性质各异的充填物,有的已泥化,其工程地质性质很差。节理、劈理等一般无充填或有厚度较薄的充填,它们主要影响岩体的完整性及力学性质。

3. 次生结构面

次生结构面主要是由风化、卸荷及地下水等所形成的结构面,包括风化裂隙、卸荷裂隙和次生充填软弱夹层等,其共同特点是只分布在地表或地表以下数千米的范围内。风化裂隙一般呈无序状、连续性不强,并多为碎屑或泥质充填。风化有时还沿原生或构造结构面发育,可形成风化夹层、风化槽或风化囊等。卸荷裂隙是由于岩体受到剥蚀或人工开挖,引起垂直方向卸荷和水平应力释放所形成的破裂面,如在河谷斜坡上发育的顺坡向裂隙及谷底的近水平向裂隙等。次生充填软弱夹层,主要是由流水或重力搬运的黏土物质充填在已有裂隙中形成的泥化夹层。

6.3.2　结构面的特征

结构面的规模、形态、密集程度、连通性、胶结及充填情况等方面的特征是影响结构面强度及其他性能的重要因素。

(1)规模

结构面的规模大小相差悬殊。规模大者可延展数十千米,宽度可达数十米。规模小者延展仅数厘米,甚至可以是很微小的不连续裂隙。

结构面的相对规模更有实用意义,综合考虑结构面的绝对延展长度和工程结构尺寸,可对结构面进行相对规模分类,一般分为细小的、中等的和大型的。

(2)方位

方位是指结构面的产状。

(3)间距

间距是指同组相邻结构面间的垂直距离,通常是指一组结构面的平均间距。它是反映岩体完整程度和岩块大小的重要指标。节理间距分级情况见表6-2。反映结构面密集程度的另一指标是单位长度上的结构面条数,即线密度。它与结构面间距互为倒数。

表6-2　节理发育程度划分表

节理发育程度	不发育	较发育	发育	很发育	
岩体完整性	完整	较完整	较破碎	破碎	极破碎
平均节理间距(m)	>1	0.4~1	0.2~0.4	≤0.2	无序
节理线密度(条/m)	0~1	1~3	3~5	≥5	

(4)延续性

延续性(或贯通性)是表征结构面延伸长度和展布范围的指标。按结构面的贯通情况,可将结构面分为非贯通性结构面、半贯通性结构面和贯通性结构面。

(5)粗糙度

结构面的平整光滑程度不同,抗剪强度也不同。结构面的起伏形态有平直状的、波状的、锯齿状的、台阶状的和不规则状的几种。

粗糙度指结构面表面局部的粗糙程度,通常分为极粗糙的、粗糙的、一般的、平滑的、镜面的五个等级。

(6)结构面侧壁强度

结构面侧壁强度可以反映结构面经受风化的程度。

(7)张开度

张开度指结构面两壁间的垂直距离。结构面的张开度通常不大,一般小于1 mm。通常将张开度分成以下四级:闭合的(小于0.2 mm)、微张的(0.2~1.0 mm)、张开的(1.0~5.0 mm)、宽张的(大于5.0 mm)。张开的结构面使岩体具有较大的压缩性和透水性。

(8)充填物

结构面内常见的充填物有砂、黏土、角砾、岩屑及硅质、钙质、石膏质沉淀物。结构面经胶结后强度会提高,其中以铁或硅质胶结者强度最高,泥质及易溶盐类胶结者强度低、抗水性差。未胶结的充填物强度低,充填物厚度不同时,结构面的变形与强度也不同。

(9)节理组数

节理组数的多少决定了岩石块体的大小及岩体的结构类别。

(10)块体大小

由数组结构面切割而成的岩石块体一般称为结构体。严格说来,结构体已不属于结构面的特征。结构体的形状非常复杂,基本形状有块状、柱状、板状、菱形、楔形及锥形等六种。

定量表示块体大小的指标有体积节理数等。体积节理数 J_v 是单位体积通过的总节理数(裂隙数/m^3)。根据体积节理数,可对块体大小进行分类,见表6-3。

表6-3 岩石块体大小分类

块体描述	巨型块体	大块体	中等块体	小块体	碎块体
体积节理数 J_v(裂隙数/m^3)	<1	1~3	3~10	10~30	>30

6.3.3 岩体结构类型

为了概括岩体的力学特性及评价岩体稳定性,可以根据结构面对岩体的切割程度及结构体的组合形式,将岩体划分成整体状结构、块状结构、层状结构、碎裂状结构及散体状结构等五种类型(图6-5)。

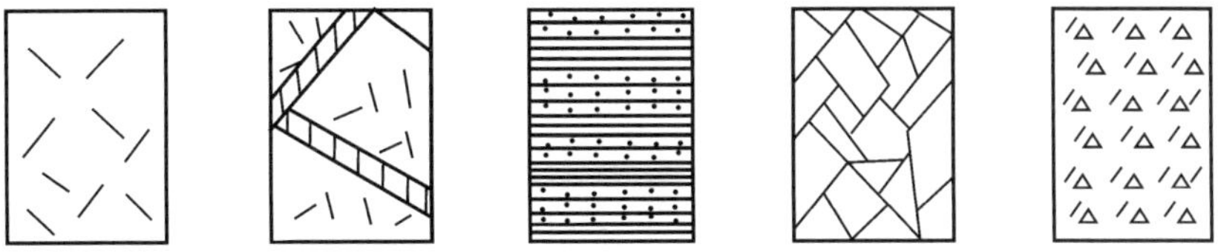

(a)　(b)　(c)　(d)　(e)

图 6-5　岩体结构类型

(a)整体状结构　(b)块状结构　(c)层状结构　(d)碎裂状结构　(e)散体状结构

据《岩土工程勘察规范》(GB 50021—2001,2009 年版),岩体结构类型特征如表 6-4 所示。

表 6-4　岩体结构类型特征

岩体结构类型	岩体地质类型	结构体形状	结构面发育情况	岩土工程特征	可能发生的岩土工程问题
整体状结构	巨块状岩浆岩和变质岩,巨厚层沉积岩	巨块状	以层面和原生、构造节理为主,多呈闭合型,间距大于 1.5 m,一般为 1 ~ 2 组,无危险结构体	岩体稳定,可视为均质弹性各向同性体	局部滑动或坍塌,深埋洞室的岩爆
块状结构	厚层状沉积岩、块状岩浆岩和变质岩	块状 柱状	有少量贯穿性节理裂隙,结构面间距 0.7 ~ 1.5 m,一般为 2 ~ 3 组,有少量分离体	结构面互相牵制,岩体基本稳定,接近弹性各向同性体	
层状结构	多韵律薄层、中厚层状沉积岩,副变质岩	层状 板状	有层理、片理、节理,常有层间错动	变形和强度受层面控制,可视为各向异性弹塑性体,稳定性较差	可沿结构面滑塌,软岩可产生塑性变形
碎裂状结构	构造影响严重的破碎岩层	碎块状	断层、节理、片理、层理发育,结构面间距 0.25 ~ 0.50 m,一般为 3 组以上,有许多分离体	整体强度很低,并受软弱结构面控制,呈弹塑性体,稳定性很差	易发生规模较大的岩体失稳,地下水加剧失稳
散体状结构	断层破碎带,强风化及全风化带	碎屑状	构造和风化裂隙密集,结构面错综复杂,多充填黏性土,形成无序小块和碎屑	完整性遭极大破坏,稳定性极差,接近松散体介质	

6.4 工程岩体分级

6.4.1 工程岩体分级的目的

在工程建设的各阶段(规划、勘察、设计和施工)中,正确、及时地对工程建设涉及的岩体稳定性做出评价,是经济合理地进行岩体开挖和加固支护设计、快速安全施工以及建筑物安全运行必不可少的条件。质量高、稳定性好的岩体,不需要或只需要很少的加固支护措施,并且施工安全、简便。质量差、稳定性不好的岩体,需要复杂、昂贵的加固支护等处理措施,常常在施工中发生预想不到的复杂情况。针对不同类型岩石工程的特点,根据影响岩体稳定性的各种地质条件和岩石物理力学特性,将工程岩体分成稳定程度不同的若干级别,以此标尺作为评价稳定性的依据,是岩体稳定性评价的一种简易快速的方法。

6.4.2 工程岩体分级的原则

国内外现有的各种岩体分级方法,或是定性或是定量,或是定性与定量相结合,且多以前两种方法为主。定性分级是在现场对影响岩体质量的诸因素进行鉴别、判断,或对某些指标做出评判、打分,可以从全局上去把握,充分利用工程实践经验。但这一方法经验的成分较多,有一定人为因素和不确定性。定量分级是依据对岩体(或岩石)性质进行测试的数据,经计算获得岩体质量指标,能够建立确定的量的概念。但由于岩体性质和存在条件十分复杂,分级时仅用少数参数和某个数学公式难以全面、准确地概括所有情况,实际工作中测试数量总是有限的,抽样的代表性也受操作者的经验所局限。采用定性与定量相结合的分级方法,在分级时,同时进行定性与定量评价且对比检验,最后综合评定级别,这样可以提高分级方法的准确性和可靠性。代表性的分类方案为《工程岩体分级标准》(GB/T 50218—2014)。

6.4.3 《岩土工程勘察规范》(GB 50021—2001,2009 年版)中的工程岩体分级方案

1. **岩石坚硬程度分类**

岩石坚硬程度分类见表6-5。

表6-5 岩石坚硬程度分类

坚硬程度	坚硬岩	较硬岩	较软岩	软岩	极软岩
饱和单轴抗压强度(MPa)	$R_c>60$	$60\geq R_c>30$	$30\geq R_c>15$	$15\geq R_c>5$	$R_c\leq 5$

注:①当无法取得饱和单轴抗压强度数据时,可用点荷载试验强度换算,换算方法按照现行国家标准《工程岩体分级标准》(GB/T 50218—2014)执行。

②当岩体完整程度为极破碎时,可不进行坚硬程度分类。

2. **岩体完整程度分类**

岩体完整程度分类见表6-6。

表6-6　岩体完整程度分类

完整程度	完整	较完整	较破碎	破碎	极破碎
完整性指数 K_v	>0.75	0.55~0.75	0.35~0.55	0.15~0.35	<0.15

注:完整性指数 K_v 为岩体压缩波速度与岩块压缩波速度之比的平方,选定岩体和岩块测定波速时,应注意其代表性。

3. **岩体基本质量等级分类**

岩体基本质量等级分类见表6-7。

表6-7　岩体基本质量等级分类

坚硬程度 \ 完整程度	完整	较完整	较破碎	破碎	极破碎
坚硬岩	Ⅰ	Ⅱ	Ⅲ	Ⅳ	Ⅴ
较硬岩	Ⅱ	Ⅲ	Ⅳ	Ⅳ	Ⅴ
较软岩	Ⅲ	Ⅳ	Ⅳ	Ⅴ	Ⅴ
软岩	Ⅳ	Ⅳ	Ⅴ	Ⅴ	Ⅴ
极软岩	Ⅴ	Ⅴ	Ⅴ	Ⅴ	Ⅴ

4. **岩石质量指标 *RQD* 分类**

岩石质量指标 *RQD*(Rock Quality Designation)是采用外径为75 mm的双层岩心管钻进提取的直径为54 mm的岩心的修正的岩心采取率确定的。岩心采取率就是采取岩心长度与钻孔长度之比。而 *RQD* 是选用坚固完整的、长度等于或大于10 cm的岩心长度与钻孔进尺之比,并用百分数表示。根据岩石质量指标 *RQD*,可分为很好的($RQD>90$)、好的(RQD 为75~90)、一般的(RQD 为50~75)、差的(RQD 为25~50)和很差的($RQD<25$)。

当岩石具有特殊成分、特殊结构或特殊性质时,应定为特殊性岩石,如易溶性岩石、膨胀性岩石、崩解性岩石、盐渍化岩石等。

6.4.4　岩体基本质量分类

《工程岩体分级标准》(GB/T 50218—2014)采用定性与定量相结合的分级方法。岩体分级的基本因素只有岩石作为材料的属性——岩石坚硬程度和岩石作为地质体的属性——岩体完整程度,即将它们作为衡量各种类型工程岩体稳定性的基本尺度。

至于其他影响岩体质量和稳定性的属性以及岩体存在的环境条件影响,如结构面的方向和组合、岩体初始应力、地下水状态等则作为考虑各类型工程岩体个性的修正因素,用于为各具体类型的工程岩体作进一步的定级。

在确定了岩石的坚硬程度、岩体完整程度之后，按定量划分方法确定的参数计算岩体基本质量指标(BQ)。其计算公式如下：

$$BQ = 100 + 3R_c + 250K_v \tag{6-23}$$

采用上式计算 BQ 值时，应注意对 R_c、K_v 的两个限制条件：当 $R_c > 90K_v + 30$ 时，应以 $R_c = 90K_v + 30$ 和 K_v 代入式(6-23)计算 BQ 值；当 $K_v > 0.04R_c + 0.4$ 时，应以 $K_v = 0.04R_c + 0.4$ 和 R_c 代入式(6-23)计算 BQ 值。很明显，前一限制条件是对强度大而完整性较差的岩体的调整，而后者是对完整性较好但强度较差的岩体的一种限制，使分级更合理地反映这两类岩体对稳定性的影响。

在此基础上可按表 6-8 确定被划分岩体的基本质量级别。

岩体基本质量分类的应用有：确定地基工程各级别岩体基岩承载力基本值，确定岩体物理力学参数，并可根据两侧岩石的坚硬程度及结构面的结合程度，确定岩体结构面抗剪断峰值强度参数。

表 6-8 岩体基本质量分级

基本质量级别	岩体基本质量的定性特征	岩体基本质量指标(BQ)
Ⅰ	坚硬岩，岩体完整	>550
Ⅱ	坚硬岩，岩体较完整 较坚硬岩，岩体完整	451 ~ 550
Ⅲ	坚硬岩，岩体较破碎 较坚硬岩，岩体较完整 较软岩，岩体完整	351 ~ 450
Ⅳ	坚硬岩，岩体破碎 较坚硬岩，岩体较破碎 ~ 破碎 较软岩，岩体较完整 ~ 较破碎 软岩，岩体完整 ~ 较完整	251 ~ 350
Ⅴ	较软岩，岩体破碎 软岩，岩体较破碎 ~ 破碎 全部极软岩及全部极破碎岩	<250

表 6-8 确定的岩体基本质量级别可作为工程岩体初步定级时的岩体级别。对工程岩体进行详细定级时，应在岩体基本质量分级的基础上，结合不同类型工程的特点，根据地下水状态、初始应力状态、工程轴线或工程走向线的方位与主要结构面产状的组合关系等修正因素，确定各类工程岩体质量指标，参见 8.3.1 节。

6.4.5 其他工程岩体分类代表性方案

20 世纪 70 年代以来，国内外提出了许多工程岩体的分类方法，其中影响较大的有 RMR 系统、RSR 系统、Q 系统和 Z 系统(表 6-9)。

表6-9 工程岩体分类代表性方案

分级方案	计算公式	参数	等级划分
RMR系统	$RMR=A+B+C+D+E+F$ (T. Bieniawski,1973)	A——岩石强度,分数0~15 B——RQD(岩石质量指标),分数3~20 C——不连续面间距(0.06~2 m),分数5~20 D——不连续面性状(粗糙到夹泥),分数0~30 E——地下水条件(干燥到流动),分数0~15 F——不连续面产状条件(很好到很差),分数0~-12	Ⅰ很好 RMR为81~100 Ⅱ好 RMR为61~80 Ⅲ一般 RMR为41~60 Ⅳ差 RMR为21~40 Ⅴ很差 $RMR\leqslant 20$
RSR系统	$RSR=A+B+C$ (G. E. Wickham,1974)	A——地质(岩石类型:按三大岩类由硬质到破碎划为4个等级;地质构造由整体到强烈断裂或褶皱分为4个等级),分数6~30 B——节理裂隙特征(按整体到极密集分为6个等级,按走向、控制节理倾角与掘进方向关系折减),分数7~45 C——地下水(无至大量涌水量),基于$A+B$数值,分数6~25	RSR变化范围为25~100
Q系统	$Q=(RQD/J_n)(J_r/J_a)(J_w/SRF)$ (Barton,1974)	RQD——岩石质量指标,0~100 J_n——裂隙组数(无到碎裂),0.5~20 J_r——裂隙粗糙度(粗糙到镜面),0.5~4 J_a——裂隙蚀变系数(新鲜到蚀变夹泥),0.75~20 J_w——裂隙水折减系数(干燥到特大水流),0.05~1 SRF——应力折减系数(高应力状态趋于流动的岩石到接近地表的坚固岩石),2.5~20	特好 Q为400~1 000 极好 Q为100~400 很好 Q为40~100 好 Q为10~40 一般 Q为4~10 差 Q为1~4 很差 Q为0.1~1 极差 Q为0.01~0.1 特差 Q为0.001~0.01
Z系统	$Z=I\cdot f\cdot R$ (谷德振,1979)	I——完整性系数,$I=(v_m/v_r)^2$,v_m为岩体中纵波波速,v_r为岩石中纵波波速 f——结构面抗剪强度系数 R——岩石坚固系数,$R=[\sigma_{湿}]/100$,$[\sigma_{湿}]$为岩石湿单轴抗压强度	Z的变化范围为0.01~20

6.5 土的工程分类及性质

土是经过各种地质作用形成的松散堆积物,是由固体颗粒(固相)、水(液相)和气体(气相)组成的三相体系。

6.5.1 土的工程分类

1. 按沉积年代分类

土按沉积年代可划分为：①老沉积土，指第四纪晚更新世 Q_3 及其以前沉积的土，一般呈超固结状态，具有较高的结构强度；②一般沉积土，指第四纪全新世早期沉积的土；③新近沉积土，指第四纪中、晚期沉积的土，一般呈欠压密状态，结构强度较低。

2. 根据地质成因分类

根据地质成因，将土分为残积土、坡积土、洪积土、冲积土、淤积土、冰积土和风积土等。

3. 根据颗粒级配和塑性指数分类

根据颗粒级配和塑性指数，将土分为碎石土、砂土、粉土和黏性土。粒径大于 2 mm 的颗粒含量超过全重 50% 的土称为碎石土；粒径大于 2 mm 的颗粒含量不超过全重 50%，且粒径大于 0.075 mm 的颗粒含量超过全重 50% 的土称为砂土；粒径大于 0.075 mm 的颗粒含量不超过全重 50%，且塑性指数小于或等于 10 的土称为粉土；塑性指数大于 10 的土称为黏性土。碎石土和砂土根据颗粒级配可进行进一步分类，如表 6-10 所示。黏性土根据塑性指数 I_P 可进一步分为粉质黏土（$10 < I_P \leqslant 17$）和黏土（$I_P > 17$）两类。

表 6-10 碎石土和砂土分类表

土的名称		粒组含量
碎石土	漂石及块石土	粒径大于 200 mm 的颗粒含量超过全重 50%
	卵石及碎石土	粒径大于 20 mm 的颗粒含量超过全重 50%
	圆砾及角砾土	粒径大于 2 mm 的颗粒含量超过全重 50%
砂土	砾砂土	粒径大于 2 mm 的颗粒含量占全重 25% ~50%
	粗砂土	粒径大于 0.5 mm 的颗粒含量超过全重 50%
	中砂土	粒径大于 0.25 mm 的颗粒含量超过全重 50%
	细砂土	粒径大于 0.075 mm 的颗粒含量超过全重 85%
	粉砂土	粒径大于 0.075 mm 的颗粒含量超过全重 50%

注：分类时应根据粒组含量栏从上到下以最先符合者确定。

4. 特殊土

具有一定分布区域或工程意义上具有特殊成分、状态和结构特征的土称为特殊土。特殊土可分为黄土、红黏土、软土（包括淤泥和淤泥质土）、冻土、膨胀土、盐渍土、人工填土等。

6.5.2 一般土的工程性质

1. 碎石类土

碎石类土主要由岩石碎屑或石英、长石等原生矿物组成，颗粒粗大，呈单粒结构，具有孔隙大、透水性强、压缩性低、抗剪强度大等特点。但它的工程性质与黏粒的含量及孔隙中充填物的性质和数量有关。典型的流水沉积的碎石类土的分选性好，孔隙中充填少量砂粒，透水性很强，压缩性很低，抗剪强度很高。基岩风化碎石土和山坡堆积碎石类土的分选较差，孔隙中充填大量砂粒、黏粒等细小颗粒，透水性相对较弱，抗剪强度相对较低，压缩性稍大。总的来说，碎石类土一般构成良好地基。但由于透水性强，常存在基坑涌水量较大、边坡坍塌、失稳等工程地质问题。碎石类土也是较好的混凝土粗骨料和铺路材料。

2. 砂类土

砂类土主要由石英、长石、云母等原生矿物组成。一般呈单粒结构，并有透水性强、压缩性低、压缩速度快、抗剪强度较高等特点。这些性质均与砂粒大小和密度有关。通常，粗、中砂土的上述特性明显，且一般构成良好地基，为较好的建筑材料，但可能产生涌水或渗漏等工程地质问题。粉、细砂土的工程性质相对较差，特别是饱水粉、细砂土受振动后易产生液化，开挖基坑时也易产生流砂，这些都会危及建筑物的安全。

3. 黏性土

黏性土中黏粒含量较多，常含亲水性较强的黏土矿物，呈絮状结构，具结合水连接，有时为胶结连接，孔隙微小而多。常因含水量不同呈固态、塑态和流态等不同稠度状态，压缩速度缓慢且压缩量大，抗剪强度主要取决于凝聚力，内摩擦角较小。

黏性土的工程性质主要取决于连接和密实度，即与黏粒含量、稠度、孔隙比有关。常因黏粒含量增多，黏性土的塑性、胀缩性、透水性、压缩性和抗剪强度等有明显变化。从粉质黏土到黏土，其塑性指数、胀缩量、凝聚力逐渐增大，而渗透系数和内摩擦角则逐渐减小。稠度状态对黏性土的工程性质影响很大，呈流态和软塑态的土，有较高的压缩性和较低的抗剪强度；而固态或硬塑态的土，压缩性较低，抗剪强度较高。黏性土是工程上常用的材料。

4. 粉土

粉土分为砂质粉土（$3 < I_P \leqslant 7$）和黏质粉土（$7 < I_P \leqslant 10$）两类。前者性质更接近于粉细砂土，后者更接近于黏性土。对这些土，应考虑是否存在粉细砂问题，能否出现液化、流砂等现象。

6.6　特殊土

6.6.1　黄土

1. 黄土的基本特征

黄土是第四纪以来在干旱及半干旱地区形成的一种特殊土，在我国西北及华北地区等地广泛发育。其基本特征：①颜色为淡黄、棕褐或灰黄色；②质地均一，颗粒组成以粉粒（粒径为 0.005 ~ 0.075 mm）为主，含量一般为 50% ~ 75%，几乎没有大于 0.25 mm 的颗粒；③富含碳酸钙，含量为 10% ~ 30%，且常形成钙质结核；④具有多孔性，一般有肉眼可见的大孔隙、虫孔等，孔隙比较大，一般为 0.7 ~ 1.1；⑤一般无层理，具柱状节理，垂直节理发育，天然条件下，稳定边坡近于直立；⑥被水浸湿后土体显著沉陷，具有湿陷性。

具以上全部特征的称为黄土，具部分特征的称为黄土质土或黄土状土。一般认为风积成因的黄土，不具有层理，称为原生黄土。原生黄土经再次搬运而堆积，具有层理，形成黄土质（状）土，称为次生黄土。

我国黄土的形成经历了地质时代中的整个第四纪时期，黄土地层的划分如表 6-11 所示。

表 6-11　黄土地层的划分

<table>
<tr><th colspan="2">地质年代</th><th colspan="2">黄土名称</th><th colspan="2">成因</th><th>湿陷性特征</th></tr>
<tr><td rowspan="2">全新世 Q_4</td><td>近期 Q_4^2</td><td rowspan="3">新黄土</td><td>新近堆积黄土</td><td rowspan="2">次生黄土</td><td rowspan="2">以水成为主</td><td>强湿陷性</td></tr>
<tr><td>早期 Q_4^1</td><td>黄土状土</td><td rowspan="2">一般具有湿陷性</td></tr>
<tr><td colspan="2">晚更新世 Q_3</td><td>马兰黄土</td><td rowspan="3">原生黄土</td><td rowspan="3">以风成为主</td></tr>
<tr><td colspan="2">中更新世 Q_2</td><td rowspan="2">老黄土</td><td>离石黄土</td><td>上部部分土层具有湿陷性</td></tr>
<tr><td colspan="2">早更新世 Q_1</td><td>午城黄土</td><td>不具有湿陷性</td></tr>
</table>

注：①测定黄土湿陷性的试验压力为 200 ~ 300 kPa。

②深层离石黄土（Q_2）在大压力（超过 300 kPa）作用下有时会呈现湿陷性。

2. 黄土的成因

黄土按生成过程及特征可划分为风积、坡积、残积、洪积、冲积等成因类型。风积黄土分布在黄土高原顶部和山坡上，厚度大，质地均匀，无层理。坡积黄土多分布在黄土塬、梁、峁的坡脚及斜坡上，厚度不均，基岩出露区常夹有基岩碎屑。残积黄土多分布在基岩山地上部，由表黄土及基岩风化而成。洪积黄土主要分布在山间盆地和山前平原地带，一般有不规则的层理，土质不均一，夹透镜体，厚度不大。冲积黄土主要分布在大河的阶地上，如黄河及其支流的阶地上。阶地越高，黄土厚度越大，有明显层理，土质不甚均一，夹有粉砂、黏土、砂卵石等薄层，大河阶地下部常有厚数米及数十米的砂卵石层。

3. 黄土的湿陷性

黄土的湿陷性是天然黄土受水浸湿后，在自重压力或附加压力与自重压力共同作用下产生的急剧而显著的下沉。

黄土的湿陷性以及湿陷性的强弱程度是黄土地区工程地质条件评价的主要内容。黄土湿陷性的判别与评价可用定量指标衡量。湿陷系数 δ_s 是室内浸水压缩试验测得的黄土在某种规定压力下由于浸水而产生的湿陷量与土样原始高度的比值。《湿陷性黄土地区建筑规范》（GB 50025—2004）规定，当黄土的 $\delta_s < 0.015$ 时，应定为非湿陷性黄土；当 $\delta_s \geq 0.015$ 时，则定为湿陷性黄土。在判定为湿陷性黄土后，尚需进一步确定湿陷的类型。黄土的湿陷可分为自重湿陷与非自重湿陷两类。前者是指黄土在没有外荷载的作用下，浸湿后会迅速发生剧烈的湿陷；后者则是指黄土需在一定的外荷载的作用下，浸水后才发生湿陷。黄土样在与其饱和自重压力相等的压力作用下测得的湿陷系数称为自重湿陷系数 δ_{zs}。在工程勘察中应按实测或计算自重湿陷量确定建筑场地的湿陷类型。当自重湿陷量小于或等于 7 cm 时，应定为非自重湿陷性黄土场地；当自重湿陷量大于 7 cm 时，应定为自重湿陷性黄土场地。应注意的是，进行自重湿陷量计算时，计算深度内，自重湿陷系数 $\delta_{zs} < 0.015$ 的土层不应累计。然后根据场地类型，计算自重湿陷量及总湿陷量，确定黄土地基的湿陷等级，从轻微到很严重分为Ⅰ ~ Ⅳ级。

黄土的湿陷一般总是在一定的压力下才能发生，低于这个压力时，黄土浸水不会发生显著湿陷。这个开始出现明显湿陷的压力，称为湿陷起始压力，指湿陷性黄土的湿陷系数达到0.015时的最小湿陷压力。这是一个很有使用价值的指标。在工程设计中，若能控制黄土所受的各种荷载不超过起始压力，则可避免湿陷。黄土湿陷性的强弱与黄土中的黏粒含量多少、天然含水量的高低及密实度的大小有关。

4. 湿陷性黄土的危害

湿陷性黄土因具有湿陷变形量大、速率快、变形不均匀等特征，往往使工程设施的地基产生大幅度的沉降或不均匀沉降，从而造成建筑物开裂、倾斜，甚至破坏。

(1)建筑物地基湿陷灾害

建筑物地基若为湿陷性黄土，在建筑物使用中因地表积水或管道、水池漏水而发生湿陷变形，加之建筑物的荷载作用，更加重了黄土的湿陷程度，常表现为湿陷速度快和非均匀性，使建筑物地基产生不均匀沉陷，破坏了建筑基础的稳定性及上部结构的完整性。

在湿陷性黄土分布区，尤其是黄土斜坡地带，经常遇到黄土陷穴。这种陷穴常使工程建筑遭受破坏，如引起房屋下沉开裂、铁路路基下沉等。由于陷穴的存在，可使地表水大量潜入路基和边坡，严重者导致路基坍滑。由于地下暗穴不易被发现，经常在工程建筑物刚刚完工交付使用时便突然发生倒塌事故。在湿陷性黄土区，铁路路基有时因暗穴而引起轨道悬空，造成行车事故。

(2)渠道湿陷变形灾害

黄土分布区一般气候比较干燥，为了进行农田灌溉、城市和工矿企业供水，常修建引水工程。但是，由于某些地区黄土具有显著的自重湿陷性，因此水渠的渗漏常引起渠道的严重湿陷变形，导致渠道破坏。

5. 湿陷性黄土的防治措施

在湿陷性黄土地区，虽然因湿陷而引发的灾害较多，但只要能对湿陷变形特征与规律进行正确的分析和评价，采取恰当的处理措施，湿陷便可以避免。

(1)防水措施

水的渗入是黄土湿陷的基本条件，因此只要能做到严格防水，湿陷事故是可以避免的。防水措施是为防止或减少建筑物地基受水浸湿而采取的措施。这类措施有平整场地，以保证地面排水通畅；做好室内地面防水设施和室外散水、排水沟，特别是开挖基坑时，要注意防止水的渗入；切实做到上下水道和暖气管道等用水设施不漏水等。

(2)地基处理措施

地基处理是对建筑物基础下一定深度内的湿陷性黄土层进行加固处理或换填非湿陷性土，达到消除湿陷性、减小压缩性和提高承载力的方法。在湿陷性黄土地区，通常采用的地基处理方法有重锤表层夯实法、强夯法、复合地基法、垫层法、挤密法、预浸水法、单液硅法或碱液加固法和桩基等。

6.6.2 膨胀土

1. 膨胀土的特征

膨胀土是一种富含亲水性黏土矿物,并且随含水量增减体积发生显著胀缩变形的高塑性黏土。其粒度组成中的黏粒(粒径小于0.002 mm)含量大于30%,液限w_L大于40%,塑性指数多数在21以上,黏土矿物主要是蒙脱石和伊利石,二者吸水后强烈膨胀,失水后收缩,长期反复多次胀缩,强度衰减,可能导致工程建筑物开裂、下沉、失稳破坏。膨胀土在全世界范围内分布广泛,我国是世界上膨胀土分布广、面积大的国家之一,20多个省、市、自治区都有分布。我国亚热带气候区的广西、云南等地的膨胀土,与其他地区相比,胀缩性强烈,形成时代自上新世(N_2)开始到晚更新世(Q_3),多为上更新统地层,成因有洪积、冲积、湖积、坡积、残积等,多分布在二级或二级以上阶地、山前丘陵和盆地边缘。

膨胀土的基本特征:多为灰白、棕黄、棕红及褐色等;土中黏粒含量高,常达35%以上,且黏粒中大部分为亲水性很强的蒙脱石和伊利石等黏土矿物,常含铁、锰或钙质结核;土中可溶盐及有机质含量都较低;天然状态下的膨胀土结构致密;土体常有大量网状裂隙,裂面有蜡状光泽的挤压面,所以膨胀土又称裂土。其工程特性:①含水量低,一般在20%左右,呈坚硬或硬塑状态;②孔隙比小,一般小于0.8,密度大,压缩性很低,且膨胀土具有超固结性;③以黏粒与粉粒为主,塑性高,塑限w_P一般为17%~35%,液限w_L一般为40%~68%,塑性指数I_P一般为18~23;④具有膨胀结构,胀缩强烈,自由膨胀率一般大于40%;⑤作为地基土,承载能力较高;⑥作为土坡,随着应力松弛、水的渗入,长期强度很低($\varphi=10°$,c很小),稳定坡度较小,一般小于12°。

2. 影响胀缩性的因素

影响胀缩性的主要因素有土的粒度成分和矿物成分、土的天然含水量和结构状态、水溶液介质等。黏粒含量越多,亲水性强的蒙脱石越多,土的膨胀性和收缩性就越大;天然含水量越小,失水收缩越小,但可能的吸水量越大,故膨胀率可能越大。同样成分的土,吸水膨胀率随天然孔隙比的增大而减小,收缩则相反。此外,外部条件和气候变化情况、场地排水条件及地下水位的变化等都直接影响土的胀缩变形。

3. 膨胀土的危害

膨胀土的胀缩特性对工程建筑,特别是低荷载建筑物具有很大的破坏性。只要地基中水分发生变化,就能引起膨胀土地基产生胀缩变形,从而导致建筑物变形,甚至破坏。

膨胀土地基的破坏作用主要源于明显而反复的胀缩变化。因此,膨胀土的性质和发育情况是决定膨胀土危害程度的基础条件。膨胀土厚度越大,埋藏越浅,危害越严重。它可使房屋等建筑物的地基发生变形而引起房屋沉陷开裂。有资料表明,在强胀缩土发育区,房屋破坏率可达60%~90%。另外,膨胀土对铁路、公路以及水利工程设施的危害也十分严重,常导致路基和路面变形、铁轨移动、路堑滑坡等,影响运输安全和水利工程的正常运行。

在膨胀土中开挖地下洞室,常见围岩底鼓、内挤、坍塌等变形现象,导致隧道衬砌变形破坏,地面隆起。膨胀土隧道围岩变形常具有速度快、破坏性大、延续时间长和整治困难等特点。

4. 膨胀土危害的防治措施

在膨胀土分布区进行工程建设时，应避免大挖大填，在建筑物四周要加大散水范围，在结构上设置圈梁；铁路、公路施工避免深长路堑，要少填少挖，路堤底部垫砂，路堑设置挡土墙或抗滑桩，边坡植草铺砂。所有工程设施附近都要修建坡面、坡脚排水设施，避免降雨、地表水、城镇废水的冲刷、汇集。

对于已受膨胀土破坏的工程设施则视具体情况，采用加固、拆除重建等措施进行治理。

(1)膨胀土地基的防治措施

为了防止由于膨胀土地基胀缩变形而引起的建筑物破坏，在城镇规划和建筑工程选址时，要进行充分的地质勘察，弄清膨胀土的分布范围、发育厚度、埋藏深度以及膨胀土的物理性质和水理性质，在此基础上合理规划建筑布局，尽可能避开膨胀土发育区。在难以找到非膨胀土工程场地时，尽可能选择地形简单、胀缩性相对较弱、厚度小而且地下水水位变化较小、容易排水、没有浅层滑坡和地裂缝的地段进行工程建设，以最大限度地减少膨胀土的危害。除对建筑物布置和基础设计采取措施外，最主要的是对膨胀土地基进行防治和加固。经常采用的措施有防水保湿措施和地基改良措施。

1)防水保湿措施　主要是指防止地表水下渗和土中水分蒸发，保持地基土湿度的稳定，从而控制膨胀土的胀缩变形。

2)地基改良措施　地基土改良可以有效消除或减小膨胀土的胀缩性，通常采用换土法或石灰加固法。

(2)膨胀土边坡变形的防治措施

一般情况下，膨胀土路堑边坡要求一坡到顶。在坡脚还应设置侧沟平台，防止滑体堵塞侧沟，同时采取坡面防水、坡面加固和支挡等措施。

此外，还有膨胀岩，它是指含有较多亲水矿物，含水率变化时发生较大体积变化的岩石，其具有遇水膨胀、软化、崩解和失水收缩、开裂的特性。

6.6.3　软土

1. 软土的特征

软土是在静水或水流缓慢的环境中沉积的，并有微生物参与，含有较多的有机质的疏松软弱的黏性土。其天然含水量大于液限，孔隙比 $e \geqslant 1.0$。当 $1.0 \leqslant e < 1.5$ 时称为淤泥质土；当 $e \geqslant 1.5$ 时称为淤泥。我国软土的分布广泛，主要位于沿海平原地带、内陆湖盆、洼地及河流两岸地区。我国软土成因类型主要有：①沿海沉积型（滨海相、潟湖相、溺谷相、三角洲相）；②内陆湖盆沉积型；③河滩沉积型；④沼泽沉积型。

我国的软土有下列特征：①软土的颜色多为灰绿、灰黑色，手摸有滑腻感，能染指，有机质含量高时有腥臭味；②软土的颗粒成分主要为黏粒及粉粒，黏粒含量高达60%～70%；③软土的矿物成分除粉粒中的石英、长石、云母外，黏土矿物主要是伊利石，高岭石次之，此外软土中常有一定量的有机质，可高达8%～9%；④软土具有典型的海绵状或蜂窝状结构；⑤软土具层理构造，软土、薄层粉砂、泥炭层等相互交替沉积或呈透镜体相间沉积，形成性质复杂的土体。

由于有上述这些特定的物质成分和结构、构造特点，软土具有以下工程特性。①孔隙比大，一般大于1；含水量高，一般为50%～70%；未受扰动时，处于软塑状态，但经扰动后，其结构破坏，处于流动状态。②透水性小，渗透系数 $k=i\times(10^{-8}\sim10^{-6})$ cm/s，压缩性大，压缩系数 $a=0.7\sim20$ MPa^{-1}，固结时间长。因常夹薄层粉细砂，其水平方向的渗透系数较大。③强度低，软土的不排水抗剪强度一般小于20 kPa。随含水量的增大，压缩性增加，强度降低。④有较显著的触变和蠕变特性，扰动后土的强度降低，但随着时间增长其强度能恢复的性能称为触变性，一般软土的灵敏度常为3～4；在一定荷载下，土的剪切变形随时间增长的特性称为蠕变。蠕变使土体的变形量增加，抗剪强度降低。⑤具有不均匀性。

当软土中的有机质含量为5%～10%时，称为有机质土；有机质含量为10%～60%时，称为泥炭质土；超过60%时称为泥炭。泥炭的特征：①含水量极高，可达百分之几百甚至3 000%，孔隙比达9～25，这是由于腐殖质吸水能力很强以及泥炭固态物质比重小的缘故；②透水性与腐殖质的分解程度及含量有关，分解程度高的泥炭不易排水；③性质和含水量的关系很大，干燥压实的泥炭很坚实，饱和的泥炭多呈流动状态，承载力极低。泥炭干燥后体积减少10%～75%。它的压缩性很高，而且不均匀。

2. 软土的危害

由于软土强度低、压缩性高，故以软土作为建筑物地基所遇到的主要问题是承载力低和地基沉降量过大。软土的容许承载力一般低于100 kPa，有的只有40～60 kPa。上覆荷载稍大，就会发生沉陷，甚至出现地基被挤出的现象。

在软土地区修筑路基时，由于软土抗剪强度低，抗滑稳定性差，不但路堤的高度受到限制，而且易产生侧向滑移。在路基两侧常产生地面隆起，形成远伸至坡脚以外的坍滑或沉陷。

3. 软土地基的加固措施

在软土地区进行工程建设往往会遇到地基强度和变形不能满足设计要求的问题，特别是在采用桩基、沉井等深基础措施而技术与经济上又不可能时，可采取加固措施来改善地基土的性质以增加稳定性。地基处理的方法很多，大致可归结为土质改良、换填土和补强法等。

(1)土质改良法

土质改良法指利用机械、电化学等手段增加地基土的密度或使地基土固结的方法，如用砂井、砂垫层、真空预压、电渗法、强夯法等排除软土地基中的水分以增大软土的密度；或用石灰桩、拌和法、旋喷注浆法等使软土固结以改善土的性质。

(2)换填土法

换填土法指利用强度较高的土换填软土。

(3)补强法

补强法是采用薄膜、绳网、板桩等约束地基土的方法，如铺网法、板桩围截法等。

在道路建设中，对软土路基也必须进行加固处理，主要采用砂井、砂垫层、生石灰桩、换填土、旋喷注浆、电渗排水、侧向约束和反压护道等方法。

6.6.4　冻土

1. 冻土的特征

温度等于或低于0℃并含有冰晶的土层称为冻土。按冻土含冰特征，可定名为少冰冻土、多冰冻土、富冰冻土、饱冰冻土和含土冰层。冻土可分为多年冻土和季节冻土。冻结状态能保持三年或三年以上者，称为多年冻土；冬季冻结，夏季全部融化，逐年周期性冻结、融化的土，称为季节性冻土。我国多年冻土按地理分布划分为两种类型：一是大小兴安岭等高纬度地区的多年冻土；二是长白山、天山、阿尔泰山、祁连山、青藏高原、喜马拉雅山等高海拔多年冻土地区的冻土，为高原多年冻土。

土中水分因温度降低而结冰或由于温度升高而融化，土的工程性质都将受到不利的影响。土冻结时，由于水分结冰膨胀，土的体积随之增大，地基隆起，称为冻胀；融化时，土体积缩小，地基沉降，称为融沉。冻胀和融沉都会给建筑物带来危害。因此，冻胀和融沉是冻土的两个重要特征。

土的冻胀程度一般用平均冻胀率 η 表示，它是冻结后土体膨胀的体积与未冻结土体体积的百分比。其值越大，则土的冻胀性越强。根据土的类别、冻前天然含水量、冻结期间地下水位距冻结面的最小距离和平均冻胀率 η，一般把土分为Ⅰ级不冻胀土（$\eta \leqslant 0.01$）、Ⅱ级弱冻胀土（$0.01 < \eta \leqslant 0.035$）、Ⅲ级冻胀土（$0.035 < \eta \leqslant 0.06$）、Ⅳ级强冻胀土（$0.06 < \eta \leqslant 0.12$）和Ⅴ级特强冻胀土（$\eta > 0.12$）。实践证明，土的冻胀程度与气温条件有关，还与土的粒度成分、冻前土的含水量和地下水有关。在同样条件下，粗粒的土比细粒的土冻胀程度小；冻前土的含水量越小则土的冻胀程度越小。一般认为，冻前含水量大于某个限值 w_0（$w_0 = 0.8w_P$，称为起始冻胀含水量）时，才出现冻胀现象；无地下水补给条件的比有地下水补给条件的土的冻胀程度小。一般认为地下水位低于冻结深度的距离小于1.5 m（细砂、粉砂土）或2 m（黏性土）时，地下水就能不断补给并参与冻结。

多年冻土根据土的类别、总含水量和平均融化下沉系数（δ_0）的大小可分为Ⅰ级不融沉（$\delta_0 \leqslant 0.01$）、Ⅱ级弱融沉（$0.01 < \delta_0 \leqslant 0.03$）、Ⅲ级融沉（$0.03 < \delta_0 \leqslant 0.1$）、Ⅳ级强融沉（$0.1 < \delta_0 \leqslant 0.25$）、Ⅴ级融陷（$\delta_0 > 0.25$）等类别。融化下沉系数（$\delta_0$）为冻土试样融化前后的高度差与融化前试样高度的比值。

2. 冻土的危害

土体在冻结时体积膨胀，地面出现隆起；而冻土融化时体积缩小，地面又发生沉陷。同时，土体在冻结、融化时，还可能产生裂缝、热融滑塌、寒冻石流和融冻泥流等灾害。因此，土体的频繁冻融直接影响和危害人类经济活动和工程建设。就危害程度而言，多年冻土的融化作用危害较大，而季节性冻土的冻结作用危害更大。

3. 冻土危害的防治措施

冻土危害的防治原则是根据自然条件和建筑设计、使用条件尽可能保持一种状态，即要么长期保持其冻结状态，要么使其经常处于消融状态。首先，必须做到合理地选址和选线，制定正确的建筑原则，尽量避免或最大限度地减轻冻害的发生。在不可能避免时，采取必要的地基处理措施，消除或减弱冻土危害。

(1)冻胀防治措施

防治冻胀的措施包括两个方面:改良地基土,减缓或消除土的冻胀;增强基础和结构物抵抗冻胀的能力,保证冻土区建筑物的安全。不同的基础形式和建筑物类型,应根据设计原则采取相应的具体措施。

(2)热融下沉的防治措施

工程建筑物的修建和运营,可使多年冻土地基的热平衡条件发生改变,导致多年冻土上限下降,从而产生融化下沉。

防治融化下沉的方法有多种,如隔热保温法、预先融化法、预固结法、换填土法、深埋基础法、地面以上材料喷涂浅色颜料法、架空基础法等。其中,运用最广泛的是隔热保温法,即用保温性能较好的材料或土将热源隔开,保持地基的冻结状态。多年冻土地区的铁路建设中,也常采用路堤保温的方法防止路基热融下沉。

(3)路堑边坡滑坍防治措施

防治路堑边坡的滑坍往往采用换填土、保温、支挡、排水等措施。

6.6.5 红黏土

红黏土是指碳酸盐类岩石(如石灰岩、白云岩等)在热带、亚热带湿热气候条件下,经强烈风化作用而形成的棕红、褐红、黄褐色的高塑性黏土。红黏土广泛分布在我国云贵高原、四川东部、两湖和两广北部的一些地区。红黏土天然含水量高,饱和度大,孔隙比 e 较大,常大于1.0,但仍较坚硬,强度较高,地基承载力高。这种特殊的性质是由其物质成分及堆积条件决定的。红黏土具有高分散性,颗粒细而均匀,富含铁铝氧化物,黏粒含量很高,黏土矿物以高岭石或伊利石为主,碎屑矿物主要是石英,另一种主要矿物是绿泥石。

红黏土常呈蜂窝状和海绵状结构,颗粒之间具有牢固的铁质和铝质胶结。红黏土中常有很多裂隙、结核和土洞存在。红黏土塑限较高,液限 $w_L \geqslant 50\%$,塑性指数 I_P 一般为20~50,沿埋藏深度从上至下随着含水量的增加,土质由硬至软明显变化;在天然情况下,虽然膨胀率甚微,但失水收缩强烈,故表面收缩、裂隙发育。

红黏土一般存在于盆地、洼地、山麓、山坡、谷地或丘陵地区。其厚度变化很大,且与原始地形和下伏基岩面的起伏变化密切相关。其成因以残积、坡积为主,也有冲积、洪积成因的。若红黏土颗粒被流水带到低洼处重新堆积成新的土层,则颜色浅于未经搬运者,常含粗颗粒,但仍保留红黏土的基本特性。当液限 $w_L > 45\%$ 时,可称为次生红黏土。

在一般情况下,红黏土的表层压缩性低、强度较高、水稳定性好,属良好的地基土层,但在接近下伏基岩面的下部,随着含水量的增大,土体呈软塑或流塑状态,强度明显变低,作为地基时条件较差。因此在红黏土地区的工程建设中,要注意场地及边坡的稳定性、地基土厚度的不均匀性、地基土的裂隙性和胀缩性、岩溶和土洞现象以及高含水量红黏土的强度软化特性及其流变性。另外还要特别指出,红黏土的压实性较差。

6.6.6　盐渍土

1. 盐渍土的特征

土体中易溶盐含量大于0.3%，且具有溶陷、盐胀、腐蚀等特性的土称为盐渍土。盐渍土一般位于土壤表层，分布于干旱、半干旱地区，如我国西北、华北平原、松辽平原、大同盆地等地。另外，在滨海地区的辽东湾、渤海湾、杭州湾也有分布。

形成盐渍土的区域地质条件：有充分的盐类来源，能形成总矿化度高的地下水，或者区域内地下水位距离地面较近，土体中的上升毛细水发育并不断被蒸发，又或者区域气候条件干燥，蒸发量大于降雨量。具备上述条件的地区就容易形成盐渍土。我国的盐渍土按地理分布可划分为滨海型盐渍土、内陆型盐渍土和冲积平原型盐渍土三种类型。其中，滨海型盐渍土为滨海的洼地或衰亡的潟湖、溺谷等由于水分的蒸发使盐分浓集而形成，由于滨海地区湿润多雨，所以湿度和降雨对盐渍土的性质影响很大；冲积平原型盐渍土多分布于低阶阶地、河漫滩及旧河道地带，主要由于河床淤积或兴修水利工程等，使地下水位局部升高，导致局部地区盐渍化，含盐量一般较低；内陆型盐渍土多为洪积扇和盆地型，从洪积扇到盆地可分为松胀盐土带、结皮盐土带和结壳盐土带，含盐量依次增高。松胀盐土带土质松软，沉落性很大；结皮盐土带地层多为粉砂、砂黏土或黏土等细粒含盐软土，力学性质差，强度低；结壳盐土带为潜水溢出带或衰亡干涸的古湖盆，土层表面常结成很厚的灰白色硬壳，硬壳下常有一层褐黄色或灰白色的盐类结晶，遇水后工程性质会有极大改变。

按盐渍土中易溶盐的化学成分可将盐渍土划分为氯盐型、硫酸盐型和碳酸盐型盐渍土。其中，氯盐型盐渍土吸水性极强，含水量高时松软易翻浆；硫酸盐型盐渍土易吸水膨胀、失水收缩，性质类似膨胀土；碳酸盐型盐渍土碱性大、土颗粒结合力小、强度低。盐渍土的液限、塑限随土中含盐量的增大而降低，当土的含水量等于其液限时，土的抗剪强度近乎等于零，因此高含盐量的盐渍土在含水量增大时极易丧失强度。

2. 盐渍土的危害

盐渍土分布区的道路路基和建筑物地基受到盐渍土胀缩的破坏或腐蚀。含盐量高的盐渍土路基受水浸时还会因盐分溶解导致地基下沉——溶陷。

(1)毁坏道路和建筑物基础

硫酸盐盐渍土随着温度和湿度变化，吸收或释放结晶水而产生体积变化，引起土体松胀。因此，采用富含硫酸盐的盐渍土填筑路基时，由于松胀现象会造成路基变形而影响交通运输。如新疆塔城机场跑道下为含有Na_2SO_4或$Na_2SO_4 \cdot 10H_2O$的盐渍土，因温差变化而引起的盐胀作用使机场跑道表面出现大量的开裂、起皮和拱起，经济损失达1 400多万元。

此外，由于降雨淋溶作用，使表层土中盐分减少，造成退盐作用，结果使路基变松、透水性减弱，从而降低路基的稳定性。

(2)腐蚀建筑材料，破坏工程设施

盐渍土还可腐蚀桥梁、房屋等建筑物的混凝土基础，引起基础破损。当硫酸盐含量超过1%或氯化物含量超过4%时，对混凝土将产生腐蚀作用，使混凝土疏松、剥落或掉皮。盐渍土中的易溶盐对砖、钢铁、橡胶等材料也有不同程度的腐蚀作用。例如，NaCl与金属铁作用

形成 $FeCl_3$；盐渍土中氯化物含量超过2%时，将使沥青的延展度下降；碳酸钠和碳酸氢钠能使沥青乳化。

3. 盐渍土危害的防治措施

对盐渍土一般采取浸水预溶法、强夯法、换土垫层法、振冲法以及物理化学处理方法等。

6.6.7 人工填土

人工填土是指由人类活动堆填、弃置的土，根据物质组成和堆填方式分为素填土、杂填土和冲填土。

素填土是由碎石、砂、粉土、黏性土等一种或几种土通过人工堆填方式而形成的土，经过分层压实后的称为压实填土，未经压实处理的称为虚填土。即使是压实填土，由于形成的时间极短，所以结构性能一般很差。虚填土俗称“活土”，极其疏松，在工程中遇到时必须进行换填压实处理。

杂填土是指大量的建筑垃圾、工业废料或生活垃圾等人工堆填物，其中建筑垃圾和工业废料一般均质性差，尤以建筑垃圾为甚；生活垃圾物质成分复杂，且含有大量的污染物，不能作为地基材料。当建筑场地为生活垃圾所覆盖时，必须挖除。由建筑垃圾和工业废料堆成的杂填土也常常需要进行人工处理后方可作为地基。

冲填土是借助水力冲填泥沙而形成的土，一般压缩性大、含水量大、透水性弱、排水固结差、强度低。

填土的工程性质主要包括不均匀性、湿陷性、自重压密性以及压缩性大、强度低等方面。

思考题

1. 岩石常见的物理性质指标有哪些？

2. 岩石的强度指标有哪些？抗剪断强度与摩擦强度的区别是什么？单轴压缩条件下岩石变形阶段是如何划分的？岩石主要的变形指标有哪些？

3. 岩体结构面的成因类型有哪些？岩体结构面的自然特征包括哪些方面？岩体结构类型是如何划分的？

4. 工程岩体分级的目的、原则是什么？《岩土工程勘察规范》(GB 50021—2001,2009年版)中的岩体分级的依据有哪些？

5. 土的工程分类依据及方案有哪些？一般土的工程性质有哪些？常见各类特殊土的成因、特征及对工程建筑的影响各有哪些？

第 7 章　不良地质作用

由地球内力或外力产生的对工程可能造成危害的地质作用叫作不良地质作用。由不良地质作用引发的,危及人身、财产、工程或环境安全的事件称为地质灾害。常见的不良地质作用包括岩溶、滑坡、崩塌、泥石流、采空区、地面沉降、活断层、场地和地基的地震效应等。

7.1　岩溶与土洞

7.1.1　岩溶

1. 岩溶形态

岩溶,又称喀斯特,是指以石灰岩、白云岩等碳酸盐类岩石为主的可溶性岩层受水的化学和物理作用产生的沟槽、裂隙和空洞以及由于空洞顶板塌落使地表产生陷穴、洼地等侵蚀及堆积地貌形态和地质作用的总称。岩溶是不断流动着的地表水、地下水与可溶岩相互作用的产物。可溶岩被水溶蚀、迁移、沉积的全过程称为“岩溶作用”过程。而由岩溶作用过程所产生的一切地质现象称为“岩溶现象”。“岩溶”这一术语是概括性的,是岩溶作用和岩溶现象的总称。岩溶的常见形态有下列几类(图 7-1)。

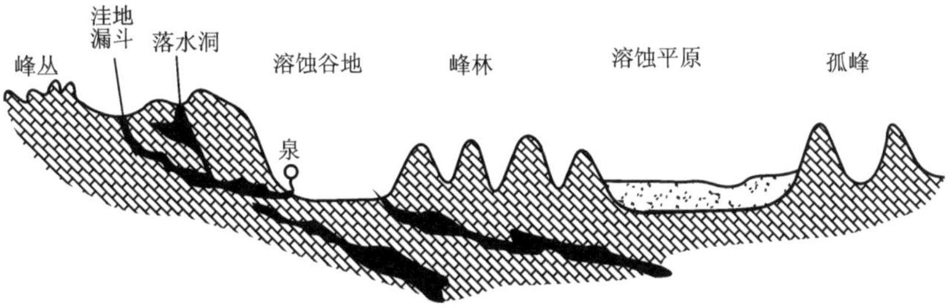

图 7-1　各种岩溶形态示意剖面图

(1)溶沟、石芽

溶沟是由地表水沿可溶性岩石的裂隙进行溶蚀和机械侵蚀所形成的一些沟槽状凹地,形态各异。溶沟间突起状的石脊称为石芽。石芽与溶沟的高度、深度一般不超过几米。沟坡垂直、形体高大的石芽称为石林,如我国云南的路南石林发育就很典型。

(2)溶蚀漏斗

溶蚀漏斗是在岩溶强烈发育区,地表经常出现的呈碟状或倒锥状的凹地。平面形态呈圆状或椭圆状，直径数米至数十米，甚至可达上百米，深度数米至十余米。溶蚀漏斗的形成过程：地表水流沿垂直裂隙向下渗漏时使裂隙不断扩大，先在地面较浅处形成隐伏的孔洞，随孔洞的扩大，上部土体逐步崩落，开始在地面出现环形的裂开面，最后陷落成漏斗。

(3)落水洞

落水洞是地表与地下岩溶地貌的过渡类型，呈垂直、陡倾斜或弯折状，宽度一般很少超过10 m，深可达百米至数百米，成为地表通向地下河、地下溶洞或地下水面的孔道。它形成于地下水垂直循环极为流畅的地区，是流水沿垂直裂隙进行溶蚀、冲蚀并伴随部分崩塌作用的产物。

(4)干谷、半干谷及盲谷

干谷为岩溶区的特有景观。岩溶地区发育了古河谷。当地壳上升时，地表河流不是随之下切，而是沿着后期在谷底发育的岩溶孔道(漏斗、落水洞等)将水吸干，谷底干涸遂形成干谷。有些干谷在暴雨季节尚排泄部分洪水，称为半干谷。岩溶地区由于地表河流常发生遇落水洞或溶洞而转为地下伏流的现象。这种河谷遇石灰岩壁而突然截断，当这种河谷成为干谷时，就称为盲谷。

(5)峰丛、峰林、孤峰及溶丘

峰丛、峰林、孤峰及溶丘又可总称为峰林地形，它们是岩溶地区的主要正地形，都是在高温多雨的湿热气候条件下，长期岩溶作用的产物。峰丛顶部为尖锐的或圆锥状的山峰，基部相连成簇状。峰丛多分布于碳酸盐岩山区的中部，或靠近高原、山地的边缘部分。峰林是山体基部分离的山峰群。峰林常与洼地、干谷地形组合出现。孤峰为峰林的进一步发展，呈分散的孤立山峰，分布于岩溶平原之上。溶丘为峰林与孤峰地形经后期溶蚀、剥蚀作用发展而成，呈平缓丘陵状。

(6)溶蚀洼地及坡立谷

溶蚀洼地及坡立谷是岩溶地区的负地形。溶蚀洼地在峰丛或峰林之间呈封闭或半封闭状。平面形态为圆形或椭圆形，长轴常沿构造线发育，面积约数平方千米至数十平方千米。“坡立谷”一词来源于前南斯拉夫，意即平原，又称溶蚀平原。在坡立谷内经常有湖泊、沼泽和湿地等，底部有残积、洪积层或河流冲积层覆盖。坡立谷由溶蚀洼地进一步发育而成，代表岩溶发育的后期阶段，多在热带气候条件下形成。

(7)溶洞

溶洞为地下岩溶地貌的主要形态，是地下水流沿可溶性岩层的各种构造面(如层面、断层面、节理裂隙面)进行溶蚀及侵蚀作用所形成的地下洞穴。洞穴中存在着溶蚀残余堆积物、石钟乳、石笋及石柱等化学堆积产物以及崩塌物等多种沉积物。大部分溶洞形成于地下水流的季节变化带及全饱和带，尤其在地下水潜水面上下十分发育。其形态主要受岩性、构造控制。

(8)伏流与暗河

伏流与暗河通称为地下河系。地面河潜入地下之后称为伏流。它常常形成于地壳上升、河流下切、河床纵向坡降较大的地方，在深切峡谷两岸及深切河谷的上游部分伏流经常发生。暗河是由地下水汇集而成的地下河道，具有一定范围的地下汇水流域。因此，暗河虽有出口,但无入口。

(9)岩溶湖

岩溶湖分地表岩溶湖及地下岩溶湖两种类型。地表岩溶湖又有长期性湖泊及暂时性湖泊两种。地下岩溶湖见于较大的溶洞中,这种溶洞主要处于经常性稳定水位以下。

(10)溶隙、溶孔

溶隙及溶孔主要发育在虹吸管式循环亚带及深循环带,形态呈细缝状及蜂窝状,其直径从数毫米到数厘米,也有较大的,似小溶洞。这些孔洞的形成受岩性、构造裂隙影响很大。

(11)天生桥

天生桥是溶洞或暗河洞道塌陷直达地表而局部洞道顶板不发生塌陷形成的横跨水流的石桥。天生桥常为地表跨过槽谷或河流的通道。

2. 岩溶发育条件和影响因素

可溶性岩石、具溶蚀能力的水及水的循环交替条件是岩溶发育的基本条件。

自然界中的可溶性岩石有碳酸盐类岩石、硫酸盐类岩石及卤素盐类岩石。其中,碳酸盐类岩石分布最广。碳酸盐类岩石的成分和结构是影响岩溶发育的重要因素。例如,碳酸盐岩溶蚀强度和速度随方解石含量的增加而增大,随白云石含量和酸不溶物含量的增加而降低。粗粒结构、碎屑结构的灰岩较其他结构的灰岩的溶蚀强度大。一般地,岩层愈厚,岩溶愈发育。

天然水的溶蚀能力多半取决于其中的碳酸含量,即水中游离 CO_2 的多少。水对石灰岩的溶蚀作用的实质是水、CO_2 和 $CaCO_3$ 产生如下化学反应:

$$CaCO_3 + CO_2(\text{溶解}) + H_2O \rightleftharpoons Ca^{2+} + 2HCO_3^-$$

水的循环交替条件是指水的补给、径流和排泄条件的总概括。它不仅影响到岩溶发育的强烈程度,而且不同类型的岩溶水、不同的水运动状态和水动力带会形成不同的岩溶类型。此外,循环通道的特性,如孔隙、裂隙和断层系统的位置、方向、大小、深度、密度和通畅交叉情况,还决定着岩溶形态的位置、大小、延伸方向和深度等。

影响岩溶发育的因素有:①气候因素,如气温、降水量、降水性质、降水的季节分配、蒸发量、地面径流量与渗透量的关系等,其中以气温高低及降水量大小对岩溶发育的影响最大;②地形地貌条件,如岩溶水补给区与排泄区的高差大小、河谷切割深度、地表陡缓程度以及地貌单元的差异等;③地质构造,如岩层产状影响岩溶形态,当可溶岩与非可溶岩组合出现时,若上覆为可溶岩,下伏为非可溶岩,则在两者接触界面处,岩溶发育,断裂的产状、性质、密度、规模及相互组合的特点,决定着岩溶的形态、规模、发育速度及空间分布,褶皱的形态、性质及展布方向控制可溶岩的空间分布,也控制岩溶发育的形态、规模、速度及空间分布,且褶皱核部的岩溶比翼部的发育强烈,地壳运动的性质、幅度和波及范围控制着地下水循环交替条件的好坏及其变化趋势,从而控制岩溶的类型、规模、速度、空间分布及岩溶作用的变化趋势;④植被和土壤,植被和土壤是岩溶水中 CO_2 的主要来源。

3. 岩溶发育规律

(1)岩溶发育随深度的变化

岩溶发育程度随着深度的增加而逐渐减弱,这是一般的规律,但并不排斥在某些特定的地貌、岩性、构造和水文地质条件下，深部饱水带也可发育有大溶洞。

(2)岩溶发育的不均一性

所谓不均一性，是指岩溶发育的速度、程度及其空间分布的不一致性。岩溶的发育受到岩性、地质构造和岩溶水循环交替条件等因素的控制。由于岩性和构造不同，那些原始溶蚀条件优越和有利于水循环的破裂构造面不断溶蚀扩大；由于排水效能高，总要集中更多的水流，而集中的水流必然使破裂构造面加速扩展，反过来它又会吸收更多的水于其中流动，逐渐形成管道。而不利于溶蚀和水循环的，则溶蚀进展缓慢。

基于以上原因，不仅造成了细微溶蚀裂隙网与巨大的溶洞和廊道同时并存的特有现象，也导致了岩溶水空间分布的不均匀性和流态多变性。在剖面上产生了与岩溶水动力分带相一致的岩溶垂直分带性和不均一性，如在包气带中，主要发育溶蚀漏斗、落水洞等垂直形态的岩溶地貌；溶洞往往多发育于季节变动带和水平径流带内；在深循环带中只有小溶洞及溶孔发育。在平面上，从河谷到分水岭产生横向分带性和不均一性，岩溶发育程度从河谷到分水岭逐渐减弱。在河流纵剖面上，从上游到下游由于各河段岩溶发育条件不同，岩溶形态及其组合差别必然很大，极不均一。

(3)岩溶发育的阶段性与多代性

岩溶的发育是一个缓慢的地质过程，和其他自然现象一样，必有其发生、发展和消亡的过程。在岩溶发育条件长期稳定的条件下，它要经过幼年、青年、中年及老年期，完成一个岩溶的发育旋回。每个阶段都有相应的岩溶形态类型。实际上，岩溶的发育大多是多旋回的，且有些旋回在时间上有重叠。

(4)溶洞的成层性

多层溶洞是岩溶地区的主要地貌现象。一般认为，溶洞成层的原因在于，作为岩溶水排泄基准面的河流，因地壳构造运动在上升—稳定—再上升的交替变化过程中，河流地质作用相应地产生下蚀—侧蚀—再下蚀的交替变化，由此岩溶水的运动产生垂直—水平—再垂直的变化，也就会有垂直的管道和水平的溶洞交互出现，从而形成相互叠置的成层溶洞。

(5)岩溶发育的地带性

不同气候带内，岩溶发育各具不同的形态和特征。我国的岩溶类型主要有热带、亚热带、温带三大类。此外，还有高寒气候带、干旱区、海岸岩溶类型等。

4. 岩溶类型

岩溶按埋藏条件分为裸露型、浅覆盖型、深覆盖型及埋藏型岩溶(见表7-1)。

表7-1 岩溶按埋藏条件分类

类型	主要特征
裸露型	可溶性岩层大部分出露地表，低洼地带分布厚度一般不超过10 m的第四纪覆盖层，地表岩溶景观显露，地表水与地下水连通密切
浅覆盖型	可溶性岩层大部分被第四纪土层覆盖，厚度一般不超过30 m，少部分岩溶景观显露地表，地表水与地下水连通较密切
深覆盖型	可溶性岩层基本被第四纪土层覆盖，厚度一般超过30 m，几乎没有岩溶景观显露地表，地表水与地下水连通一般不密切

续表

类型	主要特征
埋藏型	可溶性岩层被非可溶性岩层(如泥岩、砂岩、页岩等)覆盖,没有岩溶景观显露地表,地表水与地下水连通不密切

7.1.2　土洞

土洞是覆盖型岩溶区在特定的水文地质条件作用下,基岩面以上的部分土体随水流迁移挟失而形成的洞穴和洞内塌落堆积物,并引起地面变形破坏的作用和现象的总称。

1. 按成因的分类及形成过程

土洞按成因可分为地表水下渗形成的土洞和地下水冲蚀(潜蚀)形成的土洞两大类。

(1)地表水下渗形成的土洞

当地下水深埋于基岩面以下的岩溶发育区时,地面水通过土中裂隙、生物孔洞、石芽边缘等通道渗入地下。当入渗处下部有岩溶通道时,借冲蚀作用,土洞将自上而下地逐渐形成,洞体断面多呈漏斗形;当入渗处下部岩体中无适宜消纳的通道时,开始时入渗的水流逐渐布满土中空隙,继而可沿邻近基岩面上某通道流入岩体,最后到达地下水面。这一运动过程,使最初的土中网状细流汇集为集中的脉状流,流量增大,在基岩入口处流速加快,加剧对土体的冲蚀掏空,在邻近岩面通道口的上方形成土洞,其断面形态多为坛罐状,如向上发展可形成地面塌陷。

(2)地下水潜蚀形成的土洞

上覆有适宜冲蚀的土体,下有排泄储存冲蚀物的空间,地下水位频繁升降于岩土交界面附近,由于地下水潜蚀和真空吸蚀作用的加剧,为土洞的形成和发展创造了必要的条件。当地下水位上升至高于基岩面时,长期处于干燥状态的土体与水接触,逐渐湿化崩解,在岩土交界处形成软弱土带;当地下水位下降至低于基岩面时,使岩面上的软弱土失去浮托力。与此同时,岩体裂隙中的地下水体随着水位的下降而流向深处,使裂隙空间产生真空、形成负压。此外,水位波动时,水力坡度亦随之变化,水位下降,水力坡度增大。

这些因素都加剧了水流对土体的冲刷搬运,最后在岩土交界面处形成土洞。随着水位的升降,上述过程循环往复,土洞空间逐渐扩大,洞顶位置逐次上移,拱顶土层相应变薄。当拱顶受拉区范围波及地表或顶板不能负担上部压力时,地表就发生下沉或整块塌落。塌陷形成之初,其断面形态为开口的竖井状,既而在侧壁剪应力作用下,逐渐发展为漏斗状、碟状和深槽状洼地。

2. 发育条件与规律

(1)与土质和土层厚度的关系

土洞多位于黏性土中,在砂土及碎石土中比较罕见。非亲水、黏性大、胶结好、水理性稳定的土类不易形成土洞;反之,亲水、易湿化、崩解的土层容易形成土洞。此外,岩溶的溶沟(槽)底部经常分布有软黏土,抗冲蚀能力弱,且又处于地下水首先作用的场所,因此沟(槽)底部是土洞发育的有利部位。

土层厚薄对土洞的形成、由土洞发展到地表塌陷所需的时间以及塌陷形成后的断面形状等都有一定影响。一般土层越厚，土洞发展至地面塌陷所需的时间越长，且易形成自然拱而不易扩展至地表。对于由地表水下渗作用形成的土洞，只要具备土洞发育条件，水的补给又是源源不断的，不论土层厚薄，均可形成塌陷。土层厚薄仅表现为出现塌陷的时间先后而已。

(2)与基岩中岩溶发育的关系

与岩溶作用相似，土洞的发育也受基岩的岩性、岩溶水、地质构造等因素的控制。土洞或塌陷下的基岩中必有岩溶水通道，但这一通道不一定是巨大的裂隙或岩溶空间，地表水形成的土洞更是如此。

(3)与水的关系

水是形成土洞的外因和动力。因此，土洞的分布规律必然服从于土与水相互作用的规律。许多土洞开挖揭露后，发现土洞洞顶标高与地下水之间存在着一定的关系，大多数土洞位于高水位与平水位之间。由地下水作用形成的土洞，其规模和发育速度与水动力条件、水位升降幅度及频率有关。人工降低地下水时，流速、水位升降幅度及频数都较自然条件下大得多，因此土洞的发育强度也要大得多。由地表水下渗形成的土洞，其规模及发育速度取决于水的补给条件，作用和发展过程大多是随着水流由上而下地发生。当地表水渗入土中，流经一段水平距离后再注入基岩时，也可出现由下而上发育的土洞。

总之，土层的强度越低，岩溶洞穴规模越大，地下水动力条件越强烈，则土洞的规模越大，其发展速度亦越快。

7.1.3 岩溶地区地基稳定性评价和地基处理措施

1. 地基稳定性评价

岩溶对地基稳定性的影响包括以下几个方面：①在地基主要受力层范围内，如有溶洞、暗河等，在附加荷载或振动作用下，溶洞顶板有可能坍塌，使地基突然下沉；②溶洞、溶槽、石芽、漏斗等岩溶形态造成基岩面起伏较大，或者有软土分布，使地基不均匀下沉；③基础埋置在基岩上，且附近有溶沟、竖向岩溶裂隙、落水洞等，有可能使基础下岩层沿倾向上述临空面的软弱结构面产生滑动；④基岩和上覆土层内，由于岩溶地区较复杂的水文地质条件，易产生新的工程地质问题，造成地基恶化。

2. 地基处理措施

岩溶地基的处理措施有挖填、跨盖、灌注、排导和打桩等。

(1)挖填

挖填即挖除岩溶形态中的软弱充填物，回填碎石、灰土或素混凝土等，并分层夯实，以增强地基的强度和完整性；或凿去局部突出的基岩，通过铺盖可压缩的垫层，以调整地基的变形量。

(2)跨盖

基础下有溶洞、溶槽、漏斗、小型溶洞等，可采用钢筋混凝土梁板跨越或用刚性大的平板基础覆盖，但梁板的支承点必须放在较完整的岩石或可靠的持力层上，并注意承载能力和稳定性。

(3)灌注

基础下的溶洞埋藏较深时,可通过钻孔向洞内灌注水泥砂浆、混凝土或沥青等,以堵填溶洞。对于土洞,可在洞体范围内的顶板打孔灌砂或砂砾,应注意要灌满和密实。

(4)排导

对建筑物地基内或附近的地下水宜采用排水隧洞、排水管道等进行流排,以防止水流通道堵塞,造成场地和地基季节性淹没。

(5)打桩

当土洞埋深较大时,可用桩基处理,如采用混凝土桩、木桩、砂桩或爆破桩等。其目的除提高支承能力外,还有靠桩来挤紧土层和改变地下水渗流条件的功效。

此外,由地表水形成的土洞或塌陷地段,应采取地表截流、防渗或堵漏等措施。

7.2　岩质边坡稳定性问题

边坡(斜坡)是指地壳表部一切具有侧向临空面的地质体。边坡具有坡体、坡高、坡角、坡肩、坡面、坡脚、坡顶面和坡底面等各项要素(图7-2)。

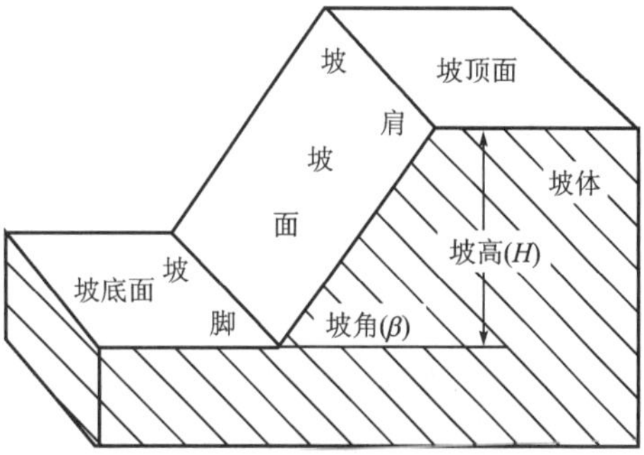

图7-2　边坡要素示意图

按形成原因,边坡可分为天然边坡和人工边坡两种类型。前者是指在自然地质作用下形成的山体斜坡、河谷岸坡、海岸边坡等;后者是指人类工程活动形成的路堑边坡、路堤边坡、基坑边坡、露天矿山边坡以及水利水电工程形成的各种边坡等。根据组成物质,边坡可分为岩质边坡和土质边坡两种类型。以下主要介绍岩质边坡的稳定性问题。

7.2.1　岩质边坡的变形与破坏类型

在各种自然或人为因素的影响下,边坡的外形、内部结构以及内部的应力状态都要发生变化,有些边坡将发生不同形式和规模的变形与破坏。例如,岩体风化可使表层坡体剥落;卸荷可使坡体张裂;暴雨则使边坡表部碎屑物质冲刷流动;在重力和水的作用影响下还可使边坡产生崩塌、倾倒、蠕动或滑坡等变形破坏。边坡变形一般是指坡体只产生局部的位移和微破裂,没有显著的剪切位移或滚动,因而不致引起整体失稳。边坡破坏是指坡体以一定的速度出现较大的位移,边坡岩体产生整体滑动、滚动或转动。二者在边坡变化过程中是相互密切联系的。在边坡破坏前,边坡岩体总要经历一个从徐变到剧变的变形过程。

1. 松动

松动是指边坡的侧向应力削弱后(例如河谷受到侵蚀下切或人工开挖边坡),由于卸荷回弹而在坡体出现张裂隙的现象(图7-3)。这种卸荷张裂隙一般与原始谷坡坡面相平行或迁就已有的高角度结构面发育。随着河谷进一步深切，卸荷裂隙愈向深部发展，裂隙顶部的张开度亦愈来愈宽。由于卸荷差异回弹，还可能产生与坡面大角度相交或近于垂直的剪切裂隙。卸荷裂隙由坡面向深部有时呈多层状发育，在边坡形成松动张裂带（或称卸荷带）。河谷谷坡卸荷带的发育宽度和深度与边坡的岩性及岩体结构有关，此外还受边坡形态和原始应力状态控制。

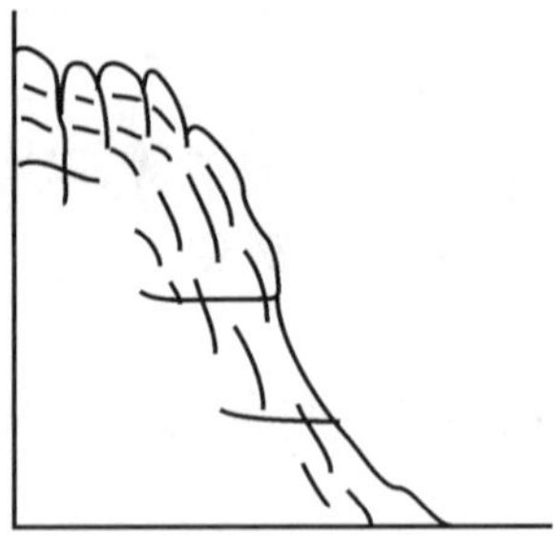

图 7-3　松动边坡

2. 倾倒

倾倒是指层状反向结构及部分陡倾角同向结构边坡的表部岩层因蠕动变形而向临空一侧发生弯曲、折裂，形成所谓“点头哈腰”的现象。倾倒多发生于由塑性的薄层岩层（如页岩、千枚岩、片岩等）或软硬相间岩层（如砂岩、页岩互层、页岩、灰岩互层等）组成的反坡向结构的边坡中。对于陡倾角顺层边坡或脆性岩层顺层边坡，当垂直于层面的节理发育、切割较深时，表层亦可能发生倾倒变形。岩层的倾倒以弯曲、张裂、滑动和转动等形式出现，倾倒体与下伏完整岩体间可产生折裂或错动。

3. 溃屈

层状同向结构边坡，岩层倾角与坡角大致相似，上部坡体沿软弱面蠕滑，由于下部受阻而发生岩层鼓起、弯折、剪断的现象叫作溃屈（图 7-4）。在薄层柔性岩石地区（如千枚岩、片岩地区），可使表部岩石产生揉皱弯曲，但很少折裂，而在软硬相间互层岩体中，所夹砂岩、灰岩等脆性岩体将发生弯折、转动，甚至产生表部岩层的倒转。

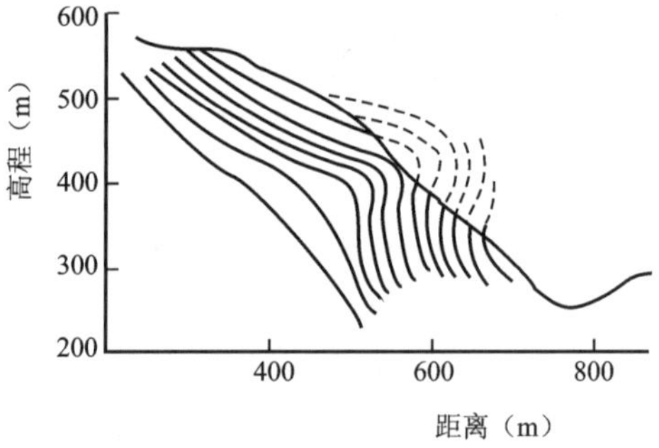

图 7-4　溃屈

4. 张裂

张裂是指当坚硬岩层组成的边坡底部存在软弱垫层或软弱结构面时，由于软弱垫层的塑性流动或者坡体岩层沿软弱面发生缓慢的蠕变性滑移，上覆硬岩层出现张裂隙，软弱岩层则向临空侧挤出（图 7-5），甚至发生上覆脆性岩石缓慢解体下沉挤入软层，出现不均匀沉陷的现象。

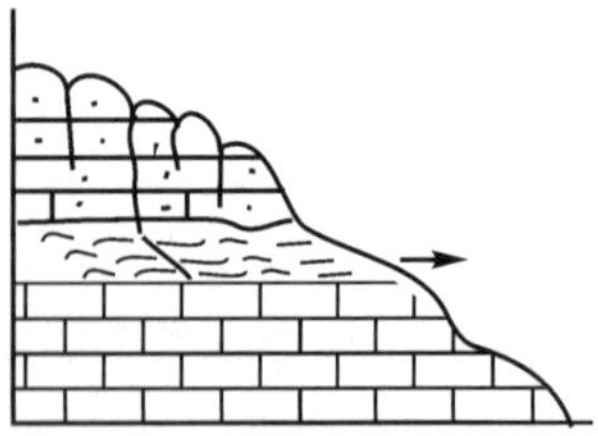

图 7-5　张裂——软弱垫层塑性流动

5. 剥落

剥落是指边坡台阶坡顶面附近的松软、多裂隙岩石碎块，因风化、采矿爆破、运输机械振动作用等沿台阶坡面下滚、堆积于坡底。

6. 崩塌

崩塌是在陡坡地段，边坡上部的岩体受陡倾裂隙切割，在重力作用下，突然以高速脱离母岩，翻滚、跳跃、坠落的急剧变形破坏现象（图 7-6）。崩塌以自由坠落为主要运动形式，岩块在斜坡上翻滚滑动并相互碰撞破碎后堆积于坡脚，形成岩堆或崩积体。规模巨大的山区崩塌称为山崩，小型崩塌则称为落石。1980年6月3日凌晨发生在湖北省远安县境内盐池河磷矿的灾难性山崩即为典型的崩塌实例。崩塌给陡崖下的房屋、道路和其他建筑带来威胁，尤其是对各种线性工程的危害严重。例如，我国成昆线、宝成线、襄渝线铁路和川藏公路沿线崩塌灾害常影响线路的正常运营。

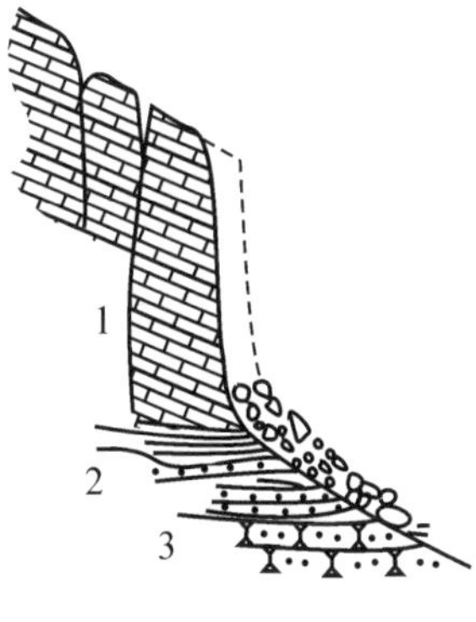

图7-6　坚硬岩石组成的斜坡前缘卸荷裂隙导致崩塌示意图

1—灰岩　2—砂页岩互层　3—石英岩

（1）崩塌的形成条件

崩塌是在特定自然条件下形成的。地形地貌、地层岩性和地质构造是崩塌的物质基础；降雨、地下水作用、振动力、风化作用以及人类活动对崩塌的形成和发展起着重要的作用。

1° 地形地貌

地形地貌主要表现在斜坡坡度上。从区域地貌条件看，崩塌形成于山地、高原地区；从局部地形看，崩塌多发生在高陡斜坡处，如峡谷陡坡、冲沟岸坡、深切河谷的凹岸等地带。崩塌多发生于坡度大于55°、高度大于30 m、上陡下缓的凸坡和坡面凹凸不平的陡峻斜坡上。

2° 地层岩性和岩体结构

1）地层岩性　岩性对岩质边坡的崩塌具有明显的控制作用。一般来讲，块状、厚层状的坚硬脆性岩石常形成较陡峻的边坡。若坡体中具有与斜坡走向近于一致的陡倾结构面，如构造节理和卸荷裂隙等，且存在临空面，则极易形成崩塌。沉积岩地区若软岩在下、硬岩在上，下部软岩风化剥蚀后，上部坚硬岩体常发生大规模的倾倒式崩塌；由含有软弱结构面的厚层坚硬岩石组成的斜坡，若软弱结构面的倾向与坡向相同，则极易发生大规模的崩塌。岩浆岩一般较为坚硬，很少发生大规模的崩塌。变质岩中结构面较为发育，常把岩体切割成大小不等的岩块，所以经常发生规模不等的崩塌、落石。

2）岩体结构　倾向临空面的软弱结构面的发育程度、延伸长度以及该结构面的抗拉强度是控制边坡产生崩塌的重要原因。

3° 地质构造

1）断裂构造对崩塌的控制作用　①当陡峭的斜坡走向与区域性断裂平行时，沿该斜坡发生的崩塌较多；②几组断裂交汇的峡谷区往往是大型崩塌的潜在发生地；③断层密集分布区岩层较破碎，坡度较陡的斜坡常发生崩塌或落石。

2）褶皱构造对崩塌的控制作用　位于褶皱不同部位的岩层遭受破坏的程度各异，因而发生崩塌的情况也不一样。①褶皱核部岩层变形强烈，常形成大量垂直层面的张节理。在多次构造作用和风化作用的影响下，破碎岩体往往产生一定的位移，从而成为潜在崩塌体（危岩体）。如果危岩体受到振动和水压力等外力作用，就可能产生各种类型的崩塌、落石。②当褶皱轴向垂直于坡面方向时，一般多产生落石和小型崩塌。③当褶皱轴向与坡面平行时，高陡边坡就可能产生规模较大的崩塌。④在褶皱两翼，当岩层倾向与坡向相同时，易产生滑移式崩塌，特别是当岩层构造节理发育且有软弱夹层存在时，可能形成大型滑移式崩塌。

4° 降水

降水对崩塌、落石的发生有明显的促进作用。

5° 地下水

地下水的影响如下:①充满裂隙的地下水及其流动对潜在崩塌体产生静水压力和动水压力;②裂隙充填物在水的软化作用下抗剪强度大大降低;③充满裂隙的地下水对潜在崩落体产生浮托力;④地下水降低了潜在崩塌体与稳定岩体之间的抗拉强度。

边坡岩体中的地下水大多数在雨季可以直接得到大气降水的补给。在这种情况下,地下水和雨水的联合作用,使边坡上的潜在崩塌体更易于失稳。

6° 振动

地震、人工爆破和列车行进时产生的振动可能诱发崩塌。

7° 人类活动

修建铁路或公路、采石、露天开矿等人类大型开挖常使自然边坡的坡度变陡,从而诱发崩塌。

(2)崩塌的工程分类

1° 按发生崩塌地层的物质成分分类

崩塌按发生地层的物质成分分为黄土崩塌、黏性土崩塌和岩体崩塌。

2° 按形成机理分类

崩塌按形成机理分为倾倒式崩塌、滑移式崩塌、鼓胀式崩塌、拉裂式崩塌、错断式崩塌。

3° 按崩塌的特征、规模及其危害程度分类

根据崩塌的特征、规模及其危害程度,将其分为三类:①Ⅰ类山高坡陡,岩层软硬相间,风化严重,岩体结构面发育,松弛且组合关系复杂,形成大量破碎带和分离体,山体不稳定,破坏力强,难以处理;②Ⅱ类介于Ⅰ类和Ⅲ类之间;③Ⅲ类山体较平缓,岩层单一,风化程度轻微,岩体结构面密闭且不甚发育或组合关系简单,无破碎带和危险切割面,山体稳定,斜坡仅有个别危石,破坏力小,易于处理。

(3)崩塌的防治

1° 防治原则

崩塌的防治原则如下:①规模大、破坏后果很严重、难以治理的,不宜作为工程场地,线路应绕避;②规模较大、破坏后果严重的,应对可能产生崩塌的危岩进行加固处理,线路应采取防护措施;③规模小、破坏后果不严重的,可作为工程场地,但应对不稳定危岩采取治理措施。

2° 防治措施

防治崩塌有下列措施。

1)遮挡建筑物　主要有明洞及棚洞式建筑物,适用于中小规模崩塌地段,且发生次数频繁。有时受地形地质条件限制,当外侧设置基础有困难时,可采用钢筋混凝土悬臂式棚洞。

2)拦截建筑物　适用于小规模崩塌、落石地段,且建筑物距坡脚有一定距离,拦截建筑物有拦石墙、拦石堤、落石槽及落石平台等;也可以采用被动防护系统形成柔性拦石网。

3)支顶 当边坡上有悬空岩石极有可能成为危岩时,若危岩下的基础条件较好,可采用钢筋混凝土立柱或浆砌片石支顶加固。

4)嵌补 在软硬岩层相间的陡峻山坡地段,软岩易遭受风化剥蚀形成凹槽。为防止软层进一步风化剥蚀及保持上部硬岩层的稳定,在凹槽内可采用浆砌片石加固处理。

5)锚杆加固 对存在软弱结构面的陡边坡或在陡边坡危岩之下有完整的岩体,可以用锚杆喷射混凝土护坡或用锚杆把危岩和完整岩体串联起来进行加固。

6)疏导地表水 在崩塌体的上方修筑排水设施,截住流向潜在崩塌体的一切水流,确保潜在崩塌体的稳定。

7. **滑坡**

在自然地质作用和人类活动等因素的影响下,斜坡上的岩土体在重力作用下沿一定的软弱面"整体"或"局部"保持岩土体结构而向下滑动的过程和现象及其形成的地貌形态称为滑坡。滑坡的特征表现为以下几点:①发生变形破坏的岩土体以水平位移为主,除滑动体边缘存在为数较少的崩离碎块和翻转现象外,滑体上各部分的相对位置在滑动前后变化不大;②滑动体始终沿着一个或几个软弱面(带)滑动,岩土体中各种成因的结构面均有可能成为滑动面,如古地形面、岩层层面、不整合面、断层面、贯通的节理裂隙面等;③滑坡滑动过程可以在瞬间完成,也可能持续几年或更长时间,规模较大的"整体"滑动一般为缓慢、长期或间歇的滑动。

滑坡的这些特征使其有别于崩塌等其他斜坡变形破坏现象。

(1)滑坡的形态特征

滑坡在平面上的边界和形态与滑坡的规模、类型及所处的发育阶段有关。一个发育完全的滑坡,一般由下列要素组成(图7-7)。

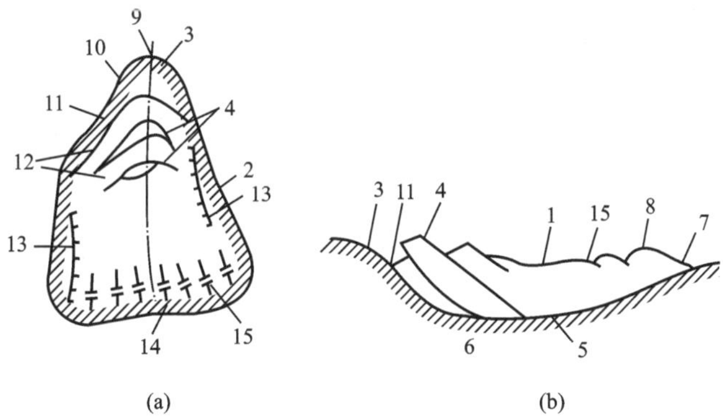

图7-7 滑坡要素示意图

(a)平面图 (b)剖面图

1—滑坡体 2—滑坡周界 3—滑坡壁 4—滑坡台阶

5—滑动面(带) 6—滑坡床 7—滑坡舌 8—滑坡鼓丘

9—滑坡轴 10—破裂缘 11—封闭洼地 12—拉张裂隙

13—剪切裂隙 14—扇形张裂隙 15—鼓张裂隙

1)滑坡体 简称滑体,是滑坡发生后与母体脱离开的滑动部分。滑坡体与其周围不动体在平面上的分界线叫作滑坡周界,它圈定了滑坡的范围。

2)滑动带 是滑动时形成的辗压破碎带,往往由压碎岩、岩粉、岩屑和黏土物质组成,厚度可达十余厘米或数十厘米。若包括扰动带,厚度则可达数米。

3)滑动面 简称滑面,是滑坡体沿着下滑的面。它可能是滑动带的底面,也可能位于滑动带之中。滑动面的形状随着斜坡岩土体的成分和结构的不同而各异。均质岩土体滑动面常呈曲面或近似圆弧形;非均质或层状岩土体中最常见的滑动面是平面、平缓阶梯形、波浪形或更不规则的面。

4)滑坡床 指滑体以下固定不动的岩土体。它基本上未变形,保持了原有的岩体结构。

5)滑坡壁 指滑体后部和母体脱离开的分界面,是暴露在外面的部分,平面上多呈圈椅状,高数厘米至数十米,坡度多为60°~80°,形成陡壁。

6)滑坡台阶 由于各段滑体运动速度的差异,在滑坡体上部常常形成滑坡错台,每一错台都形成一个陡坎和平缓台面,叫作滑坡台阶或台坎。

7)滑坡舌 又称滑坡前缘或滑坡头,在滑坡的前部,形如舌状伸入沟谷或河流,甚至越过河对岸。滑坡舌的隆起部分称为滑坡鼓丘。

8)封闭洼地 滑体与滑坡壁之间拉开成沟槽,相邻滑体呈反坡地形,形成四周高、中间低的封闭洼地。此洼地往往由于地下水在此处出露或地表水的汇集,形成湿地、水塘甚至滑坡湖。

9)滑坡轴 或称主滑线,是滑坡在滑动时运动速度最快的纵向线。它代表滑体的运动方向,位于滑体上推力最大、滑床凹槽最深的纵断面上。

10)滑坡裂隙 在滑坡运动时,由于滑坡体各部分的移动速度不均匀,在滑坡体内及表面所产生的裂隙称为滑坡裂隙。根据受力状况不同,滑坡裂隙可分为四类:①拉张裂隙,分布在滑坡体的后部或两级滑坡体之间,长数十米至数百米,多呈弧形,和滑坡壁的方向大致吻合或平行,坡上拉张裂缝的出现是产生滑坡的前兆;②剪切裂隙,分布在滑体中前部的两侧,因滑体和不动体相对位移而在分界处形成剪力区,在此区内所形成的裂隙为剪切裂隙,常伴生有羽毛状裂隙;③扇形张裂隙,分布在滑坡体的前部,尤以舌部为多,因滑体向两侧扩散而形成的张裂隙,呈放射状分布,似扇形;④鼓张裂隙,分布在滑体的下部,因滑体下滑受阻,土体隆起而形成的张裂隙,其方向垂直于滑动方向。

11)破裂缘 滑坡体在坡顶开始破裂的地方。

(2)滑坡的分类

滑坡分类的目的在于对发生滑坡作用的地质环境、形态特征以及形成滑坡的各种因素进行概括,以便反映出各类滑坡的工程地质特征及其发生发展的规律,从而有效地预测和预防滑坡的发生,或在滑坡发生之后有效地进行治理。

根据不同的原则和指标标志,各国学者和工程部门对滑坡提出了各种分类方案。

1° 按滑动面与岩土体层面关系的分类

这是应用较广的一种分类,可分为顺层滑坡、切层滑坡、均质滑坡三类(图7-8)。

1)顺层滑坡 发生在非均质的成层岩体中,岩层沿层面发生滑动。沿着产状与层面相

(a)　(b)　(c)

图 7-8　滑坡按滑动面与岩土体层面关系分类

(a)顺层滑坡　(b)切层滑坡　(c)均质滑坡

近的软弱结构面(断层面、大裂隙面)的滑动或者残积、坡积物顺下伏基岩面的滑动也属于顺层滑动。顺层滑坡的滑动面为平面、波状或倾斜阶梯形。

2)切层滑坡　滑动面切穿岩土层面,发生在岩层产状较平缓和与坡面反倾向的非均质岩层中。滑动面在顶部常是陡直的,沿裂隙面发育,一般呈圆柱形或对数螺旋曲线形。

3)均质滑坡　也叫无层滑坡,是发生在均质的、没有明显层理的岩体或土体中的滑坡。滑坡面不受层面的控制,而是受边坡的应力状态和岩土体的抗剪强度控制。滑动面近似于圆柱形。滑坡在坡面或坡脚处出现。当坡底下存在软弱岩层时,滑弧则可切入其中而从坡底穿出地面。

按滑动面与岩土体层面关系的分类,对绘制真实的滑坡地质剖面图和对边坡稳定性做出定量的评价有重要的意义。

2° 按滑坡的滑动力学特征分类

1)推动式滑坡　主要由于上部张开裂缝发育、坡上堆积重物或进行建筑,引起边坡上部不稳或压力增加,以致上部始滑而使下部的下滑力增加而造成的。

2)平移式滑坡　始滑部位分布于滑动面的许多点,同时局部滑移,然后逐步发展连接起来。

3)牵引式滑坡　由于坡脚受河流冲刷或人工开挖影响,又有其他不良因素的配合,首先在边坡下部发生滑动,引起由下而上的依次下滑。

还有一种叫作混合式滑坡,其特点是始滑部位上下结合、共同作用,这种情况比较常见。

3° 按滑坡的岩土类型分类

边坡的岩性不同,则滑坡的滑动力学特征、形态特征、滑动面形状及发育规模等都有所不同。滑坡按岩土类型分类,铁道部门常分为堆积层(包括坡积、洪积和残积层)滑坡、黄土滑坡、黏土滑坡和岩层滑坡。

4° 其他分类

①按滑体的厚度可分为:浅层滑坡,厚度小于 10 m;中层滑坡,厚度 10 ~ 25 m;深层滑坡,厚度 25 ~ 50 m;超深层滑坡,厚度大于 50 m。

②按滑坡发生的时间分为新滑坡和老滑坡。

③按滑坡发生后的活动性分为活滑坡和死滑坡。

④按滑坡体的体积可分为小型滑坡(体积小于 $10 \times 10^4\ m^3$)、中型滑坡(体积为(10 ~

100) $\times 10^4\ m^3$)、大型滑坡(体积为(100 ~ 1 000) $\times 10^4\ m^3$)、特大型滑坡(体积为(1 000 ~ 10 000) $\times 10^4\ m^3$)和巨型滑坡(体积大于 10 000 $\times 10^4\ m^3$)。

(3)滑坡的形成条件

1° 地形、地貌条件

通常在下列斜坡地段有利于形成滑坡:①容易汇集地表水和地下水的洼形斜坡地段;②易受流水冲刷和掏蚀的山区河流的凹岸陡坡地段;③由堆积土组成的上陡下缓、下伏基岩向坡外倾斜的斜坡地段;④黄土塬边及黄土地区高阶地前缘的斜坡地段。

2° 地层条件

在下列岩土层中若具有贮水构造、聚水条件或下部有隔水的软弱面时,易于形成滑坡。①易于风化或遇水易软化的软质岩层;②虽为硬质岩,但夹有软弱夹层时;③上部松散、下部致密的黏性土、膨胀土地层或各种成因的堆积黏性土地层。

3° 地质构造条件

当存在倾向坡外、倾斜度较陡的断层面、岩层层理面、不整合面、连通性较好的节理面、褶皱两翼的倾斜面以及其他软弱结构面时,易沿这些结构面产生滑坡。

4° 自然因素

①气候条件:气候的寒暖及干湿变化,促使斜坡岩土体风化,降低岩石强度,减少土体凝聚力,加之雨水的渗入,斜坡的稳定性被削弱。②水的作用:大气降水,地表水下渗,地下水的作用,使岩土体重度增加、强度降低,抗滑力减弱;河水的冲刷、掏蚀可削弱斜坡的支撑力;河水的涨落,引起岸坡地下水水位的升降,静水压力和动水压力的变化等均可引起山坡下滑。③地震作用:地震可引起土层中水位及孔隙水压力变化,砂层液化,抗剪强度降低,动荷载增大,促使斜坡岩(土)体产生滑动。例如,2008 年 5 月 12 日汶川地震触发了 15 000 处滑坡。

5° 人为因素

①人为破坏斜坡的稳定,如开挖斜坡坡脚,在斜坡上部填土、弃土、兴建大型建筑物,不适当地加载等。②人为造成地表水向斜坡大量下渗,如兴建水利工程及其他工程,改变原地表水排泄条件,坡体因漏水和渗透作用而易产生滑动。③大爆破及机械振动的松动作用也会引起斜坡滑动。

(4)滑坡的识别

滑坡识别的方法主要有三种:利用遥感资料来解译,通过地面调查和测绘来解决,采用勘探方法来查明。应用遥感图像识别滑坡,主要是应用航空遥感所提供的大比例尺(1∶10 000 ~ 1∶15 000)全色、彩色红外相片,也可辅以多光谱摄影、多光谱扫描、侧视雷达扫描等航空遥感图像,还可用卫片解译识别特大型滑坡。利用遥感图像进行滑坡判读,表现在效率高、视野广和准确度较高,特别是对区域性滑坡群的识别优点很多,因此它是一种先进的方法。但应指出,遥感是面上的工作,只能起到初步发现滑坡的作用,更准确地判断和验证还需到已判读出的滑坡区进行实地调查。

滑坡地面调查由于可直接观察到滑坡各形态要素,并可收集到滑动的证据,因此是滑坡准确识别的主要方法,也是探讨滑坡形成机理并提出合理整治方案的基础工作。地面调查可见到的特征标志有以下几种。

1° 地物地貌标志

滑坡在边坡上常成圈椅形、马蹄形等环谷地貌，两侧常形成沟谷，并有双沟同源现象。有的坡体上还有积水洼地、地面裂缝、异常台坎以及房屋倾斜、开裂等现象。新生滑坡体上的植被情况与周围不同，树木歪斜零乱，可见醉汉林和马刀树。若站在滑坡对岸高处瞭望滑坡区，这些特征就更加明显。

2° 岩土结构标志

滑坡范围内的岩土常有扰动松脱现象，基岩层位、产状特征与外围不连续，有时局部地段出现新老地层倒置现象。常见有泥土、碎屑充填或未被充填的张性裂缝，普遍存在小型坍塌。

3° 水文地质标志

滑坡使边坡中含水层的原有状态被破坏，滑坡体成为复杂的单独含水体。在滑动带前缘常有成排的泉水溢出。

4° 滑坡边界标志

滑坡后缘断壁上有顺坡擦痕，前缘土体常被挤出或呈舌状凸起，滑坡两侧可见沟谷或剪切裂缝、羽状裂隙，滑坡床常具塑性变形带，滑动面很光滑。

对于通过遥感判读和地面实地调查仍不能确定的滑坡，或已经确认但需要深入研究的滑坡，则需采用钻探、槽探和井探、物探等勘探方法进行探测。其目的首先是为了寻找滑动面(带)和确定滑坡的存在，然后是为满足滑坡稳定性分析计算、制定防治措施等需要，应查明滑坡体的岩土层分布、结构、物理力学性质以及地下水条件等。

(5)滑坡防治

滑坡防治应采取以防为主、综合治理、及时处理的原则。

对大型复杂、稳定性差、治理难度大的边坡，一般都采取绕避的原则。对于确实无法绕避的大型滑坡，经技术经济比较，应采取综合治理的措施。常采用的防治措施可归纳如下。

1° 消除和减轻地表水和地下水的危害

消除和减轻水对边坡危害作用的目的：降低孔隙水压力和动水压力，防止岩土体的软化及溶蚀分解，消除或减小水的冲刷或浪击作用。

防止外围地表水进入滑坡区，可在滑坡边界修截水沟。在滑坡区内，可在坡面修筑排水沟。截、排水沟如修在岩坡上，沟底裂隙应用灰浆勾缝；如修在覆盖层上，应用浆砌片石铺砌，以防水流下渗。对于岩质边坡面则可采用喷混凝土护面或挂钢筋网喷混凝土。

排除地下水的措施很多，应根据边坡的地质结构特征和水文地质条件加以选择。常用方法有如下几种：①水平钻孔疏干，即从坡面打近于水平或仰斜的钻孔或孔群，利用重力作用把地下水引出；②垂直孔排水，即借助于穿透上部含水层和隔水层的垂直钻孔，将地下水转移到下伏强透水岩层，以降低上部岩层中的地下水位；③竖井抽水，即从坡顶打竖井并安装深井泵抽水，此法可实现预先疏干，高边坡疏干可采用分段打竖井疏干的方法；④隧洞疏干，即在滑坡体外围可设置截水隧洞(巷道)，拦截外围的补给水，内部应设置排水隧洞，疏导排泄深层地下水，地下水量大时，可设置分支隧洞或仰斜排水孔，把地下水引入主隧洞；⑤支撑盲沟(图7-9)，兼有阻滑和疏干地下水的作用，多用于土质滑坡的治理。盲沟深为2

~8 m,沟内堆积干砌块石、片石。一般顺滑坡方向,布置在地下水露头和局部崩塌处,上部可岔成支沟。地下水经支撑盲沟汇集后,从纵向盲沟和挡土墙内泄水孔排出。

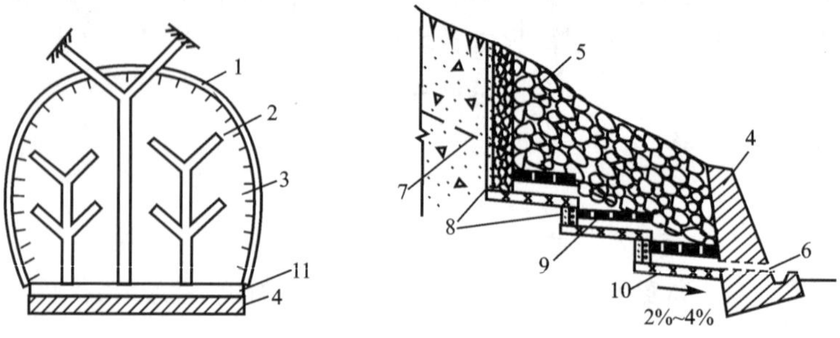

(a) (b)

图 7-9 支撑盲沟与挡土墙联合结构

(a)平面布置图 (b)剖面图

1—截水天沟 2—支撑盲沟 3—滑坡边界 4—挡土墙 5—干砌块石、片石 6—泄水孔 7—滑动面位置 8—粗砂、砾石反滤层 9—有孔混凝土盖板 10—浆砌片石 11—纵向盲沟

2° 改善边坡岩土体的力学强度

提高边坡的抗滑力,减小滑动力,以改善边坡岩土体的力学强度,常用措施有以下几种。

1)减重反压 减荷的目的在于降低坡体的下滑力。其主要的方法是将滑坡体后缘的岩土体削去一部分或将较陡的斜坡减缓。但是,单纯地减荷往往不能起到阻滑的作用,最好与反压措施结合起来,即将减荷削下的土石堆于斜坡或滑体前缘的阻滑部位,使它既起到降低下滑力,又起到增加抗滑力的作用。这种措施对防治推动式滑坡效果较好。

2)边坡人工加固(图 7-10) 边坡人工加固的常用方法有:①修筑挡墙、护墙等支挡不稳定岩体;②以钢筋混凝土抗滑桩或钢管桩作为阻滑支撑工程;③采用预应力锚杆或锚索加固有裂隙或软弱结构面的岩质边坡(此法是在拟固定的岩体上钻孔直达下部稳定基岩的一定深度,在孔内插锚杆,并浇水泥砂浆固定,孔口以螺栓固定,采用锚杆或锚索加固时,可同时在边坡表面喷射混凝土,以保护岩石免遭风化和碎块剥落);④采用固结灌浆或电化学加固法加强边坡岩体或土体的强度;⑤使用锚固洞、抗滑键以提高边坡岩体强度;⑥采用预裂爆破、减振爆破等控制爆破技术防止岩土体强度的削弱。

7.2.2 边坡稳定性分析

边坡稳定性分析的目的是对既有边坡稳定性做出评价,为设计合理的边坡或边坡治理提供设计依据。斜坡稳定性分析方法包括自然历史分析法、工程地质类比法和图解法等定性分析法以及刚性极限平衡计算法、数值计算法、概率分析法等定量分析法。

1. 成因历史分析法

成因历史分析法是一种定性评价方法。它主要通过研究斜坡形成的地质历史和所处的自然地理及地质环境、斜坡的地貌和地质结构、发展演化阶段及变形破坏形迹,并分析主要的和次要的影响因素,从而对斜坡的演变阶段及稳定性做出初步评价。这种方法实际上是

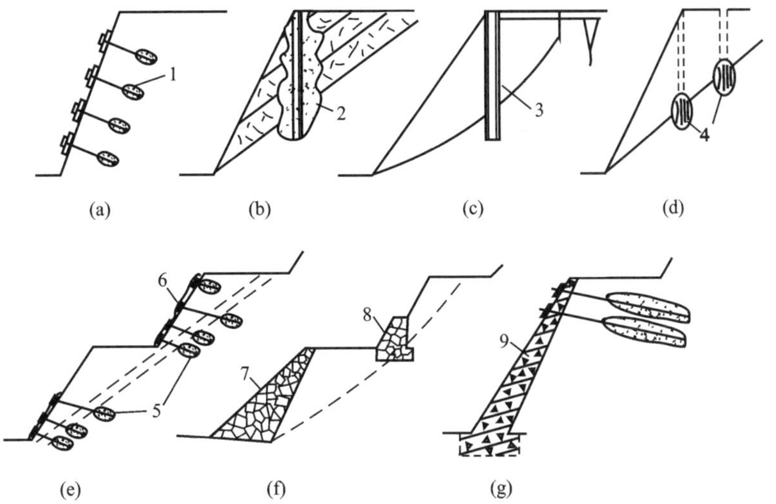

图 7-10　边坡人工加固示意图

(a)设置锚杆　(b)设置钢筋混凝土抗滑桩　(c)设置钢管桩　(d)设置钢筋混凝土筒桩
(e)分台阶开挖边坡,设置锚杆(索)　(f)设置重力式及扶壁式挡墙　(g)护墙加锚杆(索)
1—钢筋混凝土锚杆　2—钢筋混凝土抗滑桩及水泥胶结　3—大直径管桩
4—钢筋混凝土筒桩　5—锚索　6—悬挂式钢筋混凝土墙　7—扶壁式挡土墙
8—重力式挡土墙　9—钢筋混凝土护墙

通过追溯斜坡发生、发展演化的全过程进行稳定性评价的。它对研究斜坡稳定性的区域性规律尤为适用。

成因历史分析法的主要研究内容包括三个方面:①区域地质背景的研究;②促使斜坡变形破坏的主导因素及触发因素的分析;③预测斜坡所处的演化阶段和发展趋势以及可能破坏的方式及其后果。

成因历史分析法一般在初期勘察阶段使用,勘察研究的手段主要是工程地质测绘、调查。该方法虽是初步、定性的,但它是其他评价方法的基础,不仅能判定斜坡稳定现状,对斜坡稳定性的演化也可以做出预测,并能为使用计算方法时确定边界条件和选用参数等提供依据。没有这种评价方法,其他评价方法将难以进行。

2. 工程地质类比法

工程地质类比法就是将所要研究的斜坡或拟设计的人工边坡与已研究过的斜坡或人工边坡进行类比,以评价其稳定性及其可能的变形破坏方式,确定其坡角和坡高。类比时必须全面分析研究工程地质条件和影响斜坡稳定性的各项因素,比较其在斜坡岩性、岩体结构和斜坡类型等方面的相似性和差异性。相似性愈高,则类比依据愈充分,所得结果愈可靠。所以,类比法一定要充分做好工程地质调查研究工作,而且要有丰富的实践经验。

我国铁道、矿山、水电部门已有不少类比的实例,并将不同条件下坡高和允许坡度值的经验数据列入相关的勘察设计规范和手册中。

3. 赤平投影法

赤平投影法属于图解法的一种。还有一类图解法叫作图解计算法,属于力学计算法的简化。

(1)赤平投影的原理

第3章介绍的节理玫瑰图主要用于各种节理的统计分析。它能反映节理在岩体中的分布规律,但不能反映各种结构面相互组合交切的情况。在生产实践中经常用赤平投影的作图方法表示优势结构面或某些重要结构面的产状及其空间组合关系。此外,在分析岩体稳定性时,还可利用赤平投影表示临空面、边坡面、工程作用力、岩体阻抗力及岩体变形滑移方向等。

赤平投影是利用一个球体作投影工具(图7-11),通过球心作一赤道平面 *ESWN* 作为投影平面,将空间的线和面以下极或上极为发射点投影到赤道平面上(图7-11(a))。其特点是只反映物体的线和面的产状,而不涉及它们的具体位置、尺寸大小和距离远近。

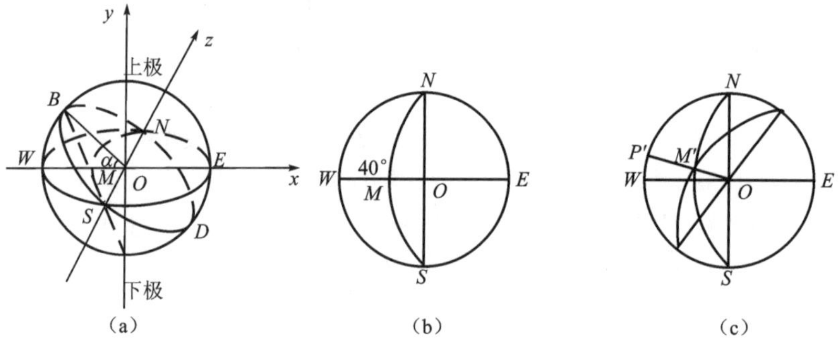

图7-11 线和面的赤平投影

(a)线和面的赤平投影原理

(b)一个面的赤平投影 (c)两个面及其交线的赤平投影

下面介绍以下极为发射点,上半球的线和面的赤平投影原理。

1)线的投影 图7-11(a)中 *OB* 为通过球心的直线,它与赤平面的夹角为 α,*OB* 在赤平面上的投影为 *OM*。从图中可以看出,*MO* 的方向与 *BO* 的倾向一致。*OM* 线段的长度随夹角的变化而变化,α 角愈大,*OM* 线愈短;反之,愈长。当 $\alpha = 90°$ 时,$OM = 0$,即为 *O* 点。当 $\alpha = 0°$ 时,$OM = OW$。

2)面的投影 图7-11(a)中 *NBSD* 为一通过球心的倾斜平面,它与球面的交线为一个大圆。自下极仰视上半球 *NBS* 面,其赤平投影为 *NMSN*,*NMS* 为一圆弧。若将赤道平面从球体中拿出来,即如图7-11(b)所示。

从图可知:*NS* 的方向代表 *NBSD* 面的走向,*MO* 的方向代表该面的倾向。同线的投影一样,*OM* 线的长短可以反映 *NBSD* 面的倾角。倾角的刻度自 *W* 至 *O* 点为 0°~90°。

若有两个相交的倾斜平面,其投影如图7-11(c)所示。图中 *M′O* 则为两倾斜平面交线的投影。

(2)赤平投影的制图方法及阅读

从上述内容可知,利用赤平投影,可以把空间线段或平面的产状转化到平面上反映。并且,可以在投影图上简便地确定它们之间的夹角、交线和组合关系。因此,如果已知结构面的产状,就可以通过赤平投影的作图方法来表示。

在实际工作中,常采用预先制成的投影网制图。常用的投影网是俄国学者吴尔夫于1902年发表的吴氏投影网(图7-12)。如已知一结构面的走向NE40°,倾向SE,倾角40°,利用投影网制图的步骤如下:

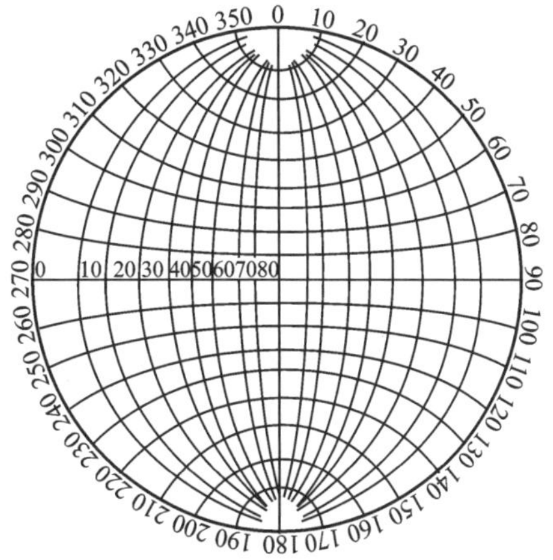

图7-12　吴氏投影网

①首先将透明纸(P)蒙在选好的吴氏投影网(m)上,在透明纸上作一与投影网相同的圆,并标出E、W、S、N方位及方位角分度(图7-13(a));

②经过圆心绘NE40°的方向线与基圆交于A、C两点,AC的方向即代表结构面的走向;

③转动透明纸使AC与投影网的南北轴重合(图7-13(b)),然后在(W)O线上找到倾角为40°的一点B(当结构面倾向北西、南西时,倾角应从(E)O线上找),描绘通过B点的经线即得ABC圆弧,同时绘出AOC直线,$ABCOA$就是该结构面的赤平投影;

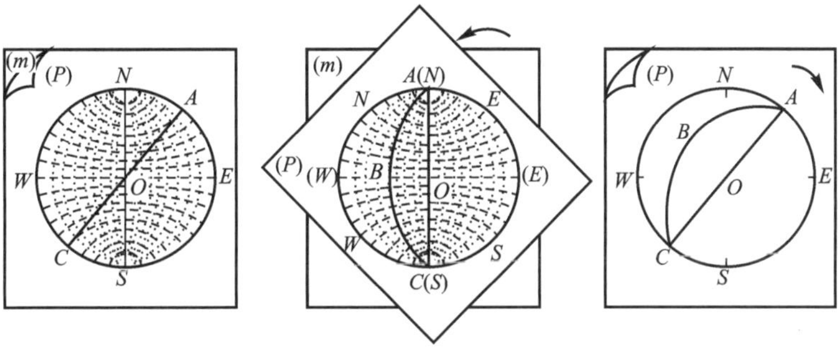

(a)　(b)　(c)

图7-13　用吴氏投影网进行结构面的赤平投影的步骤

(a)步骤①　(b)步骤②　(c)步骤③

④将透明纸从吴氏投影网上取下来,并旋转还原到N极朝上,就得到图7-13(c)所示投影图。

其中,步骤①为在蒙在吴氏投影网的透明纸上画出大圆,标出东南西北位置,画出结构面的走向;步骤②为旋转透明纸,画出结构面的赤平投影;步骤③为还原旋转,得到结构面的赤平投影。

同理,如有一已知的结构面投影图,则可以利用投影网判读其走向、倾向和倾角。

(3)用赤平投影法分析边坡稳定性

1° 由一组软弱面控制的斜坡

对于逆向坡情形,软弱面倾向坡内,赤平投影表现为坡面与软弱面相对。这种斜坡一般是稳定的(图7-14(a))。若为顺向坡情形,且软弱面倾角α小于坡角β,赤平投影表现为坡面与软弱面在同一侧，但坡面投影弧在软弱面投影弧的内侧。此时，软弱面在坡面上临空，坡体易于滑动（图7-14(b)）。对于顺向坡情形，若软弱面倾角 α 大于坡角 β，则是比较稳定的（图7-14(c)）。斜交坡的情况需视软弱面走向线与坡面走向线之间的夹角 γ 而定。若 $\gamma > 40°$，斜坡是比较稳定的（图7-14(d)）；反之，若 $\gamma < 40°$，则参照软弱面与斜坡面走向平行的情形判定（图7-14(e)）。

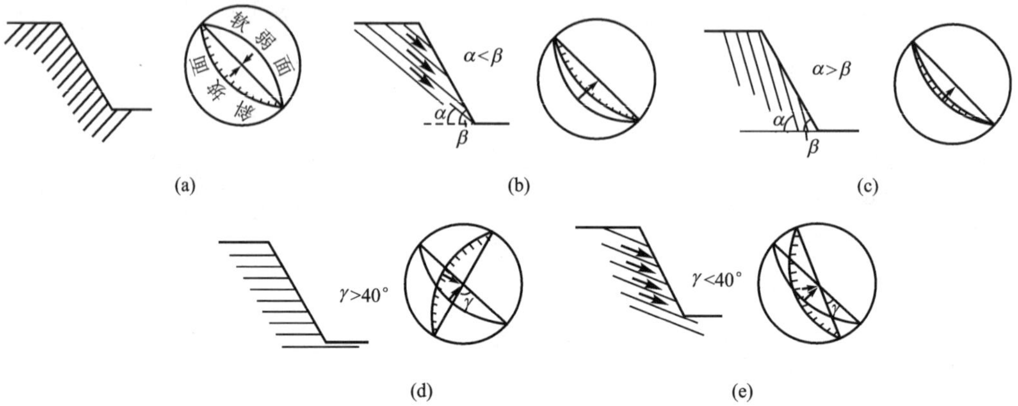

图7-14 存在单一软弱面的斜坡的赤平投影及稳定情况（齿弧为坡面投影弧）

(a)逆向坡 (b)软弱面倾角 α 小于坡角 β 的顺向坡 (c)软弱面倾角 $\alpha >$ 坡角 β 的顺向坡
(d)软弱面走向线与坡面走向线的夹角 $\gamma < 40°$ 的斜交坡
(e)软弱面走向线与坡面走向线的夹角 $\gamma < 40°$ 的斜交坡

2° 由两组软弱面控制的斜坡

图7-15表示由两组软弱面控制的边坡岩体稳定条件的五种情况。

1)最稳定条件 如图7-15(a)所示，两组软弱面交线在赤平投影图中处于边坡面投影弧的另外一侧，这时软弱面组合交线倾向坡里。

2)稳定条件 如图7-15(b)所示，软弱面交线与坡面在同一侧，但在开挖坡面（cs）投影弧内侧，这时组合交线较边坡陡。

3)较不稳定条件 如图7-15(c)所示，软弱面交线落于天然边坡面（ns）投影弧外侧，说明软弱面交线较边坡平缓，但在坡顶面上无出露点。如无陡倾裂隙切割，尚比较稳定；如有，则不稳定。

4)较不稳定条件 如图7-15(d)所示，软弱面交线落于人工开挖边坡及天然边坡投影弧之间。如果坡顶面出露点 C 距开挖坡面较远，以致软弱面在开挖边坡上不出露，而插于坡脚以下，这时有一定的支撑能力，有利于稳定。但若下部有缓倾软弱面，并在开挖边坡出露，则可形成折线滑动面，不利于稳定。

5)不稳定条件 如图7-15(e)所示，软弱面交线落于两个坡面投影弧之间，而且交线在开挖坡面和顶坡都有出露（C 及 C'），所以构成不稳定条件。

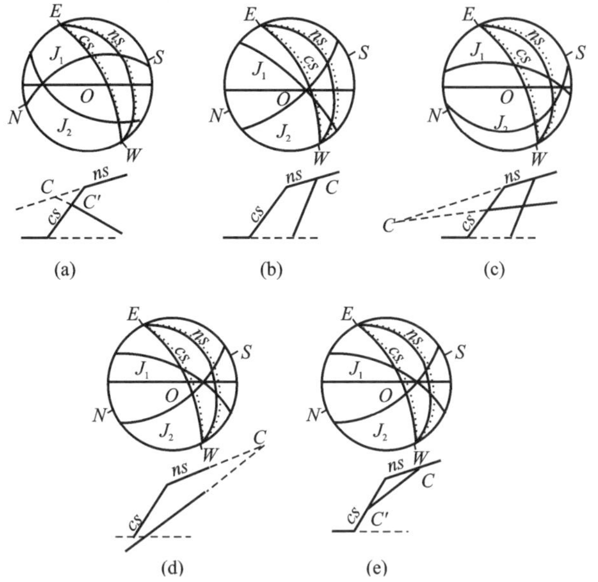

图 7-15　用赤平投影分析两组软弱面控制的边坡的稳定性

(a)两组软弱面交线的倾伏方向与坡向相反　(b)两组软弱面交线的倾伏方向与坡向相同,且交线的倾伏角大于人工边坡坡角　(c)两组软弱面交线的倾伏方向与坡向相同,且交线的倾伏角小于天然边坡坡角　(d)、(e)两组软弱面交线的倾伏方向与坡向相同,且交线的倾伏角介于天然边坡坡角和人工边坡坡角之间

ns—天然边坡　*cs*—人工开挖边坡

4. 滑坡稳定性验算

(1)《岩土工程勘察规范》(GB 50021—2001,2009 年版)推荐的公式

当滑动面为折线形时,滑坡稳定性分析可按图 7-16 采用如下方法计算稳定安全系数 F_s:

$$F_s = \left\{ \sum_{i=1}^{n-1} \left(R_i \prod_{j=i}^{n-1} \psi_j \right) + R_n \right\} / \left\{ \sum_{i=1}^{n-1} \left(T_i \prod_{j=i}^{n-1} \psi_j \right) + T_n \right\} \tag{7-1}$$

其中

$$\prod_{j=i}^{n-1} \psi_j = \psi_i \psi_{i+1} \cdots \psi_{n-2} \psi_{n-1}$$

$$R_i = N_i \tan \varphi_i + c_i L_i$$

$$\psi_j = \cos(\theta_i - \theta_{i+1}) - \sin(\theta_i - \theta_{i+1}) \tan \varphi_{i+1}$$

式中:θ_i——第 i 块段滑动面与水平面的夹角,(°);

R_i——作用于第 i 块段的抗滑力,kN/m;

N_i——第 i 块段滑动面的法向分力,kN/m;

φ_i——第 i 块段土的内摩擦角,(°);

c_i——第 i 块段土的黏聚力,kPa;

L_i——第 i 块段滑动面长度,m;

T_i——作用于第 i 块段滑动面上的滑动分力,kN/m(出现与滑动方向相反的滑动分力时,T_i应取负值);

ψ_j——第 i 块段的剩余下滑力传递至第 $i+1$ 块段时的传递系数($j=i$)。

稳定系数 F_s应符合

$$F_s \geqslant F_{st} \tag{7-2}$$

式中:F_{st}——滑坡稳定安全系数,根据研究程度及其对工程的影响确定。

当滑坡体内地下水已形成统一水面时,应计入浮托力和动水压力。

(2)单滑面平面滑动破坏

1° 无张裂隙破坏(图 7-17)

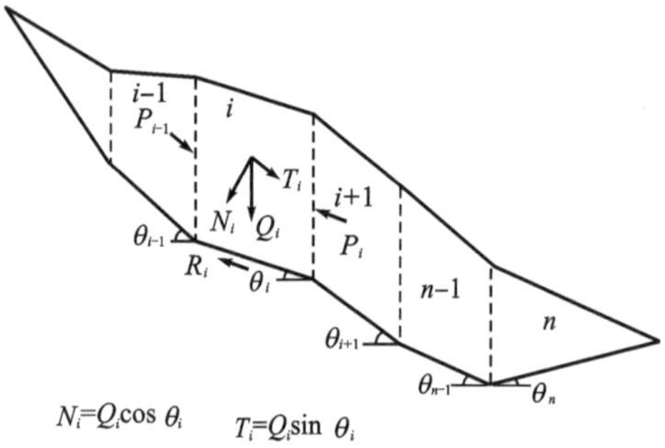

图 7-16 滑坡稳定系数计算

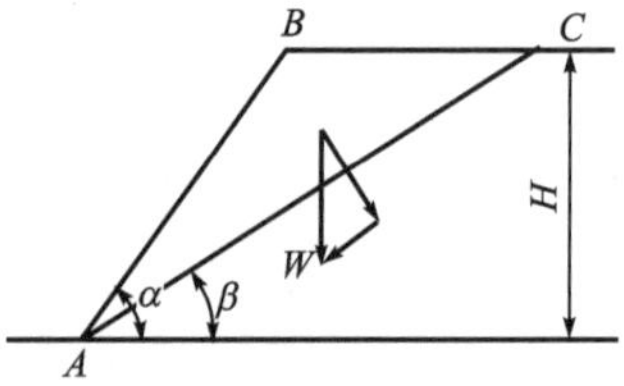

图 7-17 无张裂隙简单平面型破坏

单宽滑体重量为

$$W=\frac{\gamma H^2\sin(\alpha-\beta)}{2\sin\alpha\sin\beta}$$

抗滑力为

$$F_r = W\cos\beta\tan\varphi + c\frac{H}{\sin\beta}$$

滑动力为

$$F_d = W\sin\beta$$

稳定系数为

$$F_s=\frac{F_r}{F_d}=\frac{2c\sin\alpha}{\gamma H\sin(\alpha-\beta)\sin\beta}+\frac{\tan\varphi}{\tan\beta} \tag{7-3}$$

式中:γ——岩石的天然重度,kN/m^3;

φ——结构面的内摩擦角,(°);

c——结构面的黏聚力,kPa;

其余符号见图 7-17。

2° 坡顶(或坡面)有张裂隙破坏(图 7-18)

当张裂隙位于坡顶时,单宽滑体重量为

$$W=\frac{1}{2}\gamma H^2\{[1-(z/H)^2]\cot\beta-\cot\alpha\}$$

当张裂隙位于坡面时，单宽滑体重量为

$$W=\frac{1}{2}\gamma H^2[(1-z/H)^2\cot\beta(\cos\beta\tan\alpha-1)]$$

稳定系数为

$$F_s=\frac{cL+(W\cos\beta-U-V\sin\beta)\tan\varphi}{W\sin\beta+V\cos\beta}\tag{7-4}$$

式中：L——滑动面长度（单宽滑体面积），且 $L=(H-z)/\sin\beta$；

U、V——渗透压力，且 $U=\frac{1}{2}\gamma_w z_w L$，$V=\frac{1}{2}\gamma_w z_w^2$，$\gamma_w$ 为水的重度；

其余符号见图 7-18。

（3）滑坡推力计算

这里介绍《建筑地基基础设计规范》（GB 50007—2011）给出的滑坡推力计算方法。

当滑动面为折线形时，滑坡推力可按下式计算（图 7-19）：

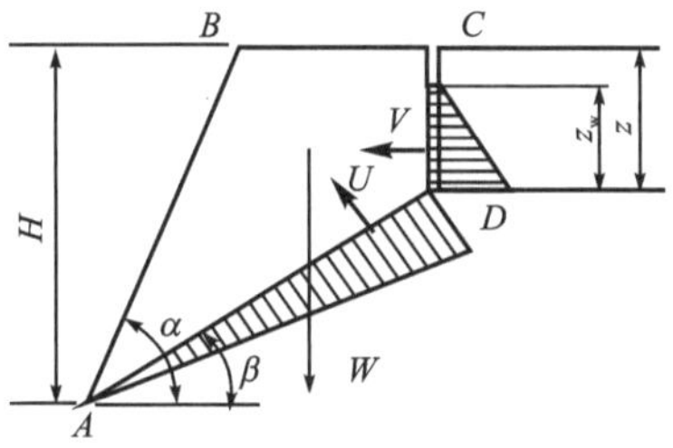

图 7-18　有张裂隙简单平面型破坏

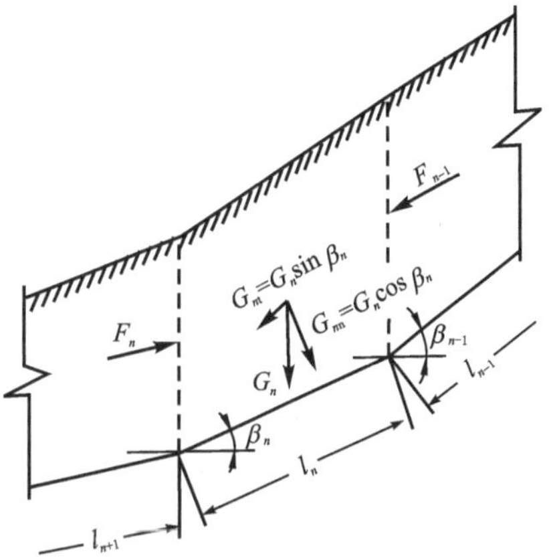

图 7-19　滑坡推力计算示意图

$$F_n=F_{n-1}\psi+\gamma_t G_{nt}-G_{nn}\tan\varphi_n-c_n l_n\tag{7-5}$$

$$\psi=\cos(\beta_{n-1}-\beta_n)-\sin(\beta_{n-1}-\beta_n)\tan\varphi_n\tag{7-6}$$

式中：F_n、F_{n-1}——第 n 块、第 $n-1$ 块滑体的剩余下滑力，kN/m；

ψ——传递系数；

γ_t——滑坡推力安全系数；

G_{nt}、G_{nn}——第 n 块滑体自重沿滑动面、垂直滑动面的分力，kN/m；

φ_n——第 n 块滑体沿滑动面土的内摩擦角标准值，（°）；

c_n——第 n 块滑体沿滑动面土的黏聚力标准值，kPa；

l_n——第 n 块滑体沿滑动面的长度，m。

滑坡推力作用点可取在滑体厚度的二分之一处。

滑坡推力安全系数应根据滑坡现状及其对工程的影响因素确定。对地基基础设计等级为甲级的建筑物宜取 1.30，设计等级为乙级的建筑物宜取 1.20，设计等级为丙级的建筑物宜取 1.10。根据土（岩）的性质和当地经验，可采用试验和滑坡反算相结合的方法，合理地确定滑动面上的抗剪强度。需要指出的是,凡计算中的任一块段的 F 值为负值时,表示其无剩余下滑力。

7.3 泥石流

泥石流是山区特有的一种自然地质现象。它是由于降水(暴雨、融雪、融冰)而形成的一种挟带大量泥沙、石块等固体物质,突然爆发、历时短暂、来势凶猛、具有强大破坏力的特殊洪流。泥石流中固体物质含量一般在15%以上,特殊情况下,固体物质含量可占80%。泥石流与一般洪水不同。它爆发时,山谷雷鸣,地面振动,浑浊的泥石流体仗着陡峻的山势,沿着峡谷深涧,前推后拥,冲出山外,往往在顷刻之间给人们造成巨大的灾害。

在我国西南、西北和华北的一些山区,均发育有泥石流,危害着山区的工农业生产和人民的生命财产。因此,对泥石流及其防治的研究工作具有重要意义。

7.3.1 泥石流的形成条件

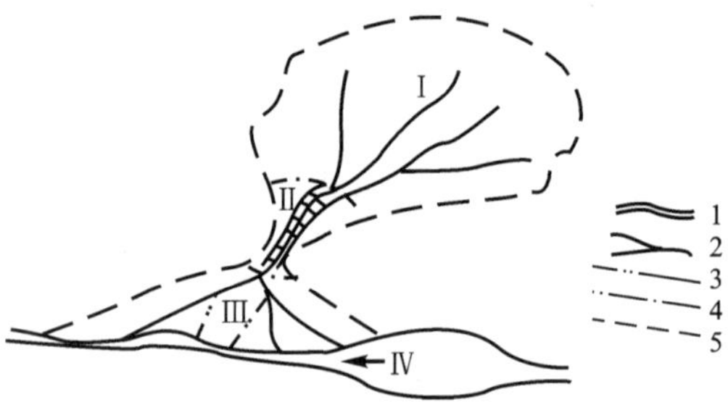

图7-20 泥石流流域示意图

1—峡谷 2—有水沟床 3—无水沟床

4—分区界线 5—流域界线

Ⅰ—形成区 Ⅱ—流通区 Ⅲ—堆积区 Ⅳ—堰塞湖

泥石流的形成过程与地形地貌、地质、水文、气象、植被、地震、人类活动等因素有关。

1. 地形条件

典型的泥石流流域从上游到下游一般可分为三个区,即泥石流的形成区、流通区和堆积区(图7-20)。

(1)上游形成区

地形多为三面环山、一面出口的瓢状或漏斗状,地形比较开阔,周围山高坡陡。这种地形植被不易发育,风化、剥蚀、崩塌、滑坡等现象严重,可为泥石流提供丰富的松散物质,并且有利于地表水迅速汇集。

(2)中游流通区

地形多为狭窄、陡深的峡谷,谷床纵坡降大。两岸岩坡稳定,能约束泥石流,使之保持较大厚度和流速,并使泥石流不易停积。

(3)下游堆积区

地形为开阔平坦的山前平原或河谷阶地。泥石流到此流速变缓,流体分散,迅速停积,多形成扇形堆积体。

2. 固体物质来源条件

(1)地质构造

地质构造复杂,断层、褶皱发育,新构造运动强烈,地震烈度较高,这些观象导致地表岩层破碎,使山坡上堆积较厚的残积、坡积层,容易形成崩塌、滑坡等不良地质现象,为泥石流的形成提供丰富的物质来源。

(2)岩性

结构疏松软弱、易于风化、节理发育的岩层，如板岩、千枚岩、泥岩及页岩等，或软硬相间成层的岩层，易遭受破坏，形成丰富的碎屑物质来源。

3. 水源条件

(1)短时间内突然性的大量流水

突然性大量流水有：①强度较大的暴雨，例如2010年8月7日22时左右，甘肃省舟曲县城东北部山区突降特大暴雨，降雨量达97 mm，持续40多分钟，引发三眼峪、罗家峪等四条沟系的特大山洪地质灾害，泥石流总体积$750\times10^4\ m^3$，导致1 481人遇难，284人失踪；②冰川、积雪的强烈消融；③冰川湖、高山湖、水库等的突然溃决。

(2)水的作用

水能浸润饱和山坡松散物质，使其摩阻力减小、滑动力增大。水流对松散物质的侧蚀、掏挖作用，可引起滑坡、崩塌等，增加碎屑物质来源。

4. 其他条件

滥伐山林会造成山坡水土流失；开山采矿、采石产生的弃渣堆石等往往增加大量物质来源。

上述条件概括起来为：①有陡峻便于集水、集物的地形；②有丰富的松散物质；③短时间内有大量水的来源。此三者缺一便不能形成泥石流。

7.3.2　泥石流的分类

1. 根据泥石流流域特征分类

(1)沟谷型泥石流(图7-21)

沟谷型泥石流沟谷明显、沟长坡缓、流域呈狭长形，支沟发育，形成区、流通区和堆积区较明显，泥石流发生、运动、堆积过程完整，堆积区呈扇形或带状，规模大，一般流域面积大于1.0 km^2，主沟长度大于2 km。泥石流沿沟谷有堆积也有冲刷搬运，形成逐次搬运的“再生式泥石流”。

(2)山坡型泥石流(图7-22)

山坡型泥石流流域呈斗状，沟谷短、浅、坡陡、规模小，一般流域面积小于1.0 km^2，泥石流的发生和运动沿山坡或在坡面冲沟中进行，堆积在坡脚或冲沟口，没有明显的流通区，形成区与堆积区相连，堆积物棱角明显。由于汇水面积不大，水源一般不充沛，多形成重度大、规模小的泥石流。

(3)标准型泥石流

标准型泥石流总体轮廓呈哑铃状，能明显分出形成区、流通区和堆积区，泥石流的规模和破坏力较大。

2. 根据泥石流物质特征分类

(1)按泥石流固体物质组成分类

1)泥流　由黏粒、粉粒和砂粒组成，砾石和卵石颗粒很少，颗粒级配偏细，密度偏高，分

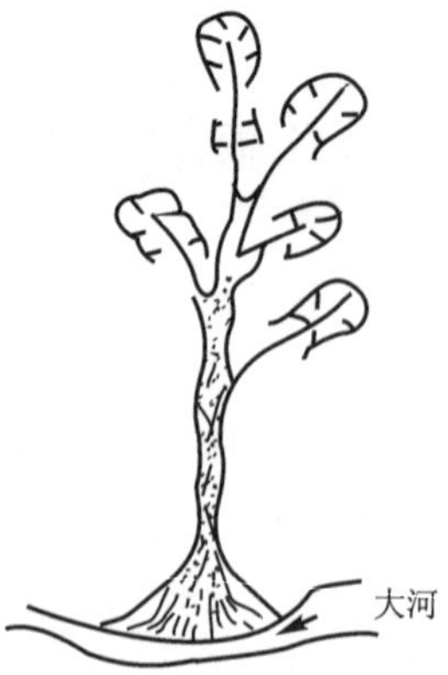

图 7-21 沟谷型泥石流流域示意图

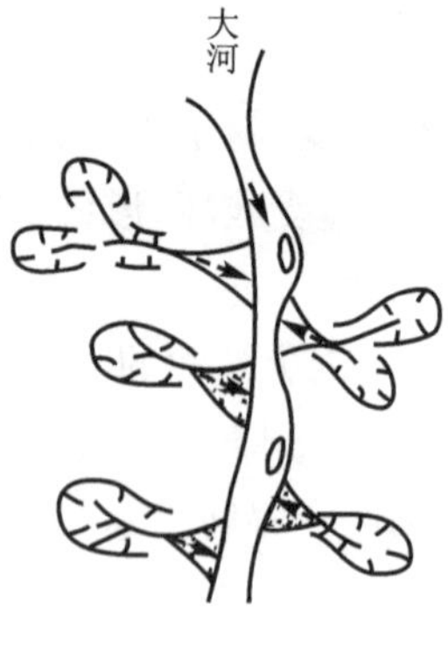

图 7-22 山坡型泥石流流域示意图

稀性和稠性，呈黏泥状。泥流的分布地域主要集中于西北黄土高原等地区。

2）泥石流　固体物质由大量的黏性土和粒径不等的砂粒、石块组成，颗粒级配域宽，密度幅度域大，分布地域广，几乎散布全国各地山区，并以我国西南地区为主，如西藏波密、四川西昌、云南东川等地区。

3）水石流　水石流固体物质以大小不等的石块、砂粒为主，黏性土含量较少；堆积物分选性强，颗粒级配偏粗，密度偏低，为稀性；分布地域较零散，主要分布于石灰岩、石英岩、大理岩、白云岩、玄武岩及砂岩分布地区，如陕西华山、山西太行山、北京西山等地。

（2）按泥石流流体物质状态分类

1）黏性泥石流　也称结构型泥石流，是含大量黏土、细颗粒物质的泥石流或泥流。它稠度大、黏性大、密度高、浮托力强，有铺床作用和阵流现象。此种泥石流固体物质占 40% ~60%，最高达 80%，水不是搬运介质，而仅是组成物质，大石块有浮运和翻腾现象。泥石流爆发突然，持续时间短，流路集中，直进性强，不易分散，破坏力大。黏性泥石流堆积后密实、层次分明、透水性弱，常形成“舌状”或“岗状”。

2）稀性泥石流　也称紊流型泥石流，含黏土等细颗粒物质少，稠度稀，黏性小，密度低，浮托力弱，水为主要成分，固体物质占 10% ~40%，石块流速小于泥沙、浆体，呈翻滚、碰撞、跃移运动。稀性泥石流堆积物粒径沿流程均有分选性，有强烈的下切作用，堆积物在堆积区呈扇状散布，停积后似“石海”。

（3）按水的补给来源分类

可将泥石流分为暴雨型泥石流、冰雪融水型泥石流、溃决型泥石流等。

3.《岩土工程勘察规范》(GB 50021—2001，2009 年版)的分类

根据泥石流特征和流域特征把泥石流分为高频率泥石流沟谷和低频率泥石流沟谷两类。每类又根据流域面积、固体物质一次冲出量、流量、堆积区面积和破坏的严重程度分为三个亚类，见表 7-2。

表7-2　泥石流的工程分类和特征

类别	泥石流特征	流域特征	亚类	严重程度	流域面积（km^2）	固体物质一次冲出量（$\times10^4$ m^3）	流量（m^3/s）	堆积区面积（km^2）
Ⅰ高频率泥石流沟谷	基本上每年均有泥石流发生。固体物质主要来源于沟谷的滑坡、崩塌。暴发雨强小于2～4 mm/10 min。除岩性因素外，滑坡、崩塌严重的沟谷多发生黏性泥石流，规模大，反之多发生稀性泥石流，规模小	多位于强烈抬升区，岩层破碎，风化强烈，山体稳定性差。泥石流堆积新鲜，无植被或仅有稀疏草丛。黏性泥石流沟中下游沟床坡度大于4%	I_1	严重	>5	>5	>100	>1
			I_2	中等	1～5	1～5	30～100	<1
			I_3	轻微	<1	<1	<30	—
Ⅱ低频率泥石流沟谷	暴发周期一般在10年以上。固体物质主要来源于沟床，泥石流发生时“揭床”现象明显。暴雨时坡面产生的浅层滑坡往往是激发泥石流形成的重要因素。暴发雨强，一般大于4 mm/10 min。规模一般较大，性质有黏有稀	山体稳定性相对较好，无大型活动性滑坡、崩塌。沟床和扇形地上巨砾遍布。植被较好，沟床内灌木丛密布，扇形地多已辟为农田。黏性泥石流沟中下游沟床坡度小于4%	II_1	严重	>10	>5	>100	>1
			II_2	中等	1～10	1～5	30～100	<1
			II_3	轻微	<1	<1	<30	—

注：①表中流量对高频率泥石流沟指百年一遇流量，对低频率泥石流沟指历史最大流量。

②泥石流的工程分类宜采用野外特征与定量指标相结合的原则，定量指标满足其中一项即可。

7.3.3　泥石流的防治措施

泥石流场地的工程防治必须充分考虑泥石流的形成条件、类型及运动特点。泥石流的三个地形区段特征决定了防治原则应当是：上、中、下游全面规划，各区段分别有所侧重，生物措施与工程措施并重。上游水源区宜选水源涵养林、修建调洪水库和引水工程等削弱水动力的措施。流通区以修建减缓纵坡和拦截固体物质的拦沙坝、谷坊等构筑物为主。堆积区主要修建导流堤、急流槽、排导沟、停淤场，以改变泥石流流动路径并疏排泥石流。对稀性泥石流应以导流为主，而对黏性泥石流则应以拦挡为主。

1. 生物措施

生物措施主要包括保护与培育森林、灌丛和草本植物，采用高技术含量的农牧业技术以及科学合理的山区土地资源开发管理措施。泥石流生物防治的主要目的是维持优化的生态平衡，减少水土流失，削减地表径流和松散固体物质补给量，以便在获得生物资源的同时控制泥石流的发生。

2. 工程措施

(1)治水工程

治水工程一般修建于泥石流形成区上游，类型包括调洪水库、截水沟、蓄水池、泄洪隧洞和引水渠等。它的作用主要是调节洪水，即拦截部分或大部分洪水，削减洪峰，减弱泥石流暴发的水动力条件。

(2)治土工程

治土工程的主要目的是减少松散固体物质来量,促使泥石流衰退并走向衰亡。常见类型有以下几种。

1° 拦挡工程

拦挡工程通常称为拦沙坝、谷坊。建于主沟内规模较大的拦挡坝称为拦沙坝,而无常流水支沟内规模较小的成群布设的拦挡工程称为谷坊。它们多修建于流通区内,作用主要是拦泥滞沙、护床固坡,既可以拦截部分泥沙石块、削减泥石流的规模,尤其是高坝大库作用更为明显,又可以减缓上游沟谷的纵坡降、加大沟宽、减小泥石流的流速,从而减轻泥石流对沟岸的侧蚀、底蚀作用。

此外,还可以采用预制钢筋混凝土构件做成的格栅坝来拦截小型稀性泥石流。通常,它可以拦截50% ~70%的泥石流固体物质,也可以拦截直径达2 m的漂砾。如果有潜在的大规模泥石流威胁下游大型建筑场地或居民点,应修筑高坝。

2° 支挡工程

对于沟坡、谷坡、山坡上常常存在的个别、分散的活动性滑坡、崩塌体,可采用挡土墙、护坡等支挡工程。挡土墙多修筑于坡脚,并通过合理的布置以防止水流、泥石流直接冲刷坡脚。护坡工程则主要适用于那些长期受到水流、泥石流冲蚀而不断发生片状、碎块状剥落或逐渐失稳的软弱岩体边坡。

(3)排导工程

排导工程是一类重要的治理工程,它可以直接保护下方特定的工程场地、设施或某些建筑群落。其类型包括排导沟、渡槽、急流槽、导流堤、顺水坝、明洞等,作用主要是调整流向、防止漫流。它们多建于流通区和堆积区。

(4)跨越工程

跨越工程指修建的桥梁、涵洞等从泥石流上方凌空跨越,让泥石流在其下方排泄。

(5)穿过工程

穿过工程指修建从泥石流下方穿过的隧道、明洞,泥石流从其上方排泄。

7.4 地面沉降

地面沉降指在自然因素和人为因素影响下,由于地壳表层土体压缩导致的区域性地面标高降低的现象。地面沉降主要发生在大中城市及其周围地区。例如,上海地面沉降始于1920年,至1965年,地面沉降面积为850 km^2,累积最大沉降量2.65 ~3.0 m;天津市沉降面积达1 000 km^2,最大沉降量达2.92 m;江苏省沉降面积为380 km^2,集中在苏州、无锡、常州一带,最大沉降量1.10 m;河北省沉降面积36 000 km^2,主要集中在河北省东南部,以沧州为代表,最大沉降量1.13 m;北京市沉降面积314 km^2,最大沉降量0.60 ~0.80 m;陕西省沉降面积177.3 km^2,最大沉降量达1.035 m(西安市)。

7.4.1 地面沉降的危害

地面沉降的危害:①降低地面标高,造成雨季地表积水,防洪能力和抵抗风暴潮能力减弱，沿海地区可能发生海水入侵与倒灌；②影响港口、码头的使用能力，甚至使港口设施失效；③桥墩下沉、桥梁净空减小，影响泄洪与航运；④地基不均匀下沉，建筑物开裂倒塌；⑤供水井井管上升和地下管线损坏。

7.4.2 地面沉降的形成原因

1. 地壳近期的断陷下降运动

一般来说，地壳近期的断陷下降运动速率较低，但具有长时期的持续性，在一些新构造运动活跃的地质构造单元中，如断陷盆地或沉降带内，沉降速率可达到每年数毫米。这种构造下沉的影响是大区域的，这种沉降速率对一些跨越不同地质构造单元的大型线状工程的稳定性可能产生不利影响。

2. 地震或火山活动

地震或火山活动可以导致地面的陷落式下沉。地震引起地面沉降的主要原因是地震力分量使基岩发生错位。在覆盖土层内，地震作用引起的复杂效应使土层发生塑性变形、褶曲、压实以及饱和松散土液化。

3. 温室效应所引起的海平面相对上升

由于人类对生活质量水平的不断追求以及工业化大生产的发展，造成巨大的环境污染，排出大量的温室气体，如（CO_2、CH_4、SO_2等），引起地球气候变暖，极地冰雪融化引起海水量增加、海平面上升，从而使沿海地区地面呈现相对降低现象。

4. 建筑物的静、动荷载和地面堆载

静、动荷载作用造成土层的沉降是有限的，破坏性也是局部的，尽管有时较严重。这主要起因于建筑物对土层的压缩以及车辆运行所产生的振动。由地面负荷增大而引起的地面沉降幅度在大多数情况下较小，沉降地面的范围可超过承载地面范围2～3倍。在地质冰川期（最近一次约在1.1万年前），地表一定范围被冰川覆盖，加之修建人工湖、水库等，因地面负荷局部增大，造成地面沉降。

5. 固体矿产的开采

固体矿产开采造成的下沉仅局限于矿体上方的很小区域，且往往矿体部分是基岩。开采作用形成大面积的采空区，引起地面变形。其下沉可发展成为地面沉降、裂缝或塌陷。

6. 大量开采地下水溶性气体、石油或地下水

大量开采地下水溶性气体、石油或地下水被公认为是人类工程活动中造成大幅度、急剧性地面下沉的最主要因素。

在一定地质环境条件下，人类对地下水资源的大量开采是产生严重地面沉降的重要诱发因素。地下水主要储存于地下砂、黏土层矿物颗粒间或裂隙中，形成较大的内压，支撑上覆地层的重量。若过量汲取地下水，使矿物颗粒间和裂隙中的水汲出，孔隙水压力减小，有效应力增大，砂和黏土层等的密度也将增大（压实作用），体积缩小，导致地面下沉。当开采量限于某含水系统补给资源范围时，由于消耗部分在较短周期内可以得到自然补充，含水地层随着地下水的周期性升降而产生的变形大多属于弹性变形，因此变形一般可以恢复。当开采量超过某含水系统的补给资源而长期动用其储存资源时，区域地下水位将不断下降，并产生等效附加应力效应,此时含水层本身除产生弹性变形外,尚可能出现程度不同的塑性变形或永久变形。前者可随地下水储量的可能恢复而复原,后者则不能恢复。

7.4.3 地面沉降的估算和预测

1. 预测地面沉降的前提条件

预测地面沉降的前提条件有两个:①查明场地的工程地质、水文地质条件,划分压缩层和含水层;②进行室内外测试,取得抽水压密试验、渗透试验、前期固结试验、流变试验、反复载荷试验等的成果和沉降观测资料。

2. 预测地面沉降量的估算方法

通常用分层总和法计算地面沉降量。

黏性土及粉土层沉降量按下式计算:

$$S_{\infty} = \Delta P H a_v / (1 + e_0) \tag{7-7}$$

式中:S_{∞}——土层最终沉降量,mm;

a_v——黏性土层的压缩或回弹系数,kPa^{-1}(压缩时为 a_{vc},回弹时为 a_{vs});

e_0——土层原始孔隙比;

ΔP——由于地下水位变化施加于土层上的平均荷载,kPa;

H——土层的厚度,mm。

砂层沉降量按下式计算:

$$S_{\infty} = \Delta P H / E \tag{7-8}$$

式中:E——砂层的弹性模量,kPa(压缩时为 E_c,回弹时为 E_s)。

7.4.4 地面沉降的防治措施

1. 已发生地面沉降区的防治措施

对于已发生地面沉降的地区,可根据工程地质和水文地质条件采取下列控制和治理方案:①减少地下水开采量和水位降深,调整开采层次,合理开发,当地面沉降发展剧烈时,应暂时停止开采地下水;②对地下水进行人工补给,回灌时应控制回灌水源的水质标准,以防止地下水被污染;③限制工程建设中的人工降低地下水位。

2. 可能发生地面沉降区的防治措施

对于可能发生地面沉降的地区,应预测地面沉降的可能性和估算沉降量,并可采取下列预测和防治措施:①根据场地工程地质、水文地质条件,预测可压缩层的分布;②根据抽水压密试验、渗透试验、先期固结压力试验、流变试验、载荷试验等的测试成果和沉降观测资料,计算分析地面沉降量和发展趋势;③提出合理开采地下水资源、限制人工降低地下水位及在地面沉降区内进行工程建设应采取措施的建议。

7.5 采空区

7.5.1 采空区及其危害

人类为采掘地下资源而留下的地下空间称为地下采空区。根据开采现状可将采空区分为古老采空区、现代采空区及未来采空区三类。古老采空区是指建筑物兴建时,历史上已经采空的场地;现代采空区是指建筑物兴建时,地下正在开采的场地;未来采空区是指建筑物兴建时,地下储存有工业价值的矿层,目前尚未开采,而规划中要开采的场地。

由于地下开采造成一定的地下空间,导致周围岩体向此空间移动。如果开采空间的位置很深或尺寸不大,则围岩的变形破坏将局限在一个很小的范围内,不会波及地表。但是,当开采空间位置很浅或尺寸很大时,围岩变形破坏往往波及地表,使之产生沉降,形成地表移动盆地,甚至出现崩陷和裂缝,以致危及地面建筑物安全,形成采空区场地特有的岩土工程问题。

7.5.2 采空区地表移动规律及特征

1. 地下大面积采空后岩体内部的破坏和移动

地下矿层大面积采空后,矿层上部失去支撑,平衡条件被破坏,采空区上方岩体随之产生变形。采空区上方岩体变形的总过程是自下而上逐渐发展的漏斗状沉落。其变形情况一般可分为三个带。

(1)冒落带(垮落带)

在自重及上覆岩层作用下,变形、破碎、坍落至采空区的那部分顶板岩层叫冒落带。冒落带的高度一般为采空厚度的2~5倍。

(2)裂隙带(裂缝带)

当冒落带上部的岩层在重力作用下产生的弯曲变形超过抗弯强度时,因离层和断裂而产生的楔形连通裂隙(有时为层状裂隙)带叫裂隙带。裂隙带的高度为采空厚度的18~24倍。

(3)弯曲带

在自重作用下,裂隙带上方只产生弯曲沉落变形的那部分岩层叫弯曲带。此带内的岩层变形较小,裂隙密闭,不连通,导水性弱。它的直接作用是使地面形成移动盆地。

2. 地下大面积采空后的地表变形

(1)地表变形的特征

地下矿层大面积采空后,将引起地表下沉变形。地表变形开始时为凹地,随着采空区的不断扩大,凹地不断发展而形成凹陷盆地。此盆地称为移动盆地。

移动盆地的面积一般都比采空区面积大,位置和形状与矿层倾角大小有关。矿层倾角平缓时,盆地位于采空区的正上方,形状对称于采空区;矿层倾角较大时,盆地在沿矿层走向方向仍对称于采空区,而沿矿层倾斜方向随着倾角的增大,盆地中心向倾斜方向偏移。

(2)地表变形的分区

根据地表变形值的大小和变形特征,自移动盆地中心向边缘可分为三个区。

1)均匀下沉区(中间区) 为盆地中心的平底部分。区内地表下沉均匀,地面平坦,一般无明显裂缝。

2)移动区(危险变形区) 区内地表下沉不均匀,呈凹形,向中心倾斜,为应力挤压区,可能有裂缝伴生,对建筑物破坏作用较大。

3)轻微变形区 地表的变形值较小,一般对建筑物不起损坏作用,为应力拉张区。其外围边界,即移动盆地的最外边界,一般是以地表下沉值 10 mm 为标准划分的。

(3)地表变形的分类

地表变形可分为两种移动和三种变形。两种移动是垂直移动(下沉)和水平移动;三种变形是倾斜、弯曲(曲率)和水平变形(拉张与压缩)。

3. 各种地表变形对建筑物的主要影响

(1)地面下沉

一般来说,地面的均匀下沉对建筑物的影响并不太大,但当下沉量较大而使地下水位抬升浸泡地基时,对建筑物会造成一定危害。

(2)地面倾斜

地面倾斜通常很容易对底面积小而高度大的建筑物造成危害,如烟囱、水塔和高压铁塔等。

(3)水平移动(滑动)

水平移动将使建筑物受到附加的拉伸或者压缩,使其薄弱部位出现裂缝甚至受到破坏。

(4)曲率变形

地表的曲率变形是促使建筑物遭到破坏的一个重要因素。负曲率将使建筑物中部处于“悬空”状态,犹如一个中间无支撑的梁。正曲率使建筑物两端处于“悬空”状态,犹如一个只有中间支撑的悬臂梁。这两种情况均将使建筑物产生弯曲变形和裂缝。

4. 影响地表变形的因素

(1)矿层因素

矿层的影响因素如下:①矿层埋深愈大(即开采深度愈大),变形扩展到地表所需时间愈长,地表变形值愈小,变形比较平缓均匀,但地表移动盆地的范围愈大;②矿层厚度愈大,采空区的空间就愈大,会促使变形过程加剧,地面变形值增大;③矿层的倾角增大时,会使水平移动值增大,地表出现裂缝的可能性增大,移动盆地和采空区的位置更不对称。

(2)岩性因素

岩性的影响如下。①上覆岩层强度高、分层厚度大时,产生地表变形的面积大,破坏过程所需时间长。厚度大的坚硬岩层,甚至地表长期不产生变形。强度低、分层薄的岩层,产生较大的地表变形,且速度快,但变形均匀,地表不常出现裂缝。脆性岩层地表易产生裂缝。②厚度大、塑性大的软弱岩层覆盖于硬脆岩层之上时,后者产生的破坏会被前者缓冲或掩盖,使地表变形平缓;反之,上覆软弱岩层较薄,地表变形会很快,并会出现裂缝。岩层软硬相间且倾角较陡时,接触处常出现层离现象。③地表第四纪堆积物愈厚,地表变形值愈大,但变形平缓均匀。

(3)地质构造因素

岩层节理发育会促进变形加快、增大变形范围、扩大地表裂缝区。断层会破坏地表移动的正常规律,改变移动盆地的大小和位置,使断层带上的地表变形更加剧烈。

(4)地下水因素

地下水的活动(特别是对抗水性弱的岩层)会加快变形速度、扩大变形范围、增大地表变形值。

(5)开采条件

矿层开采和顶板处置的方法以及采空区的大小、形状、工作面推进速度等,均影响地表变形的形式、速度和变形值。目前,以房柱式开采和全部充填法处置顶板,可减弱对地表变形的影响。

7.5.3　采空区的处理措施

1. 顶板及采空处理方法

顶板及采空处理有如下方法:①全部垮落法;②带状充填法(外来材料);③矸石自溜充填法;④干式全部充填法;⑤风力和机械干式充填法;⑥水力矸石充填法;⑦水砂充填法;⑧冒落条带开采法;⑨水砂充填条带开采法;⑩充填条带开采法以及混凝土充填。

2. 防止地表和建筑物变形的措施

(1)开采工艺方面的措施

开采时可采用如下措施:①采用充填法处置顶板,及时全部充填或两次充填,以减少地表下沉量;②减少开采厚度或采用条带法开采,使地表变形不超过建筑物的容许极限值;③增大采空区宽度,使地表移动充分;④控制开采的推进速度均匀,合理进行协调开采。

(2)建筑物设计方面的措施

在采空区进行建设时,应根据地表移动特征、地表移动所处阶段、地表变形值的大小和上覆岩层的稳定性划分不宜修建的场地和相对稳定可以建造的场地。

设计时可采用如下措施:①建筑物长轴应垂直于工作面的推进方向;②建筑物平面形状应力求简单,以矩形为宜;③基础底部应位于同一标高和岩性均一的地层上,否则应用沉降缝分开;④当基础埋深不一致时,应采用台阶,不宜采用柱廊和独立柱;⑤加强基础刚度和上部结构强度,在结构薄弱处更应加强。

7.6　活断层

活断层也称活动断裂,是现今仍在持续活动或者近期有过活动,不久的将来(100~200年)极可能重新活动的断层。后一种也叫作潜在活断层。活断层可使岩层产生错动位移或导致发生地震,对工程建筑造成很大的甚至无法抗拒的危害。

定义中的"近期"有不同的标准,核电和水利水电行业规范定为晚更新世(约10万年)以来。在国家标准《岩土工程勘察规范》(GB 50021—2001,2009年版)中,将在全新地质时期(1 万年)内有过地震活动或近期正在活动,在今后 100 年可能继续活动的断裂叫作全新活动断裂,并认为可将全新活动断裂中,近期(近 500 年来)发生过地震震级 $M \geqslant 5$ 级的断裂,或在今后 100 年内可能发生 $M \geqslant 5$ 级的断裂定为发震断裂;而将 1 万年以前活动过、1 万年以来没有发生过活动的断裂叫作非全新活动断裂。

7.6.1 活断层的分类

活断层按两盘错动方向分为走向滑动型活断层(平移活断层)和倾向滑动型活断层(逆活断层及正活断层)。走向滑动型活断层最常见,特点是断层面陡倾或直立,平直延伸,部分规模很大,断层中常蓄积有较高的能量,引发高震级强烈地震。倾向滑动型活断层以逆活断层更为常见,多数是受水平挤压形成,断层倾角较缓,断层带较平移活断层宽得多,错动时由于上盘为主动盘,故上盘地表变形开裂较严重,岩体较下盘破碎,对建筑物危害较大。倾向滑动型的正活断层的变形和分支断层错动主要集中于下降盘,故上盘岩体也较破碎。

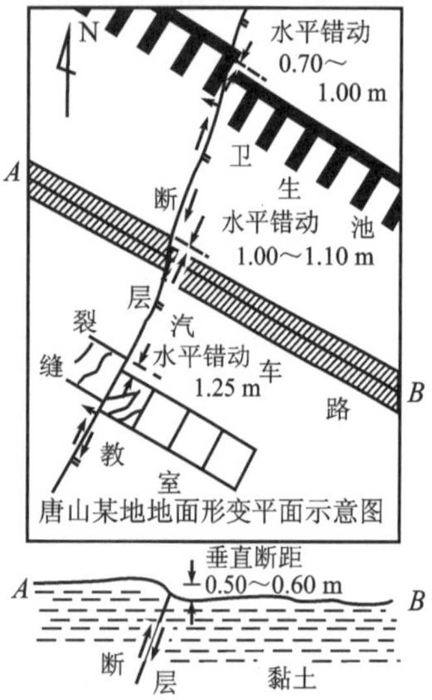

图 7-23 唐山地震地面断层错动图
(据虢顺民等,1977)

按活动性质活断层可分为蠕变(蠕滑)型活断层和突发(黏滑)型活断层。蠕变型活断层是只有长期缓慢的相对位移变形,不发生地震或只有少数微弱地震的活断层。如美国圣·安德烈斯断层南部加利福尼亚地段,几十年来平均位移速率达 10 mm/a,却没有较强的地震活动。突发型活断层错动位移是突然发生的,并同时伴发较强烈的地震。突发型活断层又分为两种情况:一种是断层错动引发地震的发震断层,另一种是因地震引起老断层错动或产生新的断层。如 1976 年唐山地震时,形成一条长 8 km 的地表错断,以 NE30°的方向穿过市区,最大水平断距达 1.63 m,垂直断距达 0.7 m,错开了楼房、道路等一切建筑,如图 7-23 所示。

7.6.2 活断层的特征

活断层绝大多数都是沿已有的老断层发生新的错动位移,这叫作活断层的继承性。尤其是区域性的深大断裂更为多见。新活动的部位通常只是沿老断裂的某个段落发生,或是某些段落活动强烈,另一些段落则不强烈。活动方式和方向相同也是继承性的一个显著特点。形成时代越新的断层,继承性越强,如晚更新世以来的构造运动引起的断裂活动持续至今。

活断层的长度和断距是表征活断层规模的重要数据。通常用强震导致的地面破裂的长度和伴随地震产生的一次突然错断的最大位移值表示。

活断层的错动速率有显著差异,突发型活断层的错动速率较快,可达 0.5 ~ 1 m/s,蠕变型活断层的错动速率大多在年均 1 毫米至数十毫米。这叫作活动方式与活动速率的相关性。同一条活断层的变形速率也不均匀,如发震断层临震前速率可成倍剧增,而震后又趋缓。这一断层变形速率的变化特征对地震预测有很大意义。《岩土工程勘察规范》(GB 50021—2001,2009 年版)对全新活动断裂的分级见表 7-3。

表 7-3 全新活动断裂分级

断裂分级 \ 指标		活动性	平均活动速率 v(mm/a)	历史地震震级 M
Ⅰ	强烈全新活动断裂	中晚更新世以来有活动,全新世活动强烈	$v>1$	$M\geqslant 7$
Ⅱ	中等全新活动断裂	中晚更新世以来有活动,全新世活动较强烈	$0.1\leqslant v\leqslant 1$	$6\leqslant M<7$
Ⅲ	微弱全新活动断裂	全新世有微弱活动	$v<0.1$	$M<6$

地震断层两次突然错动之间的时间间隔,即为活断层的错动周期。活断层发生大地震的重复周期往往长达百年至数千年。

7.6.3 活断层的识别标志

1. 地貌标志

地形地貌方面的标志有如下几种。①地形变化差异大,如“山从平地起”;山口峡谷多、深且狭长;新的断层崖和三角面山连续出现,且比较显著,并有山崩和滑坡发生。②断层形成的陡坎山山脚常有狭长洼地和沼泽。③断层形成的陡坎山前的第四纪堆积物厚度大,山前洪积扇特别高或特别低,与山体不相对称,在峡谷出口处的洪积扇呈叠置式、线性排列。④沿断裂带有串珠泉出露,若为温泉,则水温和总矿化度较高。⑤断裂带上植物突然干枯死亡或生长有特别罕见的植物。⑥第四纪火山锥、熔岩呈线性分布。⑦同级阶地高程在断层两侧发生突然变化。⑧山脊、山谷被错开。⑨平移性质的活断层穿过系列平行河流时,这些河流做同一方向的弯折。

2. 地质及地震标志

地质及地震方面的标志有:①第四纪(尤其是晚更新世以来)的堆积物常见到小褶皱和小断层或被第四纪以前的岩层所冲断;②沿断层可见河谷、阶地等地貌单元同时发生水平或垂直位移错断;③沿断层带的断层泥及破碎带多未胶结,断层崖壁可见擦痕和错碎岩粉;④在断层带附近地区有现代地震、地面位移和地形变以及微震发生,沿断层带有多呈线状分布的历史地震和现代地震震中分布;⑤沿断裂带地热、地磁及各种气体及放射性数值一般偏高。

7.6.4 活断层对工程建筑的影响

活断层对工程的危害主要有错动变形和引起地震两方面。

蠕变型的活断层相对位移速率不大时,一般对工程建筑影响不大。当变形速率较大,可能导致建筑地基不均匀沉陷,使建筑物拉裂破坏。对于海岸附近的工业民用建筑及道路工程，若断层靠陆地一侧长期下沉，且变形速率较大时，由于海水水位相对升高，有可能遭受波浪及风暴潮等的危害。

突发型的活断层伴随地震产生的错动距离通常较大，多为几十厘米至几百厘米，这种危害是无法抗拒的。因此，在工程建筑地区有突发型活断层存在时，任何建筑原则上都应避免跨越活断层以及与其有构造活动联系的分支断层，应将工程建筑物选择在无断层穿过的位置。

在活断层区的建筑物应采取与之相适应的建筑物形式和结构措施，以保障建筑物的安全可靠。

7.7 地　震

7.7.1 地震基础知识

地震是指在地壳表层因弹性波传播引起的振动现象，其中绝大多数是伴随岩层断裂错动所产生的，称为构造地震，占地震总数的 90% 以上。火山喷发、地层陷落、山崩等也可能引起地震，但所占比例很少，且强度低、影响范围小。此外，尚有因人类活动直接造成的地震，称为人工地震，如爆破引起的。由人类活动导致断层错动而产生的地震称为诱发地震，如水库诱发地震等。

世界上有两个地震活动频繁的地震带，即阿尔卑斯—喜马拉雅地震带和环太平洋地震带。前者发生的地震约占地震总数的 15%，后者约占 80%。这两个地震带都延伸到我国境内，所以我国是个多地震的国家。尤其是西南、西北、华北、东南沿海及台湾等地区，强烈地震经常发生。全球范围的另两个主要地震带是大洋中脊地震带和大陆裂谷地震带。

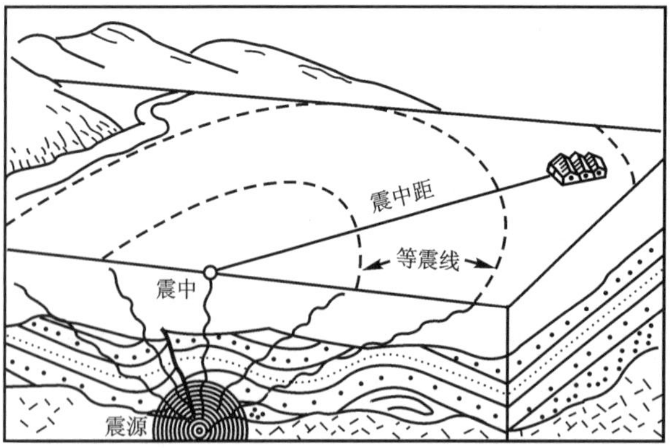

图 7-24　震源、震中和等震线示意图

如图 7-24 所示，地壳内部岩层破裂引发振动的地方称为震源。震源在地面上的垂直投影称为震中。震源与震中之间的距离叫震源深度。按震源深度可将地震分为浅源地震（震源深度小于 70 km）、中源地震（震源深度为 70 ~ 300 km）、深源地震（震源深度大于 300 km）。地面上任何一个地方到震中的距离称为震中距。根据震中距，可将地震分为地方震（震中距小于 100 km）、近震（震中距为 100 ~ 1 000 km）、远震（震中距大于 1 000 km）。地震所引起的振动以弹性波的形式向各个方向传播，强度随距离的增加而减小。地震波首先传到震中，震中区受破坏最大，距震中越远破坏程度越小。地面上受振动破坏程度相同的区域的外包线称为等震线。

地震时由震源向四周传播的弹性波称为地震波。通过地球内部介质传播的地震波称为体波。体波经过反射、折射后形成的沿地面附近传播的波称为面波。体波分为纵波（P 波）和横波（S 波）。纵波是由震源传出的压缩波，质点振动方向与波的前进方向一致，一疏一密地向前传播。纵波在固态、液态及气态中均能传播。纵波的速度快，是最先到达震中的波动，所以又称 P 波，它周期短、振幅小。横波是自震源向外传播的剪切波，质点振动方向与波的前进方向垂直，传播时介质体积不变，但形状改变，周期较长，振幅较大。由于横波是剪切波，所以它只能在固体介质中传播，而不能通过对剪切变形没有抵抗力的流体。横波是第二个到达震中的波动，故又称 S 波。一般，在近地表的岩石中的纵波和横波速度分别为 $v_p = 5 \sim 6$ km/s，$v_s = 3 \sim 4$ km/s；在水中，$v_p = 1.5$ km/s，$v_s = 0$。

面波（L 波）是体波到达地面后激发的次生波，它只在地表传播，在地面以下迅速消失。面波有两种，一种是在地面滚动前进的瑞利波（R 波），另一种是在地面作蛇形运动的勒夫波（Q 波）。面波波长大，振幅大，传播的速度最慢。仪器记录的地震波谱见图 7-25，最先到达的总是纵波，其次是横波，最后到达的才是面波。当横波和面波到达时，地面振动最强烈，对建筑物的破坏最大。

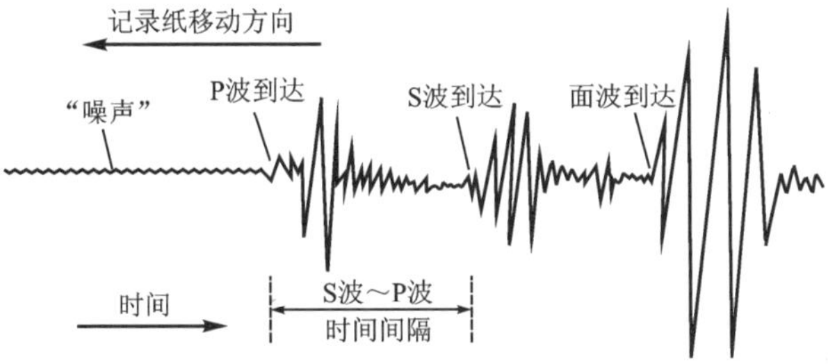

图 7-25　典型的地震波记录图

（据 Barbara W. Murck 等，1997）

7.7.2　地震震级与地震烈度

1. 地震震级

震级是对地震强度大小的度量，与地震所释放的能量大小相关。释放的能量（E，erg）越大，震级（M）就越高。两者的关系为

$$\lg E = 11.8 + 1.5M \tag{7-9}$$

由上式可知，震级每增加一级，能量释放增加约 30 倍。

小于 2 级的地震称为微震，2 ~ 4 级的地震称为有感地震，5 ~ 6 级的地震称为破坏性地震，7 级以上的地震称为强烈地震。目前，世界上记录到的最大震级是 9.0 级（2004 年 12 月 26 日，印度尼西亚苏门答腊岛附近海域）。

2. 地震烈度

地震烈度是衡量地震时一定地点的地面振动强弱程度的尺度，是针对该地点范围内的平均水平而言的。地震烈度不仅与震级有关，还和震源深度、震中距以及地震波通过的介质条件（岩石性质、地质构造、地下水埋深）等多种因素有关。一般情况下，震级越高、震源越

浅、震中距越小,地震烈度就越高。

一次地震只有一个震级,但震中周围地区的破坏程度则随震中距的加大而逐渐减小,形成多个不同的地震烈度区。它们由大到小依次分布。但因地质条件不同,可出现偏大或偏小的烈度异常区。

在工程建筑设计中,鉴定划分建筑区的地震烈度是很重要的,因为一个工程从建筑场地的选择到工程建筑的抗震措施等都与地震烈度有密切的关系。

地震烈度的划分依据是地震时人们的感觉、建筑物破坏、器物振动及自然表现等宏观标志以及与振动有关的物理量。表 7-4 为《中国地震烈度表》(GB/T 17742—2008)。

表 7-4 中国地震烈度表(GB/T 17742—2008)

地震烈度	人的感觉	房屋震害			其他震害现象	水平向地面运动	
		类型	震害程度	平均震害指数		峰值加速度(m/s^2)	峰值速度(m/s)
Ⅰ	无感	—	—	—	—	—	—
Ⅱ	室内个别静止中人有感觉	—	—	—	—	—	—
Ⅲ	室内少数静止中人有感觉	—	门、窗轻微作响	—	悬挂物微动	—	—
Ⅳ	室内多数人、室外少数人有感觉,少数人梦中惊醒	—	门、窗作响	—	悬挂物明显摆动,器皿作响	—	—
Ⅴ	室内绝大多数、室外多数人有感觉,多数人梦中惊醒	—	门窗、屋顶、屋架颤动作响,灰土掉落,个别房屋抹灰出现细微裂缝,个别有檐瓦掉落,个别屋顶烟囱掉砖	—	悬挂物大幅度晃动,不稳定器物摇动或翻倒	0.31 (0.22~0.44)	0.03 (0.02~0.04)
Ⅵ	多数人站立不稳,少数人惊逃户外	A	少数中等破坏,多数轻微破坏和/或基本完好	0.00~0.11	家具和物品移动;河岸和松软土出现裂缝,饱和砂层出现喷砂冒水;个别独立砖烟囱轻度裂缝	0.63 (0.45~0.89)	0.06 (0.05~0.09)
		B	个别中等破坏,少数轻微破坏,多数基本完好				
		C	个别轻微破坏,大多数基本完好	0.00~0.08			
Ⅶ	大多数人惊逃户外,骑自行车的人有感觉,行驶中的汽车驾乘人员有感觉	A	少数毁坏和/或严重破坏,多数中等和/或轻微破坏	0.09~0.31	物体从架子上掉落;河岸出现塌方,饱和砂层常见喷水冒砂,松软土地上地裂缝较多;大多数独立砖烟囱中等破坏	1.25 (0.90~1.77)	0.13 (0.10~0.18)
		B	少数毁坏,多数严重和/或中等破坏				
		C	个别毁坏,少数严重破坏,多数中等和/或轻微破坏	0.07~0.22			

续表

地震烈度	人的感觉	房屋震害			其他震害现象	水平向地面运动	
		类型	震害程度	平均震害指数		峰值加速度（m/s^2）	峰值速度（m/s）
Ⅷ	多数人摇晃颠簸，行走困难	A	少数毁坏，多数严重和/或中等破坏	0.29～0.51	干硬土上出现裂缝，饱和砂层绝大多数喷砂冒水；大多数独立砖烟囱严重破坏	2.50（1.78～3.53）	0.25（0.19～0.35）
		B	个别毁坏，少数严重破坏，多数中等和/或轻微破坏				
		C	少数严重和/或中等破坏，多数轻微破坏	0.20～0.40			
Ⅸ	行动的人摔倒	A	多数严重破坏或/和毁坏	0.49～0.71	干硬土上多处出现裂缝，可见基岩裂缝、错动，滑坡、塌方常见；独立砖烟囱多数倒塌	5.00（3.54～7.07）	0.50（0.36～0.71）
		B	少数毁坏，多数严重和/或中等破坏				
		C	少数毁坏和/或严重破坏，多数中等和/或轻微破坏	0.38～0.60			
Ⅹ	骑自行车的人会摔倒，处不稳状态的人会摔离原地，有抛起感	A	绝大多数毁坏	0.69～0.91	山崩和地震断裂出现；基岩上拱桥破坏；大多数独立砖烟囱从根部破坏或倒毁	10.00（7.08～14.14）	1.00（0.72～1.41）
		B	大多数毁坏				
		C	多数毁坏和/或严重破坏	0.58～0.80			
Ⅺ	—	A	绝大多数毁坏	0.89～1.00	地震断裂延续很大，大量山崩滑坡	—	—
		B					
		C		0.78～1.00			
Ⅻ	—	A	—	1.00	地面剧烈变化，山河改观	—	—
		B					
		C					

注：表中的数量词："个别"为10%以下；"少数"为10%～45%；"多数"为40%～70%；"大多数"为60%～90%；"绝大多数"为80%以上。

在工程实际应用时，地震烈度本身又可分为基本烈度、建筑场地烈度和抗震设防烈度。

基本烈度是指一个地区在50年期限内，一般场地条件下可能遭遇的超越概率为10%的烈度值。它是在研究了区域内毗邻地区的地震活动规律后，对地震危险性做出的综合性的平均估计和对未来地震破坏程度的预报，目的是作为工程设计的依据和抗震的标准。国家地震局和建设部于1992年颁布了新的《中国地震烈度区划图》。该图于1990年编制完成，图中所给出的烈度即为基本烈度。

建筑场地烈度又称小区域烈度，是指建筑场地内因地质条件、地形、地貌条件和水文地质条件不同而引起基本烈度的降低或提高后的烈度。通常，建筑场地烈度比基本烈度提高或降低半度至一度。

抗震设防烈度为按国家规定的权限批准作为一个地区抗震设防依据的地震烈度。《建筑抗震设计规范》(GB 50011—2010)中规定:抗震设防烈度必须按国家规定的权限审批、颁发的文件(图件)确定,一般情况下,建筑的抗震设防烈度应采用根据中国地震动参数区划图确定的地震基本烈度(或与设计基本加速度值对应的烈度值)。抗震设防烈度为6度及以上地区的建筑必须进行抗震设计。

需要指出的是:《中国地震动参数区划图》(GB 18306—2015)直接采用地震动参数(地震动峰值加速度和地震动反应谱特征周期),并给出了地震动峰值加速度调整系数表和基本地震动反应谱特征周期调整表,也给出了场地地震动峰值加速度与地震烈度对照表。

7.7.3 地震对建筑物的影响

在地震作用下,地面会出现各种震害和破坏现象,也称为地震效应,即地震的破坏作用。它主要与震级大小、震中距和场地的工程地质条件等因素有关。地震破坏作用可分为振动破坏与地面破坏两个方面。前者主要是地震力和共振破坏作用,后者则包括地面破裂、斜坡破坏及地基失效。

1. 振动破坏效应

地震力是地震波传播时施加于建筑物上的惯性力。按照静力分析方法,假如建筑物的所受重力为 W,质量为 W/g(g 为重力加速度),则在地震波的作用下,建筑物所受到的最大水平惯性力

$$P = (W/g) \cdot a_{max} = Wa_{max}/g = WK_c \tag{7-10}$$

式中:$K_c = a_{max}/g$——水平地震系数。

由于地震波的垂直加速度分量较水平的小,仅为其1/3~1/2,且建筑物竖向安全储备一般较大,所以设计时在一般情况下只考虑水平地震力。因此,水平地震系数也称地震系数。建筑物地基受地震波冲击而振动,同时也引起建筑物的振动。当地震力达到某一限度时,建筑物就发生破坏。当建筑物自振周期与土层卓越周期相等或相近时就会引起共振,使建筑物振幅增大,导致倾倒破坏。1985年,离震中400 km的墨西哥城,在8.1级地震的作用下,倒塌的位于松软地基上的950多座建筑物大多是7~20层的中高层建筑,而许多特高层建筑却依然挺立,就与是否出现共振有关。建筑物的自振周期取决于所用的材料、尺寸、高度以及结构类型,可用仪器测定或据公式计算。据统计,1、2层结构物约为0.2 s;4、5层者约为0.4 s;11、12层者约为1 s。建筑物越高,自振周期越长。地震持续的时间越长,建筑物的破坏也越严重。土质越软弱、土层越厚,振动历时也越长。软土场地可比坚硬场地历时长几秒至十几秒。

2. 地面破坏效应

(1)地面破裂

地面破裂效应是指地震形成的地裂缝以及沿破裂面可能产生较小的相对错动,但不是发震断层或活断层。地裂缝多产生于河、湖、水库的岸边及高陡悬崖上边。在平原地区松散沉积层中尤为多见。在岸边地带出现的裂缝大多顺岸边延伸,可能有数条至十多条,且大致平行排列。如1965年邢台地震时,在震中区附近滏阳河边广泛分布的大致平行排列的数条

大裂缝，顶宽可达1 m以上，长可达数百米。裂缝分布范围垂直于河流方向可达数十米，使河岸及附近建筑遭受严重破坏。

(2)斜坡破坏

斜坡破坏效应是指在地震作用下斜坡失稳，发生崩塌、滑坡现象。大规模的边坡失稳不仅可以造成道路、村庄、堤坝等各种建筑物的毁坏，而且可以堵塞江河。例如，2008年四川省汶川8级强烈地震在龙门山地区触发了六千多处滑坡和崩塌，形成了4个堰塞湖，部分地区巨大滑坡造成的人员伤亡和财产损失远远超过地震灾害本身，特别是在北川县城。

(3)地基失效

地基失效效应主要是指地基土体产生振动压密、下沉、地震液化及松软地层的塑流变形等，使地基失效造成建筑物的破坏。最常见的是地震液化现象。

地震液化是指饱水砂土受强烈振动后而呈现出流动状态的现象。当液化现象出现后，砂土的抗剪强度完全丧失，失去承载能力，从而导致建筑物破坏。砂土液化现象还可导致地面喷水冒砂、地面下沉、地下掏空等现象。地震液化主要发生在粉、细砂层中，强烈地震时，粉质黏土、中砂层中也可出现。1964年日本新潟地震后，1 530栋建筑物普遍产生不均匀沉降，有310栋发生倾斜，主要原因就是这些建筑均建在易液化的冲积层上。

此外，发生海震时，海啸对沿岸港口、码头等建筑也可造成很大的破坏作用。2004年12月26日印度尼西亚苏门答腊岛附近海域发生9级强烈地震，引发的海啸波及印度洋沿岸的多个国家，死亡人数超过30万，成为近200年以来死亡人数最多的海啸灾难。

地震还易引起火灾、有害有毒气体泄漏等次生灾害。例如，1906年美国旧金山地震、1923年日本关东地震、1995年日本阪神地震及2011年日本东北部海域大地震都引发了大火。

思考题

1. 岩溶形态有哪些？岩溶发育条件及规律有哪些？土洞是如何形成的？岩溶对地基稳定性的影响有哪些？

2. 边坡的变形、破坏方式有哪些？崩塌形成的条件是什么？滑坡的特征、要素各有哪些？滑坡如何分类？滑坡的形成条件有哪些？滑坡的治理措施有哪些？边坡稳定性分析方法有哪些？赤平投影法的原理是什么？如何用赤平投影法进行边坡稳定分析？

3. 泥石流及其形成条件有哪些？泥石流的常见类型有哪些？泥石流的防治措施有哪些？

4. 地面沉降的形成原因、危害及防治措施各有哪些？

5. 采空区地表移动规律及特征有哪些？

6. 活断层的定义、类型、特征有哪些？活断层的识别标志有哪些？

7. 地震震级与烈度的区别是什么？地震对建筑物有何影响？

第 8 章　地下洞室围岩稳定性

为各种目的在地层内开凿形成的中空通道或中空洞室称为地下洞室，包括铁路和公路隧道、矿山巷道、地下发电厂房、地下引水隧道、地下铁道、地下车库及地下商场等。

由于地下开挖破坏了岩土体原有的平衡条件，引起围岩应力重分布。如果这种重分布应力超过了围岩的强度，就会使围岩破坏。为了维护围岩的稳定性，就要进行支护衬砌，以保证建筑的安全和正常使用。

8.1　地下洞室位置选择的工程地质论证

选择地下洞室位置除取决于工程目的和要求外，还需要考虑区域稳定、山体稳定及地形、岩性、地质构造、地下水、地应力等因素的影响。

首先要考虑区域稳定性及山体的稳定。一般要求，建洞地区区域地质构造稳定，无区域性大断裂通过，附近没有发震构造，地震基本烈度应小于Ⅷ度。理想的建洞山体应具备以下条件：①岩体坚硬完整；②建洞区地质构造简单，岩层厚，节理组数少，间距大，无影响整个山体稳定性的断裂带；③地形完整，没有滑坡、塌方等早期埋藏和近期破坏的地形，无岩溶或岩溶很不发育；④地下水影响小；⑤无有害气体和异常地热。

以下介绍对围岩稳定性起主要控制作用的地质因素。

8.1.1　地形条件

在地形上要求山体完整，洞室周围包括洞顶及傍山侧应有足够的山体厚度。避免由于地形条件不良造成施工困难以及洪水期地表沟谷水流倒灌等。

隧洞进出口地段的边坡应下陡上缓，无滑坡、崩塌、泥石流、岩溶等现象存在。洞口岩石应直接出露或坡积层薄，岩层最好倾向山里以保证洞口边坡的安全。在地形陡的高边坡开挖洞口时，应不削坡或少削坡即进洞，必要时可做人工洞口先行进洞，以保证边坡的稳定性。隧洞进出口不应选在排水困难的低洼处，也不应选在冲沟、傍河山嘴及谷口等易受水流冲刷的地段。

8.1.2　岩性条件

岩性是影响围岩稳定性的基本因素之一。对于坚硬完整的岩体，围岩一般是稳定的，能适应各种断面形状的地下洞室。而软弱岩体，如黏土岩类、破碎及风化岩体、吸水易膨胀的岩体等，通常力学强度低，遇水易软化、崩解及膨胀等，不利于围岩的稳定。

因此,洞室位置应尽量选在坚硬完整岩石中。一般在坚硬完整岩层中掘进,围岩稳定,日进尺快,造价低。在软弱、破碎、松散岩层中掘进,顶板易坍塌,边墙及底板易发生鼓胀、变形、挤出等事故,需边掘进边支护或超前支护,工期长,造价高。例如,宝成铁路在施工中发生的一些隧洞坍塌事故,许多都是在软弱的变质岩中。

此外,岩层的组合特征对围岩稳定也有重要影响。一般地,软硬互层或含软弱夹层的岩体,稳定性差。层状岩体的层次愈多,单层厚度愈薄,稳定性愈差。均质厚层及块状岩体稳定性好。

8.1.3 地质构造条件

地质构造是控制岩体完整性及渗透性的重要因素。选址时应尽量避开地质构造复杂的地段,否则会给施工带来困难。

1. 岩层产状的影响

(1)洞室走向与岩层走向平行

当岩层近于水平(倾角 <10°)时,若岩层薄,彼此之间联结性差,在开挖洞室(特别是大跨度的洞室)时常常发生顶板的坍塌。因此,在水平岩层中布置洞室时,应尽量使洞室位于均质厚层、层间联结紧密、不透水、裂隙不发育、无断层破碎带的坚硬岩层中(图 8-1 中 a)。若洞室必须切穿软硬不同的岩层组合,应将坚硬岩层作为顶板,避免将软弱岩层或软弱夹层置于顶部,后者易于造成顶板悬垂或坍塌(图 8-1 中 b)。软弱岩层位于洞室两侧或底部(图 8-1 中 c)也不利,容易引起边墙或底板鼓胀变形或被挤出。

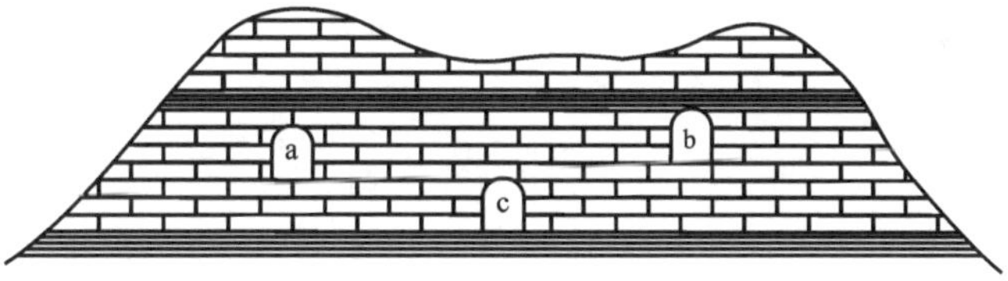

图 8-1 布置在水平岩层中的隧洞

a—位于坚硬岩层中 b—顶板有软弱夹层 c—底板为软弱的黏土岩

在倾斜岩层中,一般说来是不利的。如图 8-2 中 a 和 b 所示,当洞身通过软硬相间或破碎的倾斜岩层时,逆倾斜方向一侧的围岩易于变形或滑动,造成很大的偏压,另一侧的围岩侧压力小,有利于稳定。因此,在倾斜岩层中最好将洞室选在均一、完整、坚硬的岩石中(图 8-2 中 c)。

此外,岩层的倾角对围岩的稳定性也有影响(表 8-1),选址时应结合其他因素综合考虑。

(2)洞室轴线与岩层走向垂直

在这种情况下,围岩的稳定性较好,特别是对边墙稳定有利。当岩层较陡时(图 8-3(a))稳定性最好。当岩层倾角较平缓且节理发育时,在洞顶易发生局部岩块坍落现象,洞室顶部常出现阶梯形超挖(图 8-3(b))。

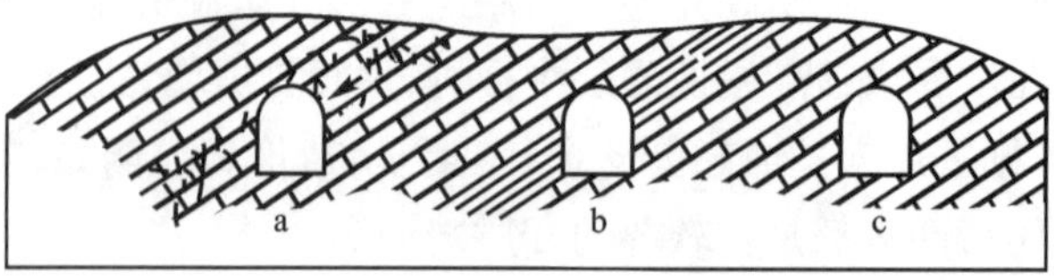

图 8-2 倾斜岩层中隧洞的偏压

a—破碎岩层造成的偏压 b—软弱夹层造成的偏压

c—坚硬完整岩层中的洞室

表 8-1 岩层(或节理)产状对围岩稳定性的影响(据 Bieniawski,1973)

走向与洞室轴线垂直				走向与洞室轴线平行		倾角 <20° 不考虑走向
顺倾向开挖		逆倾向开挖				
倾角 >45°	倾角 20° ~45°	倾角 >45°	倾角 20° ~45°	倾角 >45°	倾角 20° ~45°	
很有利	有利	一般	不利	很不利	一般	不利

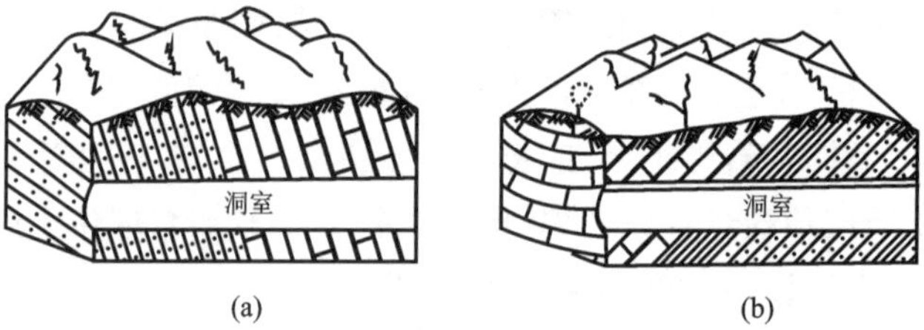

图 8-3 垂直于单斜岩层走向的洞室

(a)单斜陡倾构造 (b)单斜缓倾构造

2. 褶皱的影响

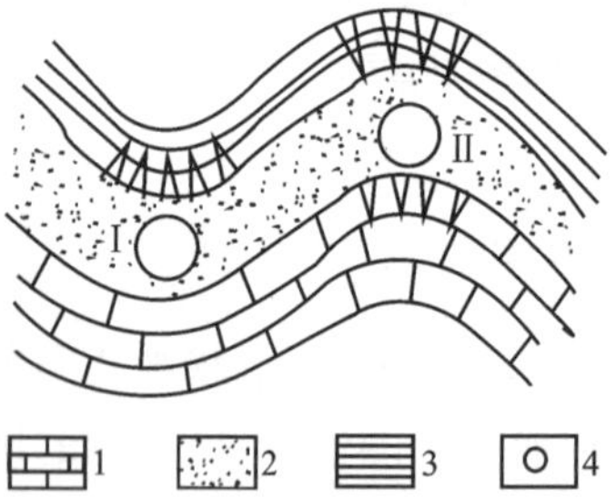

图 8-4 位于褶皱核部的隧洞示意图

1—石灰岩 2—砂岩 3—页岩 4—隧洞

褶皱剧烈地区,一般断裂也很发育,特别是褶皱核部岩层完整性最差。对于洞室轴线与褶皱轴向平行的情况,如图 8-4 所示,在背斜核部,岩层呈上拱形,虽岩层破碎,但犹如石砌的拱形结构,能将上覆岩层的荷重传递至两侧岩体中去,所以有利于洞顶的稳定。洞顶虽张裂隙发育,但岩块呈上宽下窄形,不易掉块。向斜核部岩层呈倒拱形,顶部被张裂隙切割的岩块上窄下宽,易于坍落。另外,向斜核部往往是承压水储存的场所,地下洞室开挖时地下水会突然涌入洞室。因此,在向斜核部不宜修建地下洞室。

在理论上背斜核部虽较向斜优越,但实际上由于背斜核部外缘受拉伸处于张力带,内缘受挤压,加上风化作用,岩层往往很破碎。因此,在布置地下洞室时,原则上应避开褶皱核部。若必须在褶皱岩层地段修建地下工程,可以将洞室放在褶皱的两翼。

当洞室轴线垂直于褶皱轴时,由于挤压作用,褶皱岩层排列得很紧密,作为围岩除了洞顶岩体可能因抗拉强度不够而产生松动外，洞体其他部位岩体是稳定的或比较稳定的。如果洞顶岩体单层厚度大、力学强度高，就不发生坍塌。

3. 断层的影响

断层破坏了岩体的完整性和连续性，并且形成各种类别的“构造岩”。与原岩相比，这种岩石的物理力学性质有很大的降低，因而为围岩的滑塌创造了条件。此外，断层为地下水的渗流提供了通道，而渗透压力促成了滑动的发生。因此，断层破碎带及断层交汇区，稳定性极差。地下掘进如遇较大规模的断层，几乎都要产生塌方甚至冒顶（洞顶大规模突然坍塌破坏）。一般情况下，应避免洞室轴线沿断层带布置。如洞室轴线垂直或近于垂直断裂带，则所需穿越的不稳定地段较短，但也可能产生塌方或大量地下水涌入。因此，在选址时应尽量避开大断层。

8.1.4　地下水

地下工程施工中的塌方或冒顶事故，常常和地下水的活动有关。因此，在选址时最好选在地下水位以上的干燥岩体内，或地下水量不大、无高压含水层的岩体内。

地下水在围岩中渗透时，一方面增加岩石的含水量和饱和度，降低岩石的强度和变形模量，使某些黏土岩类发生塑性流变和膨胀。另一方面，由于开挖地下洞室而增加了渗透梯度，产生指向洞内的渗透压力。因裂隙方位变化和不均匀分布而产生的不对称渗透压力，使得洞壁上分离块体易于发生塌落。若地下水沿断层破碎带或沿有碎屑物充填的裂隙渗流，还有可能造成渗透破坏现象。地下洞室穿过储水构造、蓄水洞穴、富含水的裂隙和断层破碎带时，会遇到突发性的大量涌水甚至突水、突泥。涌水量大小取决于含水层的厚度、透水性、补给来源以及地下洞室的长度和断面大小。

此外，当地下洞室位于地下水位以下深处时，可以形成巨大的外水压力，直接作用于衬砌结构，相当于增大了围岩压力。

8.1.5　地应力

1. 初始应力

工程施工前存在于岩体中的应力，称为初始应力、天然应力或地应力。初始应力主要由自重应力和构造应力两部分组成。地应力的大小、方向和分布、变化规律除了与地震和断裂活动密切相关，影响工程场地的区域稳定外，还对工程建筑的设计和施工有直接影响。

初始应力的存在，在基坑、边坡或地下工程的开挖施工过程中，常引起与卸荷回弹和应力释放相联系的变形和破坏现象，给工程造成不利的影响或增加施工难度。

对于高地应力区的水平洞室，洞线与最大水平地应力方向之间的夹角愈小，围岩稳定性愈好。

由于岩体应力不能直接测得，只能通过量测应力变化而引起的诸如位移、应变等物理量的变化值，然后基于某种假设反算出应力值。因此，目前国内外使用的所有应力量测方法，均是在平硐壁面或地表露头面上打钻孔或刻槽，引起岩体中应力扰动，然后用各种探头量测由于应力扰动而产生的各种物理量变化值的方法实现的。常用的应力量测方法主要有应力解除法、应力恢复法和水压致裂法等。

浅部地壳应力分布的一些基本规律：①地应力是时间和空间的函数；②实测垂直应力基本等于上覆岩层的重量；③水平应力普遍大于垂直应力；④平均水平应力与垂直应力的比值随深度增加而减小，但在不同地区，变化的速度很不相同；⑤最大水平主应力和最小水平主应力也随深度呈线性增长关系；⑥最大水平主应力和最小水平主应力一般相差较大，显示出很强的方向性；⑦地应力的上述分布规律还会受到地形、地表剥蚀、风化、岩体结构特征、岩体力学性质、温度、地下水等因素的影响，特别是地形和断层的扰动影响最大。

2. 围岩的重分布应力

地下洞室开挖后，由于围岩质点应力、应变调整而引起天然应力大小、方向和性质的改变，称为应力重分布。将重分布应力影响范围内的岩体称为围岩。围岩内重分布应力状态与岩体的力学属性、天然应力及洞室断面形状等因素密切相关。据弹性围岩重分布应力特点可知，地下开挖后洞壁的应力集中最大。当洞壁应力超过岩体的屈服极限时，洞壁围岩就由弹性状态转化为塑性状态，并在围岩中形成一个所谓的塑性松动圈。但是，这种塑性松动圈不会无限扩大。因为随着离开洞室中心的距离 r 的增大，径向应力 σ_r 由零逐渐变大，应力状态由洞壁的单向应力状态逐渐转化为双向应力状态，到一定距离处围岩也就由塑性状态逐渐转化为弹性状态，最终在围岩中形成塑性圈和弹性圈。

塑性松动圈的出现，使圈内一定范围应力释放而明显降低，最大应力集中由原来的洞壁移至塑性松动圈与弹性圈的交界处，使弹性区的应力明显升高。弹性区以外则是应力基本未产生变化的天然应力区（或称原岩应力区）。各区（圈）的应力变化如图 8-5 所示。

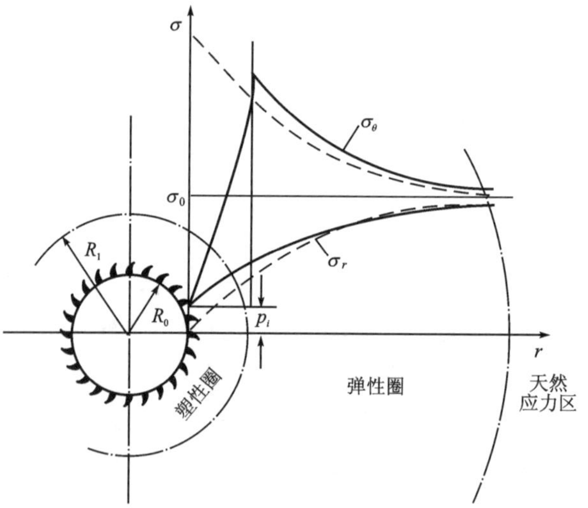

图 8-5 围岩中出现塑性圈时的重分布应力图

注：虚线为未出现塑性圈的应力；实线为出现塑性圈的应力

8.2　洞室围岩的变形与破坏

地下洞室开挖后，由于应力重分布等的影响，围岩的性状发生很大变化。如果围岩承受不了重分布应力的作用，将发生塑性变形甚至破坏。围岩的变形和破坏的形式和特点，除与岩体内的初始应力状态和洞形有关外，主要取决于围岩的岩性和结构。

1. 脆性破裂

整体状结构及块状结构的岩体，在一般工程地区开挖时是稳定的，间或会产生局部掉块。但是在坚硬岩体深部开挖时，若存在较高的地应力，则可能出现岩石突然飞出和剧烈破坏的现象，称为岩爆，属脆性破裂。在地下洞室开挖过程中，过大的切向压应力可使厚层或块状围岩表部产生平行洞室周边的劈裂剥落，也具有脆性破裂的特征。

2. 块体滑动与塌落

块状、厚层状以及一些均质坚硬的层状岩体构成的围岩的稳定性较高。当这类岩体受软弱结构面的切割形成分离块体时，在重力和围岩应力作用下，有可能向临空面方向移动，从而形成块体的滑动与塌落，有时还会产生块体的转动、倾倒等现象。分离块体的稳定性取决于块体的形状、有无临空条件、结构面的光滑程度及是否夹泥等。图8-6是几种典型块体的滑移形式。

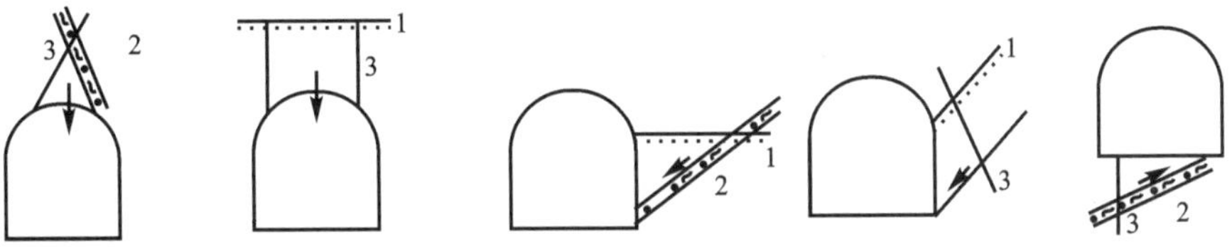

图8-6　块状结构围岩中的块体滑移、塌落

1—层面　2—断层　3—节理

3. 层状岩体的弯折内鼓和顺层滑移

层状岩体的弯折内鼓多发生在层状岩体中，尤其是在夹有软岩的互层状岩体中最为常见。此外，在一些大型的地下工程中，受一组极发育的结构面控制的似层状岩体，也可以产生类似的弯折破坏。

在水平层状围岩中，洞顶岩层可视为两端固定的组合梁结构，在顶板压力下，将产生下沉弯曲、开裂。如有断层切割，则形成组合悬臂梁结构，悬臂梁越长，则弯矩越大，岩层越易于弯曲、折断。当岩层较薄时，如不及时支撑，任其发展，则将逐层折断塌落（图8-7(a)）。在倾斜层状围岩中，常表现为沿倾斜方向一侧岩层弯曲塌落，另一侧边墙岩块滑移等形式，形成不对称的塌落拱，并出现偏压现象（图8-7(b)）。在直立层状围岩中，当天然水平应力与垂直应力之比 $\lambda<1/3$ 时，洞顶由于受拉应力作用，沿层面纵向拉裂，在自重作用下岩柱易被拉断塌落。在区域最大主应力垂直于陡倾薄层状岩层走向的地区，平行于岩层走向开挖地下洞室时，侧墙常发生纵向弯折内鼓，进而危及洞顶安全（图8-7(c)）。

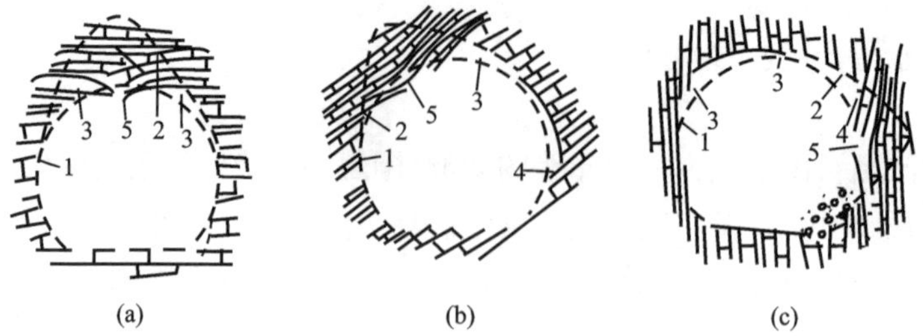

图 8-7 层状围岩变形破坏特征

(a)平缓岩层 (b)倾斜岩层 (c)直立岩层

1—设计断面 2—破坏区 3—坍塌 4—滑动 5—弯曲、张裂及折断

4. 碎裂岩体的松动解脱

碎裂状结构岩体在张力和振动力作用下，部分围岩沿已有的多组节理发生剪切错动，从而松动、解脱，在洞顶产生崩落，在边墙上则表现为滑塌或碎块的坍塌(图 8-8)。当结构面间夹泥时，往往会产生大规模的塌方，如不及时支护，将愈演愈烈，直至冒顶。

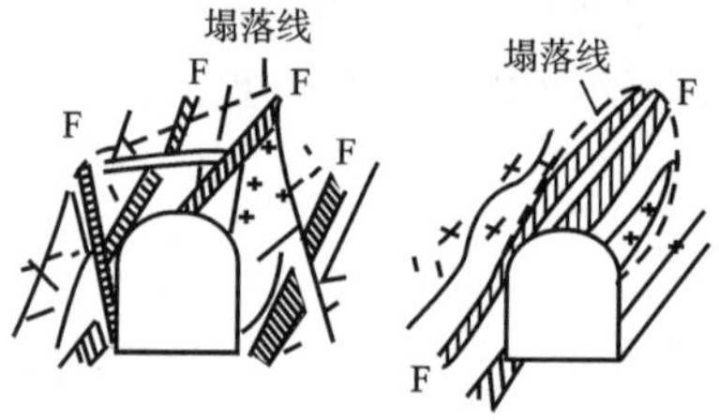

图 8-8 碎裂围岩塌方示意图

5. 松软岩体的塑性变形

一般地，强烈风化带、强烈构造破碎带岩体呈散体状结构，在重力、围岩应力和地下水作用下常产生冒落及塑性变形。常见的塑性变形和破坏形式有边墙局部挤入、底鼓及洞径收缩等。当围岩均匀，全部是松软岩体时，破坏常以较为规则的拱形冒落为主(图 8-9(a))，否则常表现为局部塌方(图 8-9(b))或边墙挤入、洞径收缩及底鼓(图 8-9 (c)、(d))等。通常塑性变形的时间效应显著，表现为有的衬砌受压开裂往往要延续一段时间。

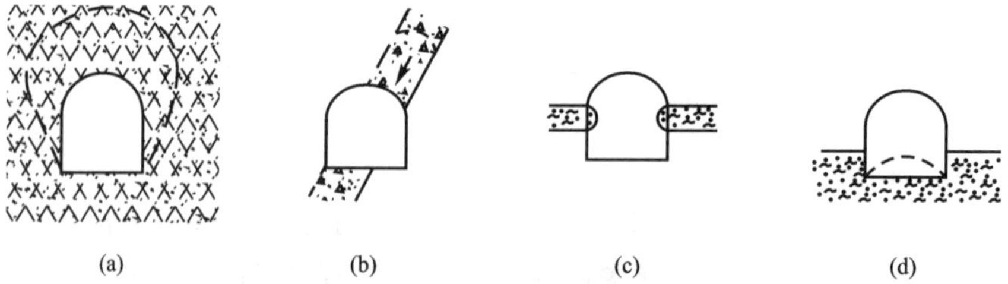

图 8-9 松软围岩变形破坏方式

(a)拱形冒落 (b)局部塌方造成偏压 (c)侧鼓 (d)底鼓

8.3　围岩分类

8.3.1　《工程岩体分级标准》(GB/T 50218—2014)的方案

第6章已经介绍了我国《工程岩体分级标准》中的岩体基本质量 BQ 的确定方法，地下工程岩体的分级还应考虑来自地下水、主要软弱结构面产状以及初始应力状态的影响，必须根据上述三个因素对基本岩体质量分级进行修正。其修正的[BQ]值按下式计算：

$$[BQ]=BQ-100(K_1+K_2+K_3) \tag{8-1}$$

式中：[BQ]——地下工程岩体质量指标；

BQ——岩体基本质量指标；

K_1——地下工程地下水影响修正系数；

K_2——地下工程主要结构面产状影响修正系数；

K_3——初始应力状态影响修正系数。

上述的修正系数 K_1、K_2、K_3 可分别按表8-2、表8-3、表8-4确定。

表8-2　地下工程地下水影响修正系数 K_1

地下水出水状态	BQ				
	>550	451～550	351～450	251～350	≤250
潮湿或点滴状出水，$p≤0.1$ 或 $Q≤25$	0	0	0～0.1	0.2～0.3	0.4～0.6
淋雨状或线流状出水，$0.1<p≤0.5$ 或 $25<Q≤125$	0～0.1	0.1～0.2	0.2～0.3	0.4～0.6	0.7～0.9
涌流状出水，$p>0.5$ 或 $Q>125$	0.1～0.2	0.2～0.3	0.4～0.6	0.7～0.9	1.0

注：p 为地下工程围岩裂隙水压(MPa)；Q 为10 m洞长出水量[L/(min·10 m)]。

表8-3　地下工程主要结构面产状影响修正系数 K_2

结构面产状及其与洞轴线的组合关系	结构面走向与洞轴线夹角<30°，结构面倾角30°～75°	结构面走向与洞轴线夹角>60°，结构面倾角>75°	其他组合
K_2	0.4～0.6	0～0.2	0.2～0.4

表8-4　初始应力状态影响修正系数 K_3

围岩强度应力比$\left(\frac{R_c}{\sigma_{max}}\right)$	BQ				
	>550	451～550	351～450	251～350	≤250
<4	1.0	1.0	1.0～1.5	1.0～1.5	1.0
4～7	0.5	0.5	0.5	0.5～1.0	0.5～1.0

当确定了[*BQ*]值后,综合定性的分级仍根据表6-8确定最终工程岩体的级别。

对跨度大于20 m或特殊的地下工程岩体,除应按上述标准确定基本质量级别外,详细定级时,尚可采用有关标准的方法,进行对比分析,综合确定岩体级别。

8.3.2 各级围岩的自稳能力

对于跨度不大于20 m的地下工程,各级围岩的自稳能力见表8-5。当其实际的自稳能力与表8-5中相应级别的自稳能力不相符时,应对岩体级别作相应调整。

表8-5 地下工程岩体自稳能力

岩体级别	自稳能力
Ⅰ	跨度不超过20 m,可长期稳定,偶有掉块,无塌方
Ⅱ	跨度小于10 m,可长期稳定,偶有掉块 跨度10~20 m,可基本稳定,局部可发生掉块或小塌方
Ⅲ	跨度小于5 m,可基本稳定 跨度5~10 m,可稳定数月,可发生局部块体位移及小、中塌方 跨度10~20 m,可稳定数日至1个月,可发生小、中塌方
Ⅳ	跨度大于5 m,一般无自稳能力,数日至数月内可发生松动变形、小塌方,进而发展为中、大塌方。埋深小时,以拱部松动破坏为主;埋深大时,有明显塑性流动变形和挤压破坏 跨度不超过5 m,可稳定数日至1个月
Ⅴ	无自稳能力

注:①小塌方:塌方高度小于3 m,或塌方体积小于30 m^3。

②中塌方:塌方高度3~6 m,或塌方体积30~100 m^3。

③大塌方:塌方高度大于6 m,或塌方体积大于100 m^3。

8.4 围岩压力

8.4.1 围岩压力及其影响因素

1. 围岩压力的概念

围岩压力是指引起地下开挖空间周围岩体和支护变形、破坏的作用力,包括由地应力引起的围岩应力以及围岩变形受阻而作用在支护结构上的总作用力。因此,从广义上理解,围岩压力既包括围岩有支护情况,也包括无支护情况;既包括在普通的传统支护上所显示的性态,也包括在锚喷和压力注浆等现代支护方法中所显示的性态。从狭义上理解,围岩压力是指围岩作用在衬砌上的压力,是确定衬砌设计荷载大小的依据。

由于围岩压力是围岩的变形或破坏造成的,故大小和分布与导致围岩变形或破坏的诸多因素有关。

2. 影响围岩压力的因素

影响围岩压力的因素有岩体结构、岩石强度、地下水、洞室跨度、形状、支护类型与刚度、施工方法、洞室埋置深度和支护时机等。

8.4.2　围岩压力分类

围岩压力是地下衬砌结构设计中的主要荷载之一。围岩压力分类的依据除考虑围岩压力的成因外，还考虑了围岩压力的特征。应用较广的分类是把围岩压力分成松动压力、变形压力、膨胀压力和冲击压力四大类。

1. 松动压力

由于开挖导致围岩松动或塌落的岩体以重力的形式直接作用在支护上的压力称为松动压力。这种压力表现为荷载的特有形式，即顶压大、侧压小。

松动压力通常由下述三种情况形成：①在整体稳定的岩体中，可能出现个别松动掉块的岩石对支护造成的落石压力；②在松散软弱的岩体中，地下洞室顶部和两侧边帮冒落对支护造成的散体压力；③在节理发育的裂隙岩体中，围岩某些部位的岩体沿软弱面发生剪切破坏或拉坏，形成局部塌落压力。

造成松动压力的因素很多，如围岩地质条件、岩体破碎程度、开挖施工方法、爆破作用、支护不及时、回填密实程度、洞形和支护形式等。岩体破碎与临空面不利组合所构成的不稳定岩体也容易造成松动压力。

目前，对松动压力的计算有两种不同的处理方法：一种是洞顶松散岩层的应力传递；另一种是无应力体（坍塌体）的设想，即假设洞顶围岩有一个有界的破裂区，并以它的全部重量直接加荷于隧洞支护上。

应力传递本质上是挖洞后原岩应力的转移。在松散岩层中挖洞，由于洞顶下沉及下沉岩柱两侧摩擦力的存在，使顶部岩体卸载，而使两侧岩层加载。这种情况犹如散粒体谷仓壁上的应力转移现象。在这一假设的计算方法中，目前应用较广泛的是岩柱理论和太沙基公式。

基于有界破裂区的计算方法是将破裂区内的岩体自重作为隧洞支护上的荷载。为了确定破裂区的范围，必须首先对破裂区的边界线做出假定，如认为是抛物线、半椭圆形等。此外，还有的采用弹塑性区的分界面作为破裂区的边界线。普氏压力拱理论、康姆瑞尔（O. Kommerell）的岩体破碎理论以及卡柯弹塑性理论都属于这一类计算方法。其中，以普氏压力拱理论在我国应用最广。

普氏压力拱理论认为，隧洞开挖后，顶部岩体失去稳定，产生坍塌并形成自然拱。随之，隧洞两侧由于应力集中而逐渐破坏。因此，顶部坍塌进一步扩大形成塌落拱。如图 8-10 所示，如果隧洞开挖后及时支护，按照挡土墙原理，侧面岩石的破裂面与垂直轴的夹角为（$45° - \varphi/2$），顶部的破坏则介于自然拱和塌落拱之间，而破坏拱以内的岩石自重即为作用在隧洞支护上的围岩压力，因而普氏破坏拱又称压力拱。普氏压力拱理论假定压力拱形状为二次抛物线形，如图 8-10 所示，压力拱高 h_1，按经验确定，它取决于隧洞跨度和岩石性质。普氏压力拱理论采用下式确定压力拱高：

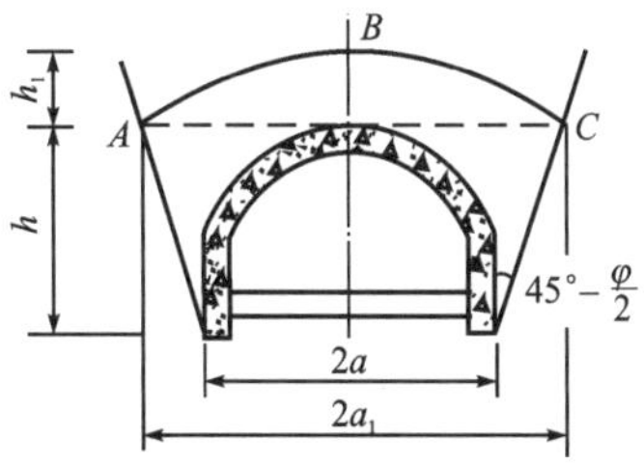

图 8-10　深埋隧道的压力拱

$$h_1 = a_1/f = [a + h\tan(45° - \varphi/2)]/f \tag{8-2}$$

式中：f——岩石坚固性系数，又称普氏系数。

普氏压力拱理论根据不同的岩性给出了相应的普氏系数或按 $R_c/10$（R_c为岩石抗压强度，MPa）确定普氏系数。

由于实际工程中，决定围岩稳定的因素并非上述两项指标，因此工程部门大多按各自的经验确定 f 值。由于 f 值实质上是经验性的，所以目前国内不少部门直接按围岩分类，凭工程经验给出 h_1 的值。围岩压力为

$$P = \gamma h_1 \tag{8-3}$$

式中：γ——围岩的容重，kN/m^3。

与实际情况相比，按普氏理论算得的软质围岩松动压力偏小，坚硬围岩的则偏大。

2. 变形压力

松动压力是以重力形式直接作用在支护上的，而变形压力则是由于围岩变形受到支护的抑制产生的。所以，变形压力除与围岩应力有关外，还与支护时机和支护刚度密切相关。按其成因可进一步分为下述几种情况。

(1)弹性变形压力

当采用紧跟开挖面进行支护的施工法时，由于存在开挖面的“空间效应”而使支护受到一部分围岩的弹性变形作用，由此而形成的变形压力称为弹性变形压力。

(2)塑性变形压力

由于围岩塑性变形(有时还包括一部分弹性变形)而使支护受到的压力称为塑性变形压力。这是最常见的一种围岩变形压力。

(3)流变压力

围岩产生显著的随时间增长而增加的变形叫作蠕变。流变压力是由岩体蠕变变形引起的，有显著的时间效应。它能使围岩鼓出、闭合甚至完全封闭。

变形压力是围岩变形的根本原因。所以，变形压力的大小既取决于原岩应力的大小和岩体的力学性质，也取决于支护结构刚度和支护的时间。

3. 膨胀压力

含有某些膨胀矿物的岩体具有吸水膨胀、崩解的特性。这种由于围岩膨胀变形引起的压力称为膨胀压力。围岩吸水膨胀、体积增大，既有物理性质，也有化学性质。

岩体膨胀性主要取决于其中蒙脱石、伊利石和高岭石的含量。同时，还依赖于外界水的渗入和地下水的活动特征。岩层中蒙脱石含量越高，有水源供给，膨胀性也就越显著。

4. 冲击压力

冲击压力又称岩爆压力。它是在工程开挖过程中，围岩积累了大量的弹性变形能，在外界扰动下突然释放所产生的压力。由于冲击压力是岩体能量的积累与释放，所以它与岩体弹性特性紧密相关。弹性模量较大的岩体在高地应力的作用下，易于积累大量的弹性变形能，一旦遇到适宜条件，就会突然猛烈地大量释放。

8.5　洞室围岩失稳的防治措施

目前，用于提高围岩稳定条件的工程措施主要有传统的支护或衬砌和喷锚支护两大类。

8.5.1　支护与衬砌

1. 支撑

支撑是在洞室开挖过程中，用于稳定围岩的临时性措施。按照选用材料的不同，有木支撑、钢支撑及混凝土支撑等。当开挖局部严重不稳定地段时，支撑常被作为施工中的临时保护措施。

2. 衬砌

衬砌是一种加固围岩的永久性工程结构，是在地下洞室内用条石、混凝土或钢筋混凝土砌筑一定厚度的"墙"，它具有很高的强度和刚度。根据加固需要，衬砌可以是半衬砌、有边墙的衬砌及全衬砌等。衬砌的作用主要是承受围岩压力，封闭岩体中的裂隙以防止渗漏。在坚硬、完整的岩体中，围岩的自稳能力高，也可以不做衬砌。

衬砌有单层混凝土及钢筋混凝土衬砌，也可以用浆砌条石衬砌。双层的联合衬砌，一般内环用钢筋混凝土或钢板，外环用混凝土，多用于岩体破碎、水头高的隧洞。

8.5.2　喷锚支护

近 30 年来，喷锚支护在国内外的地下工程中获得了广泛的应用。它是稳定围岩的一种有效的工程措施。

当地下洞室开挖后，围岩总是逐渐地向洞内变形。喷锚支护就是在洞室开挖后，及时地向围岩表面喷一薄层混凝土(一般厚度为 5 ~ 20 cm)，有时再增加一些锚杆，从而部分地阻止围岩向洞内变形，以达到支护的目的。喷锚支护的原理是把岩体本身作为承受应力的结构体，加强岩体本身的整体性和力学强度，充分发挥岩体的作用，以便承受各种荷载，是一种积极的措施。

传统的刚性支撑或衬砌，由于不能与围岩紧密地接触，架空部分的围岩仍然继续向洞内变形，并可能产生部分坍塌，压在支护或衬砌上，严重时可导致支撑或衬砌的破坏。

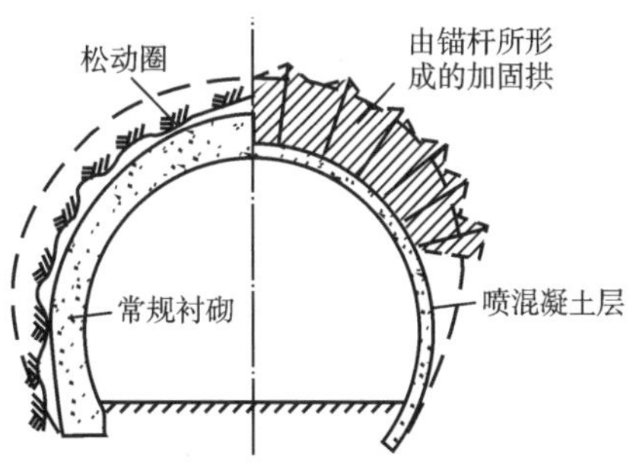

图 8-11　喷混凝土与刚性支护的比较图

喷锚支护的情况则不同，它能使混凝土喷层与围岩连续地紧密贴合(图 8-11)，并且喷层本身具有一定的柔性和变形特性，因而能及时有效地控制和调整围岩应力的重分布，最大限度地保护岩体的结构和力学性质，防止围岩松动和坍塌。如果喷混凝土再配合锚杆、钢筋网、钢拱架等加固围岩，则会更有效地提高围岩的承载力和稳定性。

8.5.3 新奥法简介

新奥法即奥地利隧道施工新方法(New Austrian Tunnelling Method,NATM),是奥地利学者腊布希维兹在总结锚喷支护技术的基础上提出的。它是以喷射混凝土和锚杆作为主要支护手段,通过监测控制围岩的变形,便于充分发挥围岩自承能力的施工方法。新奥法施工的基本原则可以归纳为"少扰动、早锚喷、勤量测、紧封闭"。

少扰动,是指在进行隧道开挖时,要尽量减少对围岩的扰动次数、强度、范围和持续时间。因此,要求能用机械开挖的就不用钻爆法开挖;采用钻爆法开挖时,要严格地进行控制爆破;尽量采用大断面开挖;根据围岩类别、开挖方法、支护条件选择合理的循环掘进进尺;对自稳性差的围岩,循环掘进进尺应短一些;支护要尽量紧跟开挖面,缩短围岩应力松弛时间。

早锚喷,是指开挖后及时施作初期锚喷支护,使围岩的变形进入受控制状态。这样做一方面是为了使围岩不致因变形过度而产生坍塌失稳;另一方面是使围岩变形适度发展,以充分发挥围岩的自承能力。必要时可采取超前预支护措施。

勤量测,是指以直观、可靠的量测方法和量测数据来准确评价围岩(或围岩加支护)的稳定状态,或判断其动态发展趋势,以便及时调整支护形式、开挖方法,确保施工安全和顺利进行。量测是现代隧道及地下工程理论的重要标志之一,也是掌握围岩动态变化过程的手段和进行工程设计、施工的依据。

紧封闭,一方面是指采取喷射混凝土等防护措施,避免围岩因长时间暴露导致强度和稳定性的衰减(尤其是对于易风化的软弱围岩);另一方面更为重要的是指要适时对围岩施作封闭形支护,这样做不仅可以及时阻止围岩变形,而且可以使支护和围岩能进入良好的共同工作状态。

思考题

1. 试述影响洞室位置选择的工程地质因素。
2. 试述地应力的类型、量测、分布特征及其与工程的关系。
3. 试述洞室围岩的变形与破坏形式。
4. 如何进行围岩分类?
5. 试述围岩压力及其分类特征。
6. 试述洞室围岩失稳的防治措施。
7. 试述加固围岩的传统衬砌措施与喷锚支护措施的区别。

第9章　工程地质勘察

一切工程都修建在地壳的表层，工程的稳定性、结构形式、施工和造价与修建场地的工程地质条件密切相关。因此，在兴建各种工程之前，通常都要先进行测量，做好水文、工程地质、水文地质以及其他有关内容的工程勘察工作，以获取建筑场地自然条件的原始资料，用来指导制定设计和实施方案。工程地质勘察是这些工程勘察中的重要组成部分。

目前，部分建筑行业将工程地质勘察发展后改为岩土工程勘察，它是指根据建筑工程的要求，查明、分析、评价建设场地的地质、环境特征和岩土工程条件，编制勘察文件的活动。

本章将重点介绍工程地质勘察的基本要求，工程地质勘探、原位测试技术及现场监测，勘察报告的整理和阅读方法，并结合工业与民用建筑、道路、桥梁、隧道、港口等工程的特点，介绍相应的工程地质勘察要点。

9.1　工程地质勘察的目的与任务

工程地质勘察是工程建设首先开展的基础性工作，目的在于查明并评价工程场地的地质条件及其与工程之间的相互作用关系，以保证工程的稳定、经济和正常使用。内容包括工程地质测绘与调查、勘探与取样、室内试验与原位测试、检验与监测、分析与评价、编写勘察报告等项工作。其主要任务有以下几点：

①查明区域地质和建筑场地的工程地质条件，尤其要指出场地内不良地质现象的发育情况及其对工程建设的影响，对区域稳定性和场地稳定性做出评价；

②分析、研究与建筑有关的工程地质问题，做出确切评价，为建筑物的设计、施工和运行提供可靠的地质依据；

③选择地质条件优良的建筑场址，并配合建筑物的设计和施工，对建筑总平面布置，建筑物的结构、尺寸及施工方法提出合理建议，指出为保证建筑物安全和正常使用所应注意的地质要求；

④对拟定改善和防治不良地质条件和现象的方案措施，包括岩土体加固处理、各种不良地质现象整治等做出论证和建议；

⑤预测工程施工和运行过程中对地质环境和周围建筑物的影响，进行预报、预警，并提出保护措施的建议。

9.2 工程地质测绘

工程地质测绘是指运用地质、工程地质理论对地面地质现象进行观察和描述,分析其性质和规律,并借此推断地下地质情况,为勘探、测试等工作提供依据。通过测绘将测区的工程地质条件反映在一定比例尺的地形图上,一般在可行性研究或初步勘察阶段进行。工程地质测绘的最终成果是绘制的工程地质图。工程地质测绘的范围包括对查明场地的地貌、地层、地质构造等问题有重要意义的邻近地段;追索对拟建工程有影响的不良地质现象可能的影响范围。对地质条件较复杂的地区,可适当扩大范围进行测绘。

9.2.1 工程地质测绘内容

工程地质测绘的内容包括工程地质条件的全部要素,即测绘拟建场地的地层、岩性、地质构造、地貌、水文地质条件、物理地质作用和现象、已有建筑物的变形及破坏状况和建筑经验、可利用的天然建筑材料的质量及其分布等。因而,工程地质测绘是围绕工程建筑所需的工程地质问题而进行的多种内容的测绘。

工程地质测绘和调查,宜包括下列内容:

①查明地形、地貌特征及其与地层、构造、不良地质作用的关系,划分地貌单元;

②查明岩土的年代、成因、性质、厚度和分布,应鉴定岩层风化程度,对土层应区分新近沉积土、各种特殊性土;

③查明岩体结构类型,各类结构面(尤其是软弱结构面)的产状和性质,岩、土接触面和软弱夹层的特性等,新构造活动的形迹及其与地震活动的关系;

④查明地下水的类型、补给来源、排泄条件、井泉位置,含水层的岩性特征、埋藏深度、水位变化、污染情况及其与地表水体的关系;

⑤搜集气象、水文、植被、土的标准冻结深度等资料,调查最高洪水位及其发生时间、淹没范围;

⑥查明岩溶、土洞、滑坡、崩塌、泥石流、冲沟、地面沉降、断裂、地震震害、地裂缝、岸边冲刷等不良地质作用的形成、分布、形态、规模、发育程度及其对工程建设的影响;

⑦调查人类活动对场地稳定性的影响,包括人工洞穴、地下采空、大挖大填、抽水排水和水库诱发地震等;

⑧建筑物的变形和工程经验。

一般地,在开始进行测绘前先编制测绘纲要,通常将其包括在勘察纲要内。测绘完成后应编制实际材料图、工程地质图、柱状图、剖面图及各种素描图、照片及文字说明。多数情况下不单独提出成果报告,而是把测绘资料依附于某一勘察阶段,使该阶段工作得以深入进行。

9.2.2 测绘比例尺

选择工程地质测绘比例尺主要取决于设计建筑物的类型、设计阶段和工程建筑所在地区条件的复杂程度以及研究程度。其中,设计阶段的要求起最主要的作用。

工程地质测绘的比例尺一般有以下三种。

1. 小比例尺测绘

比例尺为1:5 000~1:50 000时,一般在可行性研究勘察(选址勘察)、城市规划或区域性的工业布局时使用,是为了了解区域性的工程地质条件。

2. 中比例尺测绘

比例尺为1:2 000~1:10 000时,一般在初步勘察阶段采用。

3. 大比例尺测绘

比例尺为1:500~1:2 000时,一般在详细勘察阶段或工程地质条件复杂和重要建筑物地段以及需解决某一特殊问题时采用。

当地质条件复杂时,比例尺可适当放大,以解决某一特殊的工程地质问题。对工程有重要影响的地质单元体(如滑坡、断层、软弱夹层、洞穴、泉等),可采用扩大比例尺表示。地质界线、地质点的测绘精度,在图上的误差不应超过3 mm。

9.2.3　测绘方法

工程地质测绘方法有像片成图法和实地测绘法。像片成图法是利用地面摄影或航空(卫星)摄影的像片,在室内根据解译标志,结合所掌握的区域地质资料,把判明的地层岩性、地质构造、地貌、水系和不良地质现象等,调绘在单张像片上,并在像片上选择需要调查的若干地点和线路,然后据此作实地调查,进行核对、修正和补充。将调查的结果转绘在地形图上就成为工程地质图。

当该地区没有航测等像片时,工程地质测绘主要依靠野外工作,即实地测绘法。常用的实地测绘法有三种。

1. 路线穿越法

该法是沿着一定的路线穿越测绘场地,将沿线所观测或调查的地层界线、构造线、不良地质现象、水文地质现象、岩层产状和地貌界线等填绘于地形图上。观测路线方向大致与岩层走向、构造线方向及地貌单元相垂直,这样就可以用较少的工作量获得较多的工程地质资料。该法可用于各类比例尺测绘。

2. 追索法

该法是沿地层走向或某一地质构造线或其他地质单元界线进行布点追索,并将界线绘于图上,地表可见部分用实线表示,推测部分用虚线表示。这种方法多用于中、小比例尺测绘。

观测点应充分利用天然的或人工的岩石露头。被表土覆盖处,视具体情况布置一定的勘探工作量。有条件时可配合物探。观测点的定位应根据精度要求和地质条件的复杂程度选用目测法、半仪器法和仪器法,有特殊意义的地质点(如构造线、地层接触线、不同岩性分界线、软弱夹层、地下水露头、不良地质现象等)宜采用仪器定点。

3. 布点法

该法是根据地质条件复杂程度和测绘比例尺的要求,预先在地形图上布置一定数量的观测路线和观测点(如在图上按 2 ~ 5 cm 间距布点)。观测点一般布置在观测路线上,但要考虑观测目的和要求,如为了观察研究不良地质现象、地质界线、地质构造及水文地质等。布点法是工程地质测绘中的基本方法,常用于大、中比例尺的工程地质测绘。

9.3 工程地质勘探

工程地质勘探一般在工程地质测绘的基础上进行,可以直接深入地下岩土层并取样进行试验,以进一步查明地表以下工程地质情况。勘探的方法主要有井探、槽探和洞探以及钻探、地球物理勘探等。

9.3.1 井探、槽探和洞探

井探、槽探和洞探是指用人工或机械方式挖掘坑、槽、洞,以便直接观察岩土层的天然状态以及各地层之间的接触关系等地质结构,并能取出接近实际的原状结构土样。该方法的特点是地质人员可以直接观察地质结构细节,准确可靠,且可不受限制地取出原状结构试样。因此,此法对研究风化带、软弱夹层和断层破碎带有重要的作用,常用于了解覆盖层的厚度和特征。它的缺点是可达的深度较浅,且易受自然地质条件的限制。常用的井、槽、洞探类型见表 9-1。

表 9-1 常用的井、槽、洞探类型

类型	特点	用途
试坑	深数十厘米的小坑,形状不定	局部剥除地表覆土,揭露基岩,做载荷试验、渗水试验,取原状土样
浅井	从地表向下垂直,断面呈圆形或方形,深 5 ~ 15 m	确定覆盖层及风化层的岩性及厚度,取原状土样,进行载荷试验、渗水试验等
探槽	在地表垂直岩层或构造线挖掘成深度不大(<3 ~ 5 m)的长条形槽子	追索构造线、断层,探察残积、坡积层以及风化岩石的厚度和岩性
竖井	形状与浅井相同,但深度可超过 20 m,一般在平缓山坡、漫滩、阶地等岩层较平缓的地方,有时需支护	了解覆盖层厚度及性质、构造线、岩石破碎情况、岩溶、滑坡等,岩层倾角较缓时效果较好
平洞	在地面有出口的水平坑道,深度较大,适用于较陡的基岩边坡	调查斜坡地质构造,对查明地层岩性、软弱夹层、破碎带、风化岩层等效果较好,还可取样或做原位试验

井、槽、洞探的观察、描述和编录是一项重要的工作。展开图是井、槽、洞探编录的主要成果资料。绘制展开图就是沿探井、探槽、竖井、斜井或平洞的壁、底(顶)把地层岩性、地质结构展示在一定比例尺的地质断面图上。

9.3.2　钻探

钻探是指用一定的设备、工具(钻机等)来破碎地壳岩石或土层,从而在地壳中形成一个直径较小、深度较大的钻孔的过程。它是工程地质勘察中应用最为广泛的一种勘探手段。

1. 钻探的目的

钻探是指用钻机在地层中钻孔,以鉴别和划分地层以及查明地下水的埋藏分布特征,并可以沿孔深取样以进行岩土的室内物理力学性质试验或者直接在钻孔中进行原位试验或观测的一种勘察方法。

钻探时在地层内钻成的直径较小并且具有相当深度的圆筒形孔称为钻孔。钻孔的上口称为孔口,底部称为孔底,四周侧部称为孔壁。钻孔断面的直径称为孔径;由大孔径改为小孔径称为换径。从孔口到孔底的距离称为孔深。通常将直径大于或等于 800 mm 的钻孔称为大直径钻孔。

钻孔的直径、深度、方向等根据工程要求、地质条件和钻探方法综合确定。为了鉴别和划分地层,钻孔直径不宜小于 33 mm;为了采取原状土样,取样段的孔径不宜小于 108 mm;为了采取岩石试样,取样段的孔径对于软质岩不宜小于 108 mm,对于硬质岩不宜小于 89 mm。做孔内试验时,试验段的孔径应按试验要求确定。钻孔深度由数米至上百米不等,一般工业与民用建筑工程地质钻探深度在数十米以内。钻孔的方向一般为垂直的,也有打成倾斜的。打成倾斜的孔称为斜孔。在地下工程中有打成水平的,甚至直立向上的钻孔。

2. 钻探方法

钻探过程中有三个基本程序:①破碎岩土;②采取岩土芯或排除破碎岩土;③保全孔壁。根据破碎岩土的方法不同,钻探可分为回转钻探、冲击钻探、振动钻探和冲洗钻探四种方法。

(1)回转钻探

回转钻探指通过钻杆将旋转矩传递至孔底钻头,同时施加一定的轴向力实现钻探。回转钻探根据钻头的主要类型和功能又可分为螺旋钻探、环形钻探(岩芯钻探)和无岩芯钻探。

(2)冲击钻探

冲击钻探是将钻具提升到一定高度,利用钻具自重产生的冲击动能破碎孔底岩土实现钻探。破碎后的岩屑等由循环液冲出地面或由带活门的提筒提出地面。

(3)振动钻探

振动钻探是将振动器激发产生的振动通过钻杆及钻头传递到孔底管状钻头周围的土中,使土的抗剪强度急剧减小,同时钻头依靠钻具的重力及振动器重力形成的轴向压力切削土层进行钻探。

(4)冲洗钻探

冲洗钻探是通过高压射水破坏孔底土层从而实现钻探。土层破碎后由水流冲出地面。该方法适用于砂层、粉土层和不太坚硬的黏性土层,是一种简单快速、成本低廉的钻探方法。

具体的钻探方法可根据钻进地层和勘察要求按表 9-2 选择。

表 9-2　钻探方法的适用范围

钻探方法		钻进地层					勘察要求	
		黏性土	粉土	砂土	碎石土	岩石	直观鉴别、采取不扰动试样	直观鉴别、采取扰动试样
回转	螺旋钻探	+ +	+	+	-	-	+ +	+ +
	无岩芯钻探	+ +	+ +	+ +	+	+ +	-	-
	岩芯钻探	+ +	+ +	+ +	+	+ +	+ +	+ +
冲击	冲击钻探	-	+	+ +	+ +	-	-	-
	锤击钻探	+ +	+ +	+ +	+	-	+ +	+ +
振动钻探		+ +	+ +	+ +	+	-	+	+ +
冲洗钻探		+	+ +	+ +	-	-	-	-

注：+ +表示适用；+表示部分适用；-表示不适用。

3. 岩土试样的采取

要使土工试验所得出的土性指标可靠，在采取试样过程中应该保持试样的天然结构，即试样必须是保留天然结构的原状试样。如果试样的天然结构已受到破坏，则此试样已经受到扰动，这种试样为扰动试样。对于岩芯试样，由于其坚硬性，它的天然结构难以破坏，而土样则易受到扰动，且由于采样时取土器的切入，采样过程中土体应力发生变化等各种原因，使得土样都受到不同程度的扰动。因此，在实际工程地质勘察中，不可能取得完全不受扰动的原状土样。为此，在取土样的过程中，应力求排除各种可能的扰动因素，使试样的扰动程度降至尽可能小的程度。

按照取样的方法和试验目的，《岩土工程勘察规范》将土样的扰动程度分成四个等级：Ⅰ级——不扰动；Ⅱ级——轻微扰动；Ⅲ级——显著扰动；Ⅳ级——完全扰动。各级试样可进行的试验项目见表 9-3。

表 9-3　土试样质量等级划分

级别	扰动程度	试验内容
Ⅰ	不扰动	土类定名、含水量、密度、强度试验、固结试验
Ⅱ	轻微扰动	土类定名、含水量、密度
Ⅲ	显著扰动	土类定名、含水量
Ⅳ	完全扰动	土类定名

注：①不扰动是指原位应力状态虽已改变，但土的结构、密度、含水量变化很小，能满足室内试验各项要求。

②除地基基础设计等级为甲级的工程外，在工程技术要求允许的情况下可用Ⅱ级土试样进行强度和固结试验，但宜先对土试样受扰动程度作抽样鉴定，判定用于试验的适宜性，并结合地区经验使用试验成果。

在钻孔取样时，采用薄壁取土器或回转取土器所采得的土试样定为Ⅰ~Ⅱ级；采用厚壁敞口取土器所采得的土试样定为Ⅱ~Ⅲ级；采用标准贯入器、螺纹钻头或岩芯钻头所采得的黏性土、粉土、砂土和软岩的试样皆定为Ⅲ~Ⅳ级。

9.3.3　地球物理勘探

地球物理勘探简称物探，是以专用仪器探测地壳表层各种地质体的物理场来进行地层划分，判明地质构造、水文地质及各种物理地质现象的勘探方法。

采用不同的探测方法，如电法、地震法、磁法、重力法以及放射性勘探方法等，可以测定不同的物理场，以了解地质体的特征，分析解决地质问题。

物探的优点：设备轻便、效率高；在地面、空中、水上或钻孔中均能进行物探；能够根据研究程度和精度以及实际需要加大勘探密度、深度；能从不同方向设计勘探线网，构成多方位数据阵，并且具有立体透视性的特点。但是，工程物探方法往往受环境因素的干扰和仪器量测精度的局限，分析解释的结果较为粗略。因此，工程物探一般是岩土工程勘察的辅助方法。例如，工程物探常用作钻探的先行手段和辅助手段。此外，还可作为原位测试手段。

1. 电法勘探

(1)电法勘探的基本原理

电法勘探是研究地下地质体电阻率差异的地球物理勘探方法，也称为电阻率法。该法通常是通过电测仪测定人工或天然电场中岩土地质体的导电性大小及其变化，再经过与专门的图板对比分析区分地层、构造以及覆盖层和风化层厚度、含水层分布和深度、古河道、主导充水裂隙方向等。该方法的基本原理是测定各种岩层的不同电阻率而获得勘察资料。

影响岩土电阻率大小的因素很多，主要是岩石成分、结构、构造、孔隙、裂隙、含水性等。

电阻率可用下式确定：

$$\rho = K\frac{\Delta V}{I} \tag{9-1}$$

式中：ρ——岩层的电阻率，$\Omega \cdot m$；

当采用对称测深和对称剖面法(图9-1)时，K值计算公式为

$$K = \pi \cdot \frac{AM \cdot AN}{MN}$$

K——取决于电极A、M、N、B相互配置的系数，m；

ΔV——测量电极M、N间的电位差，mV；

I——供电极A、B间的电流强度，mA。

(2)电法勘探的方法

勘探时的设备布置如图9-1所示。供电电极A、B与电池及安培计连接，测定电流(I)。测量电极M、N与电位计连接，测量电位差(ΔV)。四个电极(铜棒)以中心点O为中心对称地打入地表土层，在地表勘探线上的各个点进行测量，即可得不同岩层的电阻率值。根据电阻率值，绘制电测剖面曲线或电阻变化图表，进行分析，即得电测结果。

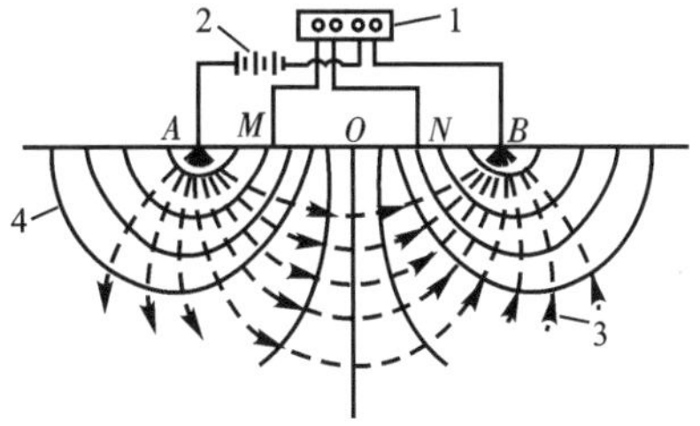

图9-1　电法勘探原理图

1—电位计及安培计　2—电池

3—流线　4—等电位线

(3)电法勘探的分类

由于电极极距的装置不同,所反映的地质情况也不同。因此,根据极距的装置可将电阻率法分为电测深法、电剖面法及中间梯度法等。

1° 电测深法

电测深法是在地表以某一点为中心(此点称为常测点),用不同供电极距测量不同深度岩层的视电阻率值,以获取该点处的地质断面的方法。

以图9-1为例,选定中心点 O 的位置后,逐渐加大 A、B 的间距和相应加大 M、N 的间距来测定某一深度岩土层的电阻率值。A、B 间的距离愈大,输送电流入地的深度愈深,因而测量的深度愈大。连续测量后,用得到的资料绘制测深曲线。用测深曲线和理论曲线(图板)对比,即能推断出岩土层的深度、厚度或有无地下水存在。

2° 电剖面法

电剖面法是测量电极和供电电极的装置不变,而测点沿某一方向移动,用于探测某深度内岩层视电阻率值的水平变化规律的方法。

在图9-1中,应用具有固定供电极距和测量电极距的 $AMNB$ 装置,沿规定的测绘线方向移动,每变换一个测点,量测一次电阻率。当需要了解岩土层的不均匀程度时,在平面上应测量若干剖面。

电剖面法能查明岩土层的不均匀程度,但不能测出岩土层埋藏的深度及厚度。

3° 中间梯度法

中间梯度法是将供电极 A、B 的间距固定不变,测量电极 M、N 在其中部约1/3的地段沿 AB 线或平行于 AB 线测量,这样的电场被认为是均匀的。若测量范围内有高低电阻不均匀的质体时,则视电阻率反映出极大或极小值。一般用来探测陡倾角高阻的带状构造,测线应垂直带状构造布置。

2. 地震勘探方法

地震勘探法也是广泛用于工程地质勘探的方法之一。它是利用地层介质的波动性探测地质现象的一种物探方法。基本原理是利用爆炸或敲击的方法向岩土体内激发地震波,地震波以弹性波动方式在岩土体内传播。根据不同介质弹性波传播速度的差异来判断地质现象。按弹性波的传播方式,地震勘探又分为直达波法、反射波法和折射波法等。地震勘探可以用于了解地下地质构造,如基岩面、覆盖层厚度、风化层、断层等。

9.4 工程地质原位测试

9.4.1 概述

由于岩石和土的形成年代、成因、物质组成、结构、构造不同,使得不同种类的岩石和土表现出不同的物理力学特征。在人类工程活动的范围内,了解岩石和土的物理力学性质特征,查明其物理力学性质指标,是人类从事各种工程活动、进行各种工程设计与建筑的基本前提。岩石和土的物理力学性质指标的测试包括室内试验及原位测试。

1. **土的室内试验**

《岩土工程勘察规范》(GB 50021—2001,2009 年版)规定各类工程均应测定下列土的分类指标和物理性质指标:①砂土的颗粒级配、比重、天然含水量、天然密度、最大和最小密度;②粉土的颗粒级配、液限、塑限、比重、天然含水量、天然密度和有机质含量;③黏性土的液限、塑限、比重、天然含水量、天然密度和有机质含量。所以,土的室内物理性质试验通常包括:土的颗粒分析试验,含水量试验,比重试验,密度试验,液、塑限试验,有机质含量试验,渗透试验和击实试验。

土的室内力学性质试验包括为计算沉降变形提供压缩曲线及压缩系数、压缩模量等参数的土的压缩—固结试验,为确定地基承载力和分析边坡稳定等提供抗剪强度参数(c、φ)的直接剪切试验、三轴剪切试验和无侧限抗压强度试验等,为分析砂土液化等提供土的动强度和为计算土体位移、速度、加速度和应力等随时间的变化提供剪切模量和阻尼比等参数的振动三轴试验和共振柱试验等。

有关土的室内试验的详细内容请参看土力学教材。

2. **岩石的室内试验**

岩石的室内物理性质试验包括岩石颗粒密度试验(比重瓶法)、岩石的块体密度试验(量积法、水中称量法或蜡封法)、岩石含水率试验(烘干法)、岩石吸水性试验(含岩石吸水率试验(自由浸水法)和岩石饱和吸水率试验(煮沸法或真空抽气法))、岩石膨胀性试验(包括岩石自由膨胀率试验、岩石侧向约束膨胀率试验和岩石膨胀压力试验)、岩石耐崩解性试验、岩石抗冻性试验、岩石软化性试验、岩石透水性试验和岩石溶解性试验等。

岩石的室内力学性质试验主要有单轴压缩变形试验、单轴抗压强度试验、抗拉强度试验、直剪试验和点荷载强度试验等。单轴压缩变形试验的主要目的是测定岩石在静荷载作用下的弹性模量、变形模量和泊松比,为岩石力学计算提供计算参数。试验的主要仪器设备是材料试验机。单轴抗压强度试验的主要目的是测定规则岩石试件单轴抗压强度,也用于测定岩石软化系数,进行岩石的强度分级。试验的主要仪器设备是材料试验机。抗拉强度试验采取劈裂法,目的是间接测定岩石的抗拉强度。直剪试验的目的是测定岩石试件的抗剪强度参数,为岩石力学计算提供依据。该试验适用于岩块、岩石结构面以及混凝土与岩石胶结面,使用的主要仪器是直剪试验仪。

这部分内容详见第 6 章。

3. **原位测试的特点及类型**

(1)原位测试的特点

原位测试是指在工程地质勘察现场,在不扰动或基本不扰动地层的情况下对地层进行测试,以获得所测地层的物理力学性质指标及划分地层的一种勘察技术。和室内试验相比,原位测试有如下优点:①可在拟建工程场地进行测试,不用取样,因而可以测定难以取得不扰动样的土(如淤泥、饱和砂土、粉土等)的有关工程力学性质;②涉及的岩土体范围远远大于室内的岩土体试样,因而更具有代表性;③很多原位测试方法可连续进行,因而可以得到完整的地层剖面及其物理力学指标;④一般具有速度快、经济的优点,能大大缩短工程勘察周期。

但原位测试也存在许多不足之处，如难以控制边界条件，许多原位测试技术所得的参数和岩土的工程性质之间的关系建立在大量统计的经验关系之上等。因此，岩土的室内试验和原位测试应该相辅相成。

选择现场原位测试方法时，应考虑岩土条件、建筑类型、设计要求、地区经验成熟程度、勘察阶段和测试方法的适用性等因素。

(2) 岩体原位测试方法简介

岩体原位测试主要包括岩体的变形试验、现场直剪试验、岩体应力测试、波速试验。

1° 岩体变形参数测试方法

岩体变形参数测试方法有静力法和动力法两种。静力法的基本原理：在选定的岩体表面、槽壁或钻孔壁面上施加一定的荷载，并测定其变形，然后绘制出压力—变形曲线，计算岩体的变形参数。据方法不同，静力法又可分为承压板法、狭缝法、钻孔变形法及水压法等。动力法是用人工方法对岩体发射或激发弹性波，并测定弹性波在岩体中的传播速度，然后通过一定的关系式求岩体的变形参数。据弹性波的激发方式不同，又分为声波法和地震法。

2° 岩体强度参数测试方法

岩体的强度参数是工程岩体破坏机理分析及稳定性计算不可缺少的参数，目前主要依据现场岩体力学试验求得。原位岩体强度试验主要有直剪试验、单轴和三轴抗压试验等。由于原位岩体试验考虑了岩体结构及其结构面的影响，因此试验成果较室内岩块试验更符合实际。岩体原位直剪试验是岩体力学试验中常用的方法，可分为岩体本身、岩体沿结构面及岩体与混凝土接触面剪切三种。每种试验又可细分为抗剪断试验、摩擦试验及抗切试验。抗剪断试验是试件在一定的法向应力作用下沿某一剪切面剪切破坏的试验，所求得的强度为试件沿该剪切面的抗剪断强度；摩擦试验是试件剪断后沿剪切面继续剪切的试验，所求得的强度为试件沿该剪切面的残余剪切强度；抗切试验是法向应力为零时试件沿某一剪切面破坏的试验。

3° 岩体应力测试方法

岩体应力是工程岩体稳定性分析及工程设计的重要参数。目前，岩体应力主要靠实测求得，特别是构造活动较强烈及地形起伏复杂的地区，自重应力理论将无法解决岩体应力问题。岩体应力不能直接测得，只能通过量测应力变化引起的诸如位移、应变等物理量的变化值，然后基于某种假设反算出应力值。因此，目前国内外使用的所有应力量测方法，均是在平硐壁面或地表露头面上打钻孔或刻槽，引起岩体中应力扰动，然后用各种探头量测由于应力扰动而产生的各种物理量变化值的方法实现的。常用的应力量测方法主要有应力解除法、应力恢复法和水压致裂法等。

(3) 土体原位测试方法简介

土体原位测试的主要方法有静力载荷试验、触探试验（静力触探试验和动力触探试验等）、剪切试验（十字板剪切试验及大型剪切试验等）和地基土动力特性试验（波速测试等）。本章将重点介绍这些土体原位测试的主要方法。

9.4.2 载荷试验

载荷试验就是在一定面积的承压板上向地基逐级施加荷载，并观测每级荷载下地基的变形特性，从而评定地基的承载力、计算地基的变形模量并预测实体基础的沉降量。载荷试验一般包括平板载荷试验和螺旋板载荷试验。浅层平板载荷试验适用于埋深大于或等于3 m和地下水位以上的地基土；深层平板载荷试验适用于深层地基土和大直径桩的桩端土；螺旋板载荷试验适用于深层地基土或地下水位以下的地基土。载荷试验所反映的是承压板以下1.5 ~2.0倍承压板直径或宽度范围内地基强度、变形的综合性状。

1. 原理及装置

载荷试验的原理是在试验土面上逐级加上荷载并观测每级荷载下土的变形。根据试验结果绘制荷载—沉降曲线（*p-s* 曲线）和每级荷载下的沉降—时间曲线（*s-t* 曲线），由此判断土的变形特性及求得土的变形模量和极限荷载等数据。

载荷试验的装置由承压板、加荷装置及沉降观测装置等部分组成（图9-2）。其中，承压板一般为方形或圆形板；加荷装置包括压力源、载荷台架或反力架，加荷可采用堆重加荷（图9-2（a））和油压千斤顶反压加荷（图9-2（b））两种方式。沉降观测装置有百分表、沉降传感器和水准仪等。

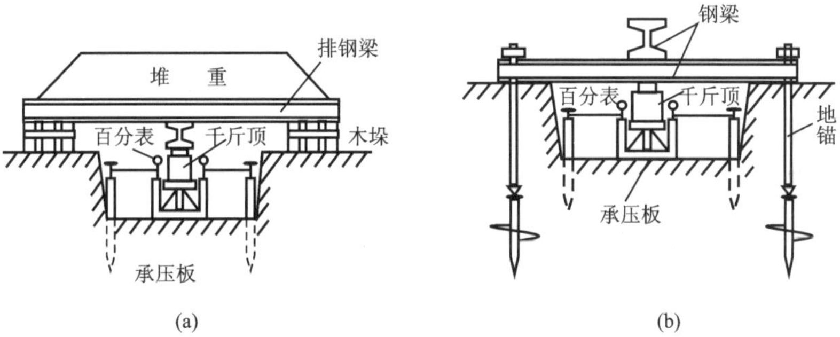

图9-2 载荷试验装置示意图

（a）堆重加荷法 （b）油压千斤顶反压加荷法

2. 基本要求

试验用的承压板一般采用刚性的钢质圆形板，面积可采用0.25 ~0.5 m^2。对于软土，可采用尺寸较大的承压板。

一般采用分级维持荷载沉降相对稳定法（常规慢速法）作为加荷方式，土体载荷试验的稳定标准是连续2小时内每小时沉降量不超过0.1 mm。当出现下列情况之一时，即可终止加载：①承压板周边的土明显侧向挤出，周边岩土出现明显隆起或径向裂缝持续发展；②本级荷载的沉降量大于前级荷载沉降量的5倍，荷载与沉降曲线出现陡降段；③在某级荷载下，24小时内沉降速率不能达到相对稳定标准；④总沉降量与承压板直径（或宽度）之比超过0.06。此外，还有沉降非稳定法（快速法）和等沉降速率法等加荷方式。

3. **试验成果及应用**

根据观测记录并进行修正后(即 p-s 曲线的直线段应通过坐标原点),可以绘制荷载(p)与沉降(s)的关系曲线以及各级荷载下沉降(s)与时间(t)或时间对数($\lg t$)的关系曲线,如图 9-3 所示。通过这些试验曲线可以确定以下参数。

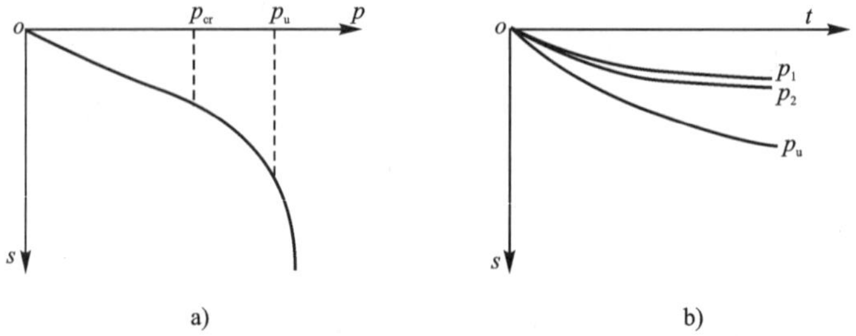

图 9-3 载荷试验曲线

(a)荷载 p 与沉降 s 的关系曲线 (b)各级荷载下沉降 s 与时间 t 的关系曲线

(1)确定地基承载力

当根据载荷试验结果确定土的承载力特征值时,有下列三种情况:①当 p-s 曲线上有明显的比例界限压力(p_{cr})时,取该比例界限所对应的荷载值;②当极限荷载(p_u)小于对应的比例界限的荷载值(p_{cr})的 2 倍时,取极限荷载的一半;③当不能按上述两点确定时,如承压板面积为 2 500 ~5 000 cm^2,可取 s 与 b 的比值为 0.01 ~0.015 所对应的荷载,但其值不应大于最大加荷量的一半。

(2)确定地基土的变形模量 E_0

土的变形模量 E_0 多根据载荷试验结果求得,即根据 p-s 曲线中的直线或接近于直线段的试验数据,浅层平板载荷试验的变形模量按下式计算:

$$E_0 = I_0(1-\mu^2)\frac{pd}{s} \tag{9-2}$$

式中:I_0——刚性承压板的形状系数,圆形承压板取 0.785,方形承压板取 0.886;

μ——土的泊松比,碎石土取 0.27,砂土取 0.30,粉土取 0.35,粉质黏土取 0.38,黏土取 0.42;

d——承压板直径或边长,m;

p——p-s 曲线线性段的压力,kPa;

s——与 p 对应的沉降,mm。

(3)计算基床系数 K_s

根据 p-s 曲线,按经验公式估算基准基床反力系数 K_V($K_V = p/s$),再根据 K_V 确定地基土的基床反力系数 K_s:

黏性土

$$K_s = \frac{0.305}{B_F}K_V \tag{9-3a}$$

砂土

$$K_s = \left(\frac{B_F + 0.305}{2B_F}\right)^2 K_V \tag{9-3b}$$

式中：B_F——基础的宽度，m。

9.4.3　静力触探试验

静力触探试验是用静力匀速地将标准规格的探头压入土中，同时用压力传感器测试土层对探头的贯入阻力，以此判断、分析地基土的物理力学性质。静力触探具有测试连续、快速、高效、多功能及兼有勘探与测试双重作用的优点，而且测试数据精度高、再现性好。特别是对于不易钻探取样的饱和砂土层、高灵敏的软土层以及土层竖向变化复杂而不能密集取样或测试以查明土层性质变化的情况，静力触探具有它独特的优点。它的缺点是对碎石类土和密实砂土难以贯入，也不能直接观测土层等。静力触探试验适用于软土、一般黏性土、粉土、砂土和含少量碎石的土。

1. 试验的仪器设备

静力触探设备俗称静力触探仪，一般由三部分组成：贯入系统，包括加压装置和反力装置，作用是将探头匀速、垂直地压入土层中；量测系统，用来测量和记录探头所受的阻力；静力触探头，内有阻力传感器。根据贯入系统中加压装置的加压方式，静力触探仪可分为电动（齿轮）机械式静力触探仪、液压式静力触探仪和手摇轻型链式静力触探仪。

常用的静力触探仪探头分为单桥探头、双桥探头（图 9-4）和孔压探头，可以根据实际工程所需测定的参数选用单桥探头、双桥探头或孔压探头。探头圆锥面积一般为 10 cm^2 或 15 cm^2，单桥探头侧壁长度分别为 57 mm 和 70 mm，双桥探头摩擦套筒侧壁面积应为 150 cm^2、200 cm^2 和 300 cm^2，锥尖锥角应为 60°。孔压静力触探探头除了具有双桥探头所需的各种部件外，还增加了由过滤片做成的透水滤器和一个孔压传感器。

2. 试验的基本要求

在静力触探的整个过程中，探头应匀速、垂直地压入土层中，贯入速率为 1.2 m/min。

静力触探探头测力传感器应连同仪器、电缆进行定期标定。

静力触探测试时，深度记录的误差不应大于触探深度的 ±1%。当贯入深度超过 30 m，或穿过厚层软土后再贯入硬土层时，应采取措施防止孔斜，也可配置测斜探头，量测触探孔的偏斜度，校正土的分层界线。

3. 试验成果及应用

（1）单桥探头成果

单桥探头将锥头和摩擦筒连接在一起，因而只能测出一个参数，即比贯入阻力 p_s。该参数的定义为

$$p_s = \frac{P}{A} \tag{9-4}$$

式中：P——总贯入阻力；

A——探头锥尖底面积。

通过试验可得到比贯入阻力—深度（p_s-h）关系曲线，参见图 9-5。

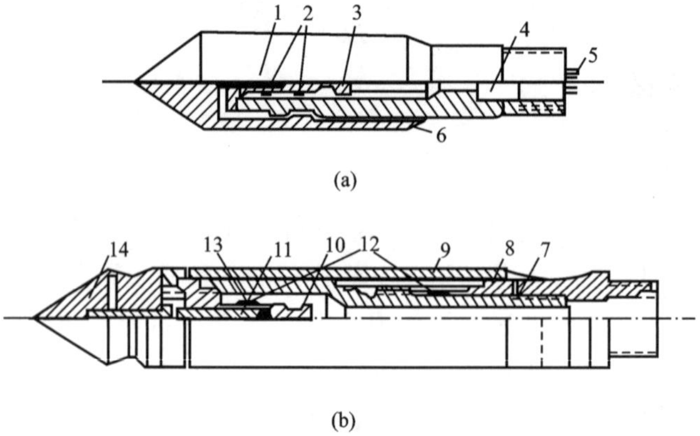

图 9-4　静力触探探头示意图

(a)单桥探头结构　(b)双桥探头结构

1—顶柱　2—电阻应变片　3—传感器　4—密封垫圈套　5—四芯电缆

6—外套筒　7—传力杆　8—摩擦传感器　9—摩擦筒　10—锥尖传感器

11—顶柱　12—电阻应变片　13—钢珠　14—锥尖头

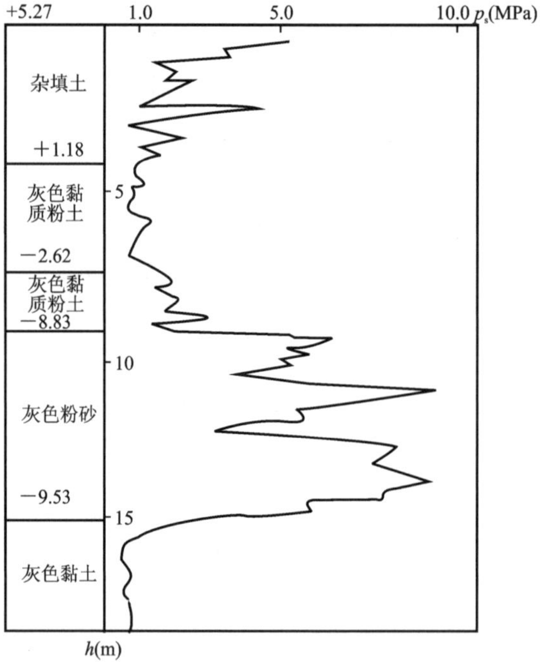

图 9-5　静力触探的 p_s-h 曲线

(2)双桥探头成果

双桥探头将锥头和摩擦筒分开,可以同时测出锥尖阻力和侧壁摩擦阻力两个参数。锥尖阻力 q_c 和侧壁摩阻力 f_s 分别定义如下:

$$q_c = \frac{Q_c}{A} \tag{9-5}$$

$$f_s = \frac{P_f}{A_f} \tag{9-6}$$

式中：Q_c、P_f——锥尖总阻力和侧壁总摩阻力；

A、A_f——锥尖底面积和摩擦筒表面积。

根据测得的锥尖阻力 q_c 和侧壁摩阻力 f_s，可以按下式计算摩阻比 R_f：

$$R_f = \frac{f_s}{q_c} \times 100\% \tag{9-7}$$

通过试验可得到锥尖阻力—深度（q_c-h）关系曲线（图 9-6）、侧壁摩阻力—深度（f_s-h）关系曲线（图 9-6）和摩阻比—深度（R_f-h）关系曲线（图 9-7）。

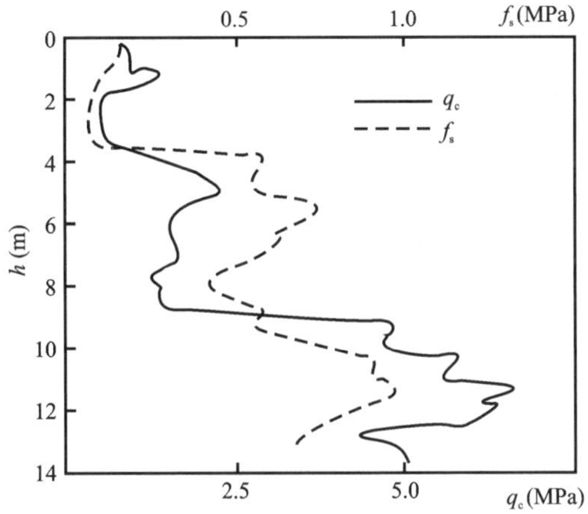

图 9-6　静力触探的 q_c-h 与 f_s-h 曲线

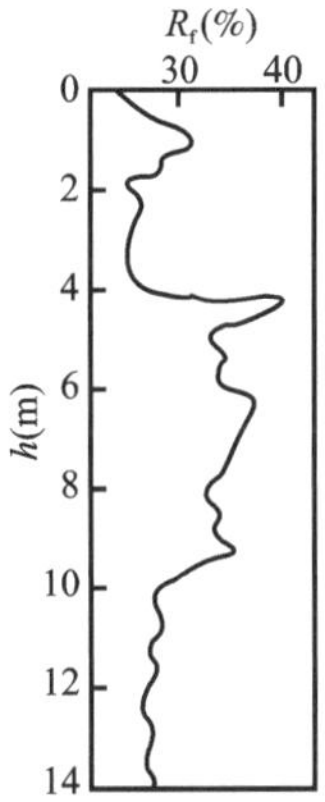

-7　静力触探的 R_f-h 曲线

（3）孔压探头成果

孔压探头是在双桥探头的基础上再安装一种可以量测触探时产生的孔隙水压力的装置，因此可以测定三个参数，即真锥尖阻力 q_t、真侧壁摩阻力 f_t 和孔隙水压力 u，并可以求得静探孔压系数。

（4）成果应用

静力触探试验成果的应用主要有下列几个方面：①划分土层和判定土类；②判别土的塑性状态或密实度；③确定地基土的承载力；④确定土的变形模量；⑤确定土的抗剪强度参数；⑥估算单桩承载力、沉桩阻力；⑦进行液化判别。

9.4.4　圆锥动力触探试验

圆锥动力触探是用一定质量的重锤，以一定高度的自由落距，将标准规格的圆锥形探头打入土中，根据每打入土中一定距离所需的锤击数判定土的力学性质的一种原位测试方法。

圆锥动力触探试验具有设备简单、操作及测试方法简便、适用性广等优点，对难以取样的砂土、粉土、碎石类土以及静力触探难以贯入的土层，动力触探是一种非常有效的勘探测试手段。它的缺点是不能对土进行直接鉴别描述，且试验误差较大。

1. **试验的仪器设备**

圆锥动力触探根据锤击能量的大小分为轻型、重型和超重型三种，设备规格和适用范围见表9-4。图9-8为圆锥动力触探设备简图。

表9-4 圆锥动力触探类型

类型		轻型	重型	超重型
落锤	锤的质量(kg)	10	63.5	120
	落距(cm)	50	76	100
探头	直径(mm)	40	74	74
	锥角(°)	60	60	60
探杆直径(mm)		25	42	50~60
指标		贯入30 cm的读数N_{10}	贯入10 cm的读数$N_{63.5}$	贯入10 cm的读数N_{120}
主要适用岩土		浅部的填土、砂土、粉土、黏性土	砂土、中密以下的碎石土、极软岩	密实和很密实的碎石土、软岩、极软岩

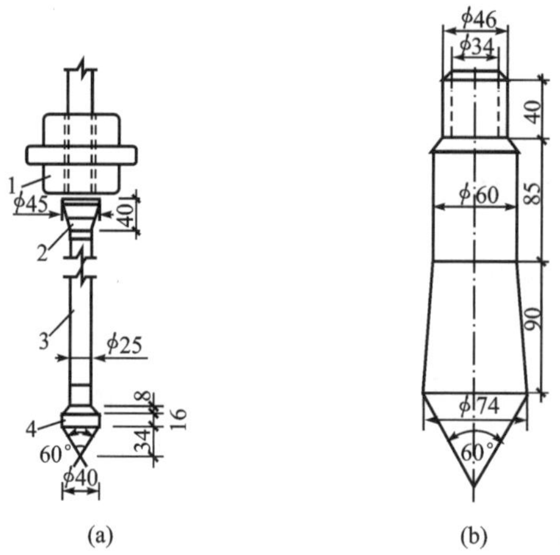

图9-8 圆锥动力触探设备简图(单位:mm)

(a)轻型动力触探设备 (b)重型动力触探探头

1—穿心锤 2—锤垫 3—触探杆 4—锥头

2. **试验的基本技术要求**

对试验的技术要求：采用自然落锤装置；触探杆最大倾斜度不应超过2%，锤击贯入应连续进行，同时防止锤击偏心、探杆倾斜和侧向晃动，保持探杆垂直度；锤击速率每分钟宜为15~30击；对于轻型动力触探，当$N_{10}>100$或贯入15 cm锤击数超过50时，可停止试验；对于重型动力触探，当连续三次$N_{63.5}>50$时，可停止试验或改用超重型动力触探。

3. **试验成果及应用**

圆锥动力触探试验的主要成果是锤击数N_{10}、$N_{63.5}$、N_{120}和锤击数(N_{10}、$N_{63.5}$、N_{120})随深度(h)变化的关系曲线(图9-9)。根据圆锥动力触探试验指标和地区经验，可将试验成果应用于:①进行土层力学分层;②评定土的均匀性和物理性质(状态、密实度);③确定地基土的承载力和变形模量;④确定单桩承载力标准值 R_k;⑤查明土洞、滑动面、软硬土层界面;⑥检测地基处理效果和确定地基持力层等。

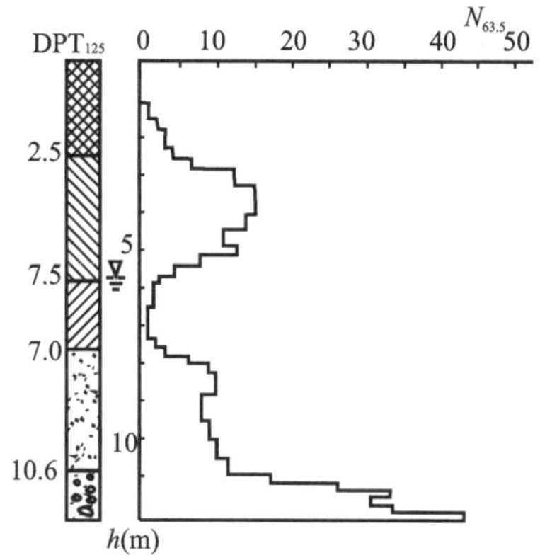

图 9-9　动力触探的 N-h 曲线

9.4.5　标准贯入试验

标准贯入试验是用质量为 63.5 kg 的穿心锤,以 76 cm 的落距,将标准规格的贯入器,自钻孔底部预打 15 cm,记录再打入 30 cm 的锤击数,判定土的力学特性。

标准贯入试验的优点是设备简单,操作方便,适用的土层广,且贯入器能取出扰动土样,从而可以直接对土进行鉴别。

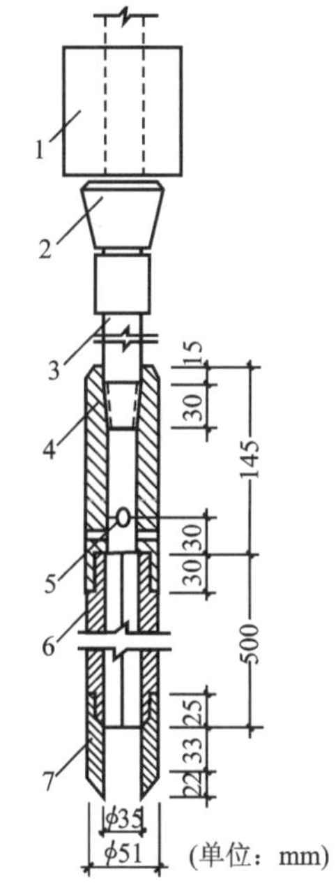

图 9-10　标准贯入试验设备

1—穿心锤　2—锤垫　3—触探杆　4—贯入器头　5—出水孔　6—贯入器身　7—贯入器靴

1. 试验设备

标准贯入试验设备主要是由贯入器、贯入探杆和穿心锤三部分组成(图 9-10)。它应满足表 9-5 中的要求。

表 9-5　标准贯入试验设备规格

落锤		锤的质量(kg)	63.5
		落　　距(cm)	76
贯入器	对开管	长　　度(mm)	>500
		外　　径(mm)	51
		内　　径(mm)	35
	管靴	长　　度(mm)	50~76
		刃口角度(°)	18~20
		刃口单刃厚度(mm)	1.6
钻杆		直　　径(mm)	42
		相对弯曲	<1/1 000

2. 试验的技术要求

①标准贯入试验用钻孔应采用回转钻进,钻至试验标高以上 15 cm 处,清除孔底残土后再进行试验。

②应采用自动脱钩的自由落锤法进行锤击,并减小导向杆与锤间的摩阻力。锤击时应避免偏心及侧向晃动,锤击速率应小于 30 击/min。

③标准贯入试验分两个阶段进行,即预打阶段和试验阶段。在预打阶段,先将贯入器打入 15 cm。在试验阶段,将贯入器再打入 30 cm,记录每打入 10 cm 的锤击数,累计打入 30

cm 的锤击数即为标准贯入击数 N。当累计击数已达 50 击,而贯入深度未达 30 cm 时,可记录 50 击的实际贯入深度 ΔS(cm),按下式换算成贯入 30 cm 的锤击数 N,并终止试验,即

$$N = 30 \times \frac{50}{\Delta S} \tag{9-8}$$

式中:ΔS——50 击时的贯入度,cm。

3. 试验成果及应用

根据标准贯入试验锤击数 N 值,可对砂土、粉土、黏性土的物理状态,土的强度、变形参数、地基承载力、单桩承载力,砂土和粉土的液化,成桩的可能性等做出评价。具体应用在以下几方面:①评定砂土的密实度;②评定黏性土的稠度状态和无侧限抗压强度;③评定砂土抗剪强度指标 φ;④评定黏性土的不排水抗剪强度 c_u;⑤确定地基承载力;⑥评定土的变形模量 E_0和压缩模量 E_s;⑦估算单桩承载力;⑧判别地基土的液化状况。

9.4.6 十字板剪切试验

十字板剪切试验是将插入软黏土中的十字板头,以一定的速率旋转,测定土破坏时的抵抗力矩,确定土的不排水抗剪强度。它是测定饱和软黏土层抗剪强度简单而可靠的原位测试方法。这种方法测得的抗剪强度值相当于试验深度处天然土层的不排水抗剪强度,在理论上它相当于三轴不排水剪的黏聚力值或无侧限抗压强度的一半($\varphi = 0$)。

十字板剪切试验具有对土扰动小、设备轻便、测试速度快、效率高等优点,因此在我国沿海软土地区被广泛使用。

1. 试验仪器及原理

十字板剪切试验仪的主要部分是钢板焊成的十字板、钢制轴杆和施加扭力的设备。其中,十字板是厚 3 mm 的长方形钢板,呈十字形焊接于轴杆上(图 9-11)。可视土层的软硬状态选用相应规格的十字板头。

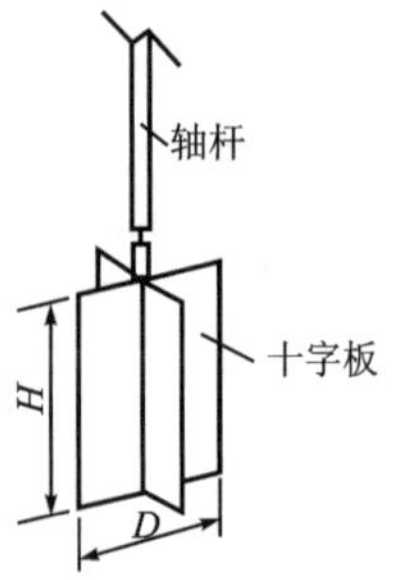

图 9-11 十字板头

十字板剪切试验的原理:将十字板头压入黏土中,通过钻杆对十字板施加扭矩,使十字板板头在土层中形成圆柱形的破坏面,测定剪切破坏时对抵抗扭剪的最大力矩,通过计算可得到土体的抗剪强度。

假设土体是各向同性的,即水平面的不排水抗剪强度$(c_u)_h$与垂直面上的不排水抗剪强度$(c_u)_v$相同。旋转十字板头时,在土体中形成一个直径为 D、高为 H 的圆柱剪切破坏面。由土体各向同性的假定,可得到圆柱剪损面的侧表面及顶底面上各点的抗剪强度相等。旋转过程中,土体产生的最大抵抗扭矩 M 由圆柱侧表面的抵抗扭矩 M_1和圆柱顶底面的抵抗扭矩 M_2组成,即

$$M = M_1 + M_2 \tag{9-9}$$

式中

$$M_1 = c_u \cdot (\pi DH) \cdot \frac{D}{2} \tag{9-10}$$

$$M_2 = \left[2c_u \cdot \left(\frac{1}{4}\pi D^2\right) \cdot \frac{D}{2}\right]\alpha \tag{9-11}$$

将式(9-10)和式(9-11)代入式(9-9),可得

$$M=\frac{1}{2}c_u\cdot\pi HD^2+\frac{1}{4}c_u\cdot\pi D^3\alpha=\frac{1}{2}c_u\cdot\pi D^3\left(\frac{H}{D}+\frac{\alpha}{2}\right)\tag{9-12}$$

则

$$c_u=\frac{2M}{\pi D^3\left(\frac{H}{D}+\frac{\alpha}{2}\right)}\tag{9-13}$$

式中:α——与圆柱顶底面剪应力的分布有关的系数,见表 9-6;

M——十字板稳定最大扭矩(土体的最大抵抗扭矩)。

表 9-6　α 值

圆柱顶底面剪应力分布	均匀	抛物线	三角形
α	2/3	3/5	1/2

十字板剪切试验值考虑了土的黏聚力,未考虑抗剪强度中的内摩擦角,因此这种试验只适用于饱和软土,特别适用于难以取样和在自重下不能保持自己形状的软黏土。

2. 基本技术要求

①十字板一般为矩形,径高比 $D/H=1/2$,板厚宜为 2 ~ 3 mm,表 9-7 为常用的十字板尺寸。

表 9-7　常用的十字板尺寸

十字板尺寸	H(mm)	D(mm)	厚度(mm)
国内	100	50	2 ~ 3
	2 ~ 3	150	75
国外	125 ± 12.5	62.5 ± 12.5	2

②十字板头插入钻孔底的深度不应小于钻孔或套管直径的 3 ~ 5 倍,插入后至少静置 2 ~ 3 min,方可开始试验。

③由于排水和黏滞效应的存在,剪切速率应控制在(1° ~ 2°)/10 s,且测得峰值强度后继续测记 1 min。

④重塑土的不排水抗剪强度应在峰值强度或稳定值强度出现后,顺剪切扭转方向连续转动 6 圈后测定。

3. 试验成果及应用

十字板剪切试验成果主要有十字板剪切试验土的不排水峰值抗剪强度、残余强度、重塑土强度和灵敏度随深度的变化曲线。图 9-12 为抗剪强度随深度的变化曲线。十字板剪切试验成果可按地区经验确定地基承载力,估算桩的端阻力和侧阻力,计算边坡稳定安全系数,确定软土路基临界高度,判定软黏性土的固结历史。其主要应用有:①确定软土的不排

水抗剪强度;②确定重塑土的抗剪强度;③确定土的灵敏度。

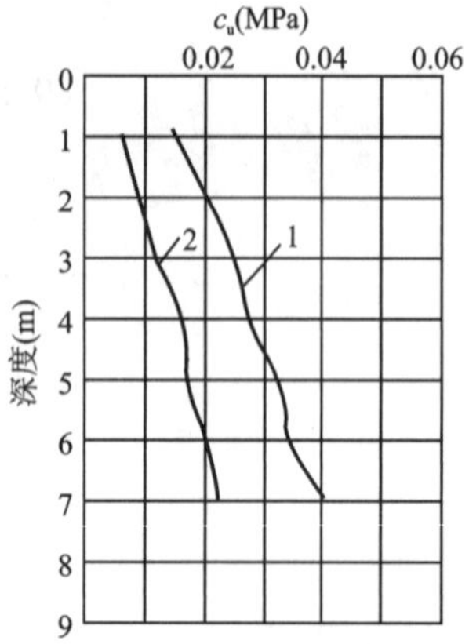

图 9-12 十字板剪切试验的 c_u-h 曲线

1—未扰动土 2—扰动土

9.4.7 旁压试验

旁压试验是用可侧向膨胀的旁压器,对钻孔孔壁周围的土体施加压力的原位测试方法。它的基本原理是将圆柱形旁压器竖直地放入土中,通过旁压器在竖直的孔内加压,使旁压膜膨胀,并由旁压膜(或护套)将压力传给周围土体(或岩层),使土体或岩层产生变形直至破坏。通过量测施加的压力和土变形之间的关系,即可得到地基土在水平方向上的应力应变关系。与静载荷试验相对比,旁压试验有精度高、设备轻便、测试时间短等特点,但精度受成孔质量的影响较大。旁压试验适用于测定黏性土、粉土、砂土、碎石土、残积土、极软岩和软岩等。

1. 试验仪器

根据将旁压器设置于土中的方法,可以将旁压仪分为预钻式旁压仪、自钻式旁压仪和压入式旁压仪。预钻式旁压仪一般需有竖向钻孔,自钻式旁压仪利用自转的方式钻到预定试验位置后进行试验,压入式旁压仪以静压方式压到预定试验位置后进行旁压试验。

预钻式旁压仪由旁压器、量测及控制系统、加压系统组成(图 9-13)。

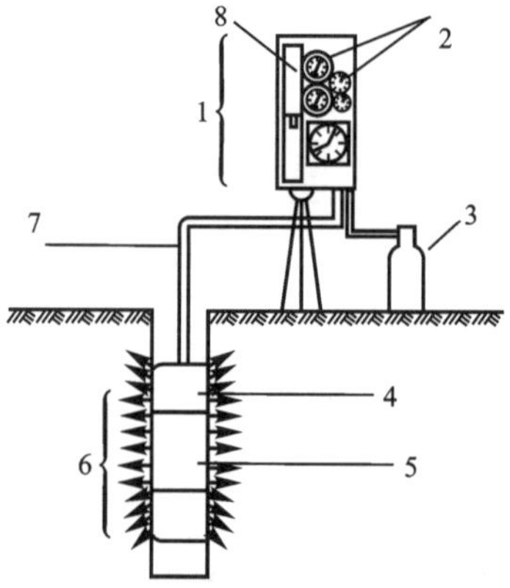

图 9-13 旁压试验示意图

1—量测装置 2—压力表 3—高压气瓶 4—辅助腔 5—测量腔 6—旁压器 7—同轴塑料管 8—量管

2. 基本技术要求

旁压试验应在地基土体中有代表性的位置和深度进行。旁压器的量测腔应在同一土层内。试验点的垂直间距应根据地层条件和工程要求确定,但不宜小于 1 m。加荷等级可采用极限压力的 1/7 ~ 1/5。每级压力应维持 1 min 或 2 min,再施加下一级压力。维持 1 min 时,加荷后读数时间按 15 s、30 s、60 s 测读变形量;维持 2 min 时,加荷后读数时间按 15 s、30 s、60 s、120 s 测读变形量。

当量测腔的扩张体积相当于量测腔的固有体积时,或压力达到仪器的容许最大压力时,应终止试验。

3. 试验成果及应用

旁压试验的成果主要是压力和扩张体积(p-V)曲线。

典型的 p-V 曲线如图 9-14 所示。图中曲线可分为三段:Ⅰ段为初步阶段(AB 段);Ⅱ段为似弹性阶段(BC 段),压力与体积变化量大致呈线性关系;Ⅲ段为塑性阶段(CD 段)。根据压力与体积曲线,结合蠕变曲线确定初始压力(p_0)、临塑压力(p_f)和极限压力(p_l)。

根据压力与体积曲线的直线段斜率，按下式计算旁压模量 E_m：

$$E_m = 2(1+\mu)\left(V_c + \frac{V_0 + V_f}{2}\right)\frac{\Delta p}{\Delta V} \tag{9-14}$$

式中：E_m——旁压模量，kPa；

μ——泊松比；

V_c——旁压器量测腔初始固有体积，cm^3；

V_0——与初始压力 p_0 对应的体积，cm^3；

V_f——与临塑压力 p_f 对应的体积，cm^3；

$\Delta p/\Delta V$——旁压曲线直线段的斜率，kPa/cm^3。

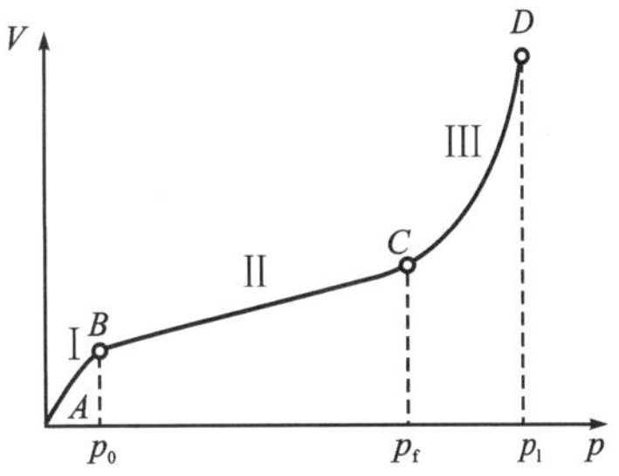

图 9-14 旁压试验的 p-V 曲线

根据初始压力、临塑压力、极限压力和旁压模量，结合地区经验可评定地基承载力、计算变形模量和压缩模量、检验地基加固效果、估算桩的承载力。

9.4.8 扁铲侧胀试验

扁铲侧胀试验（简称扁胀试验）是将带有膜片的扁铲压入土中预定深度，充气使膜片向孔壁土中侧向扩张，根据压力与变形关系，测定土的侧胀模量及其他有关指标。它的优点在于简单、快捷、重复性好而且较为经济。

扁胀试验适用于软土、一般黏性土、粉土、黄土、松散至中密砂土等。

1. 试验仪器

仪器设备主要是扁铲形探头，长 230 ~ 240 mm，宽 94 ~ 96 mm，厚 14 ~ 16 mm。探头前缘刃角为 12° ~ 16°，探头侧面钢膜片的直径为 60 mm。探头可与静力触探的探杆或钻杆连接（图 9-15）。

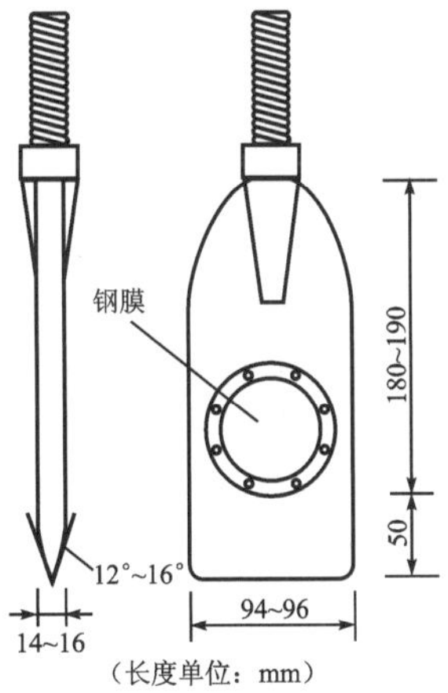

图 9-15 扁铲侧胀仪探头

2. 试验的技术要求

①每孔试验前后均应进行探头率定，取试验前后的平均值为修正值。

②试验时，应以静力匀速将探头贯入土中，贯入速率宜为 2 cm/s，试验点间距可取 20 ~ 50 cm。

③探头达到预定深度后，应匀速加压和减压，测定膜片膨胀至 0.05 mm、1.10 mm 和回到 0.05 mm 的压力 A、B、C 值。

④扁铲侧胀消散试验，应在需测试的深度进行，测读时间间隔可取 1 min、2 min、4 min、8 min、15 min、30 min、90 min，以后每 90 min 测读一次，直至消散结束。

3. 试验成果及应用

(1)对实测数据进行修正

对试验的实测数据进行膜片刚度修正后可分别得出 p_0、p_1、p_2 值。

$$p_0 = 1.05(A - z_m + \Delta A) - 0.05(B - z_m - \Delta B) \tag{9-15}$$

$$p_1 = B - z_m - \Delta B \tag{9-16}$$

$$p_2 = C - z_m + \Delta A \tag{9-17}$$

式中：p_0——膜片向土中膨胀之前的接触压力，kPa；

p_1——膜片膨胀至1.10 mm时的压力，kPa；

p_2——膜片回到0.05 mm时的终止压力，kPa；

z_m——调零前的压力表初读数，kPa。

根据上述参数，分别绘制p_0、p_1、Δp（即$p_1 - p_0$）随深度h的变化曲线。

(2)根据p_0、p_1、p_2计算有关指标

根据p_0、p_1、p_2可计算指标：

$$E_D = 34.7(p_1 - p_0) \tag{9-18}$$

$$K_D = (p_0 - u_0)/\sigma_{vo} \tag{9-19}$$

$$I_D = (p_1 - p_0)/(p_0 - u_0) \tag{9-20}$$

$$U_D = (p_2 - u_0)/(p_0 - u_0) \tag{9-21}$$

式中：E_D——侧胀模量，kPa；

K_D——侧胀水平应力指数；

I_D——侧胀土性指数；

U_D——侧胀孔压指数；

u_0——试验深度处的静水压力，kPa；

σ_{vo}——试验深度处土的有效上覆压力，kPa。

(3)应用

可以根据E_D、K_D、I_D和U_D等扁铲侧胀试验指标和地区经验，判别土类，确定黏性土的状态、静止侧压力系数和水平基床反力系数等。

9.4.9 波速测试

波速测试就是测定压缩波（P波）、剪切波（S波）或瑞雷波（R波）在地层中的传播速度，依据弹性波在岩土体内的传播理论，间接测定岩土体在小应变条件下（$10^{-6} \sim 10^{-4}$）的动弹性模量和动泊松比。

1.仪器设备及试验方法

波速测试方法的试验仪器设备一般分为震源与测试仪器两部分。目前，常用的测试方法有三种：单孔法（检层法）、跨孔法和瑞雷波法。

(1)单孔法（检层法）

在地面激振，检波器在一个垂直孔中接收，自上而下（或自下而上）按地层划分逐层进行检测，计算每一地层的P波或SH波速，称为单孔法。

震源设备要求能产生能量大、稳定性和重复性好的剪切波。常用方法有击板法、弹簧激振法和定向爆破法。测试仪器有三分量检波器和地震仪。

单孔法试验孔应垂直，在距孔口1.0～3.0 m处放一长度为2～3 m的混凝土板或木板，上压约500 kg的重物，用锤沿板纵轴从两个相反方向水平敲击板端，产生水平剪切波，将检

波器固定在孔内不同深度处接收剪切波(图 9-16),也可在孔内激振。测点的垂直间距宜取 1 ~3 m,层位变化处加密。

(2)跨孔法

在两个以上垂直钻孔内,自上而下(或自下而上)按地层划分,在同一地层的水平方向上一孔激发,另外的钻孔接收,逐层检测地层的直达 SV 波,称为跨孔法。

常用的孔内震源设备有剪切波锤和重锤标贯装置。测试仪器为地震仪等,与单孔法相同。

跨孔法以一孔为激发孔,布置一个或两个检波孔(图 9-17),各个钻孔应垂直并相互平行。当测试深度超过 15 m 时,应对激振孔和测试孔的倾斜度及倾斜方位进行量测,测点间距宜为 1 m。

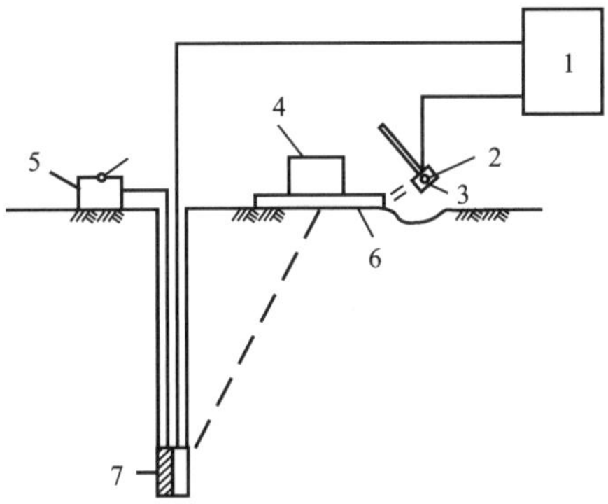

图 9-16　单孔法波速测试示意图

1—记录器　2—触发器　3—木锤　4—重物
5—膨胀泵　6—木板　7—三分量检波器

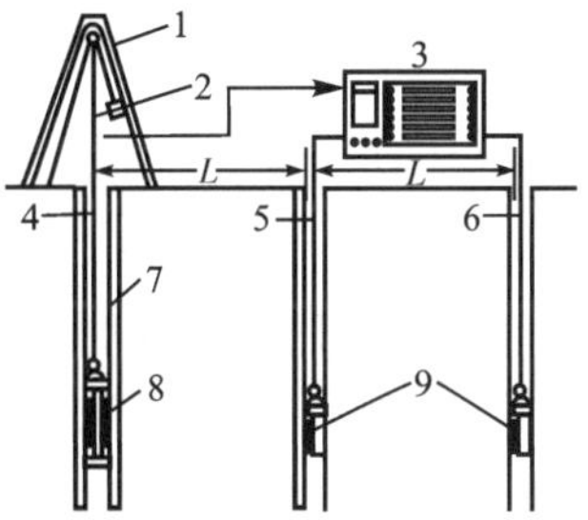

图 9-17　跨孔法测试设备及布置示意图

1—三脚架　2—绞车　3—信号增强地震仪
4—震源孔　5、6—接收孔　7—套管
8—井下剪切波锤　9—井下检波器

跨孔法可直接测定不同深度处土层的波速。测试孔的孔距在土层中宜取 3 ~6 m,测点垂直距离宜取 1 ~2 m。近地表的测点宜布置在 2/5 孔距的深度处。震源和检波器应置于同一地层的相同标高处。

(3)瑞雷波法

常用震源设备为电磁激振器、重锤或落锤,测试仪器为地震仪等,与单孔法相同。

瑞雷波法(面波法)波速测试,测定不同激振频率下瑞雷波的波长,可得地表下一个波长深度范围内土的平均波速(图 9-18)。

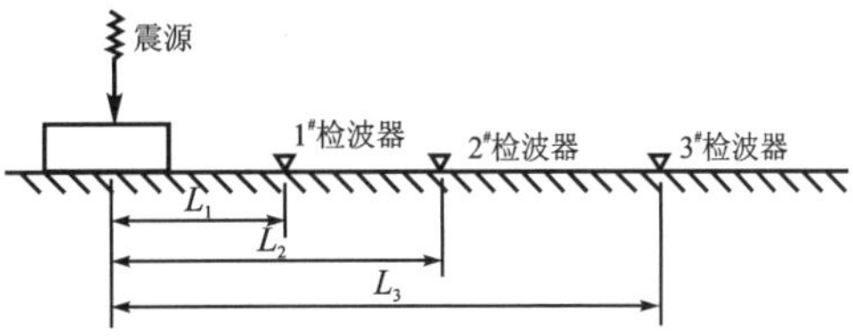

图 9-18　面波法(稳态振动)试验布置图

瑞雷波法适用于地质条件简单、波速高的土层下有下伏波速低的土层的场地,测试深度不大。

2. 波速应用

①计算岩土地基的动力参数,如动剪切模量、动弹性模量和动泊松比等。

②根据剪切波速度 v_s 与地基土物理力学性质的关系,计算岩土地基物理力学参数。

③在场地和地基的地震效应评价中,用剪切波速度 v_s 划分场地土类型,并根据土层等

效剪切波速度和场地覆盖层厚度划分建筑场地类别。

④判定砂土地基液化程度。

⑤检验地基加固处理的效果。

9.5 现场监测

9.5.1 现场监测的意义及内容

现场监测工作是对施工过程中及完工后引起岩土性质和周围环境条件(包括工程地质条件、水文地质条件及相邻结构、设施等)发生变化进行的各种观测工作。现场监测的目的是了解由于施工引起的影响,监视其变化规律和发展趋势,以便及时在设计、施工上采取相应的防治措施。主要监测内容包括以下几点。

①对岩土所受到的施工作用和各类荷载的大小以及在这些荷载作用下岩土反应性状进行监测。比如,土与结构物之间接触压力的量测,岩土体中的应力量测,岩土表面及其内部的变形和位移监测以及孔隙水压力的量测等。

②对建设或运营中的结构物进行监测。除观测沉降外,还包括对主体结构和基坑开挖支护结构及其他性状的监测等。

③对环境条件,包括工程地质、水文地质条件及相邻结构、设施等在施工过程中发生的变化进行监测。

④对各种不良地质作用和地质灾害的观测。

一般根据监测的内容不同,现场监测需采取专门的仪器或设备,甚至有的内容需用精密的、较为复杂的仪器设备进行监测。现场监测应在工程施工期间进行,对有特殊要求的工程,应根据工程特点确定必要的项目,在使用期内继续进行。现场监测的记录、数据和图件,应保持完整,并应按工程要求整理分析。现场监测资料应及时向有关部门报送。当监测数据接近危及工程的临界值时,必须加密监测并及时报告,以便及时采取措施,保证工程和人身安全。现场监测完成后应提交成果报告,报告中应附有相关曲线和图件,并进行分析评价,提出建议。

由于监测的内容不同,具体方法也不同,涉及范围较广,因此本节不可能对各类监测工作逐一说明。下面仅介绍地下水监测以及不良地质作用和地质灾害的监测。

9.5.2 地下水的监测

1. 概述

地下水的监测是指对地下水的水位、水量、水质、水压、水温及流速、流向等,在自然或人为因素影响下随时间或空间的变化规律进行监测。地下水的监测应根据岩土工程和建筑物稳定性的需要,有计划、有组织地进行。我国《岩土工程勘察规范》(GB 50021—2001,2009年版)规定下列情况应进行地下水监测:

①地下水位升降影响岩土稳定时;

②地下水位上升产生浮托力对地下室或地下构筑物的防潮、防水或稳定性产生较大影响时；

③施工降水对拟建工程或相邻工程有较大影响时；

④施工或环境条件改变，造成的孔隙水压力、地下水压力变化，对工程设计或施工有较大影响时；

⑤地下水位的下降造成区域性地面沉降时；

⑥地下水位升降可能使岩土产生软化、湿陷、胀缩时；

⑦需要进行污染物运移对环境影响的评价时。

2. 监测内容

地下水的监测内容应根据工程的需要和水文地质条件确定，主要内容有以下几方面。

(1)水位监测

查明地下水位(最高、最低水位)、水位变化幅度范围；查明地下水与地表水体(江、河、湖等)、大气降水的联系。

(2)水质监测

查明地下水的物理、化学成分变化；查明污染源、污染途径、污染程度对建筑材料、金属材料的腐蚀等级。

(3)水压监测

开挖深基础、洞室、隧道工程，评价岸边、斜坡稳定性工程，软土地基加固处理工程等，都应对岩土的孔隙或裂隙水压力进行监测。当地下水可能对岩土产生潜蚀作用或可能出现管涌引起基坑坍塌、矿井突涌时，也应对地下水压进行监测。

(4)降水工程地面沉降的监测

长期抽降地下水，可能引起地面产生不均匀沉陷、建筑物开裂失稳等不良现象时，应对地下水位和地面沉降进行监测。

3. 监测方法

地下水监测方法应符合下列规定。

①地下水位的监测，可设置专门的地下水位观测孔，或利用水井、地下水天然露头进行。

②孔隙水压力、地下水压力的监测，可采用孔隙水压力计、测压计进行。

③用化学分析法监测水质时，采样次数应每年不少于4次，进行相关项目的分析。

4. 监测时间与要求

地下水的监测时间应满足下列要求。

①动态监测时间不应少于一个水文年，平均每3~5天监测一次；特殊地段(如离河道、湖泊、水渠较近时)及汛期时应加密监测次数。当监测场地较大时，各孔监测时间日期应尽量统一，以便于资料的对比利用。

②当孔隙水压力在施工期间发生变化可能影响工程安全时，应在孔隙水压力降至安全值后方可停止监测；当地下水的浮托力对建筑工程有影响时，地下水压力监测应进行至工程荷载大于浮托力后或浮托力消除时为止。

③监测水质时，采样次数每年应不少于4次，丰水期和枯水期各不少于1次。

④在进行监测工作的同时,应收集当地的气象、水文等资料,如降水量、蒸发量、地表水水位、水质、水量及与地下水的补排关系,了解环境地质情况,是否有污染源存在等。

5. 监测资料的整理

将现场监测收集的原始资料逐旬、逐月、逐年地进行整理编制,并提出下面成果:

①地下水和降水量的动态变化曲线,地下水与地表水体的动态变化曲线,地下水压动态变化曲线;

②不同时期的水位埋深图、等水位线图,不同时期有害化学成分等值线图、总矿化度等值线图等;

③预测地下水水位、水质的变化趋势,分析地下水与地表水体的补排关系,对地下水受污染的可能性进行判断分析等;

④论述地下水对岩土工程的不良现象、危害程度及防治措施。

9.5.3 不良地质作用和地质灾害的监测

1. 不良地质作用和地质灾害监测的目的

不良地质作用和地质灾害监测的目的有三:一是正确判定、评价已有不良地质作用和地质灾害的稳定性,监视其对环境、建筑物和人民财产的影响,对灾害的发生进行预报;二是为防治灾害提供科学依据;三是预测灾害变形发展趋势和检验整治后的效果,为今后防治、预测提供经验教训。

2. 不良地质作用和地质灾害监测内容

根据不同的不良地质作用和地质灾害情况,我国《岩土工程勘察规范》(GB 50021—2001,2009 年版)做出了下列规定。

①应进行不良地质作用和地质灾害监测的情况:场地及其附近有不良地质作用或地质灾害,并可能危及工程的安全或正常使用时;工程建设和运行可能加速不良地质作用的发展或引发地质灾害时;工程建设和运行对附近环境可能产生显著不良影响时。

②岩溶土洞发育区应着重监测的内容:地面变形;地下水位的动态变化;场区及其附近的抽水情况;地下水位变化对土洞发育和塌陷产生的影响。

③滑坡监测的内容:滑坡体的位移;滑面位置及错动;滑坡裂缝的发生和发展;滑坡体内外地下水位、流向、泉水流量和滑带孔隙水压力;支挡结构及其他工程设施的位移、变形、裂缝的发生和发展。

④当需判定崩塌剥离体或危岩的稳定性时,应对张裂缝进行监测。对可能造成较大危害的崩塌,应进行系统监测,并根据监测结果,对可能发生崩塌的时间、规模、塌落方向和途径、影响范围等做出预报。

⑤对现代采空区,应进行地表移动和建筑物变形的观测,并应符合下列规定:观测线宜平行和垂直矿层走向布置,其长度应超过移动盆地的范围;观测点的间距可根据开采深度确定,并大致相等;观测周期应根据地表变形速度和开采深度确定。

⑥因城市或工业区抽水而引起区域性地面沉降,应进行区域性的地面沉降监测,监测要求和方法应按有关标准进行。

3. 不良地质作用和地质灾害监测纲要及报告编制

对不良地质作用和地质灾害，应根据场地及其附近的地质条件和工程实际需要编制监测纲要，按纲要进行。纲要内容包括监测目的和要求、监测项目、测点布置、观测时间间隔和期限，观测仪器、方法和精度，应提交的数据、图件等，并及时提出灾害预报和采取措施的建议。在进行监测工作过程中或完毕后，应提交有关观测数据和相关曲线，并编制观测报告。报告内容包括工程概况、监测任务目的、监测技术要求，监测工作依据、监测内容，监测仪器设备和监测精度要求，监测点布置、观测过程及其质量控制，监测数据成果和相关曲线，观测成果分析、结论及其工作建议。

9.6 勘察成果整理

工程地质勘察报告书和图件是在工程地质调查与测绘、勘探、试验、监测等已获得的原始资料的基础上，按工程要求和分析问题的需要进行整理、统计、归纳、分析、评价，提出工程建议，形成文字报告并附各种图件的勘察技术文件。因此，它是工程地质勘察的最终成果，并作为设计部门进行设计的最重要的基础资料。

勘察成果的整理一般是在现场勘察工作告一段落或整个勘察工程结束后进行。成果整理工作一般包括现场和室内试验数据的整理和统计、工程地质图件的编制以及工程地质报告书的编写。

9.6.1 现场和室内试验数据的整理

在工程地质勘察过程中，各项勘察内容都有大量的地质数据和试验数据，而这些数据一般都是离散的。因而需要对这些离散数据进行分析和归纳整理，使这些数据能更好地反映岩土体性质和地质特征的变化规律。

对岩土参数的基本要求是可靠和适用。在分析岩土参数的可靠性和适用性时，应着重考虑以下因素：①取样方法和其他因素（如取土器等）对试验结果的影响；②采用的试验方法和取值标准；③不同测试方法（如室内试验与现场测试等）所得结果的分析比较；④测试结果的离散程度；⑤测试方法与计算模型的配套性。

在对测试数据的可靠性做出分析评价的基础上，用统计方法整理和选择参数的代表性数值。一般情况下应提供：①岩土参数的平均值、标准差、变异系数、数据分布范围和数据的数量；②承载能力极限状态计算所需的岩土参数标准值，当设计规范另有专门规定的标准值取值方法时，可按有关规范执行。

9.6.2 工程地质报告书的编写

1. 工程地质报告书

工程地质报告书是工程地质勘察的文字成果。报告书应该简明扼要、切合主题；所提出的论点应有充分的实际资料作为依据，并附有必要的插图、照片及表格，以助文字说明。较复杂场地的大规模或重型工程的工程地质报告书，在内容结构上一般分为绪论部分、一般部分、专门部分和结论部分。

(1)绪论部分

绪论部分主要是说明任务要求及勘察工程概况、拟建工程概况、采用的方法及取得的成果。勘察任务应以上级机关或设计、施工单位提交的任务书为依据。为了明确勘察的任务和意义,在绪论中应先说明建筑的类型、拟定规模及其重要性,勘察阶段需要解决的问题等。

(2)一般部分

一般部分阐述勘察场地的工程地质条件。对影响工程地质条件的因素,如地势、水文等也应作一般介绍。阐述的内容应能表明建筑地区工程地质条件的特征及一般规律。

(3)专门部分

专门部分是整个报告书的中心内容,任务是结合具体工程要求对涉及的各种工程地质问题进行论证,并对任务书中所提出的要求和问题给予尽可能圆满的回答。其内容包括:勘察方法和勘察工作布置;场地地形、地貌、地层、地质构造、岩土性质及其均匀性;地下水(埋藏情况、类型、水位及其变化);土和水对建筑材料的腐蚀性;不良地质作用的描述和对工程危害程度的评价;岩土参数的分析与选用;场地稳定性与适宜性的评价。在论述时应当列举勘察所得的各种实际资料,进行必要的不同途径与方法的计算,在定性评价基础上做出定量评价。

(4)结论部分

在上述各部分的基础上,对任务书中所提出的以及实际工作中所发现的各项工程地质问题给出简短明确的答案。因而内容必须明确具体,措辞必须简练正确。此外,在结论中还应指出存在的问题及今后进一步研究方向的建议。

2. 工程地质图和其他附件

工程地质报告书应附有各种工程地质图,如前所述,工程地质图是由一套图组成的,平面图是最主要的。但是,没有必要的附件,平面图将不易了解,也不能充分反映工程地质条件。这些附件有:①勘探点平面位置图;②工程地质剖面图;③工程地质柱状图;④室内试验图表;⑤现场原位测试图件;⑥其他专门图件。

9.7 房屋建筑物岩土工程勘察要点

房屋建筑物(和构筑物)的主要工程地质问题通常包括区域稳定性问题、基础埋深和结构类型问题、地基稳定性问题(承载力与特征变形均应符合要求)、边坡稳定性问题、建筑物的配置问题、基础的施工条件问题和地下水的侵蚀性问题等。

房屋建筑物(和构筑物)的岩土工程勘察,应在搜集建筑物上部荷载、功能特点、结构类型、基础形式、埋藏深度和变形限制等方面资料的基础上进行。其主要工作内容符合下列规定:①查明场地和地基的稳定性、地层结构、持力层和下卧层的工程特性、土的应力历史和地下水条件以及不良地质作用等;②提供设计、施工所需的岩土参数,确定地基承载力,预测地基变形性状;③提出地基基础、基坑支护、工程降水和地基处理设计与施工方案的建议;④提出对建筑物有影响的不良地质作用的防治方案建议;⑤对于抗震设防烈度等于或大于 6 度的场地，进行场地与地基的地震效应评价。

建筑物的岩土工程勘察宜分段进行，可行性研究勘察应符合选择场址方案的要求；初步勘察应符合初步设计的要求；详细勘察应符合施工图设计的要求；场地条件复杂或有特殊要求的工程，宜进行施工勘察。场地较小且无特殊要求的工程可合并勘察阶段。当建筑物平面布置已经确定，且场地或其附近已有岩土工程资料时，可根据实际情况，直接进行详细勘察。

1. 可行性研究勘察阶段

可行性研究勘察应对拟建场地的稳定性和适宜性做出评价，并应符合下列要求：

①搜集区域地质、地形地貌、地震、矿产、当地的工程地质、岩土工程和建筑经验等资料；

②在充分搜集和分析已有资料的基础上，通过踏勘了解场地的地层、构造、岩性、不良地质作用和地下水等工程地质条件；

③当拟建场地工程地质条件复杂，已有资料不能满足要求时，应根据具体情况进行工程地质测绘和必要的勘探工作；

④当有两个或两个以上拟选场地时，应进行比选分析。

2. 初步勘察阶段

初步勘察应对场地内拟建建筑地段的稳定性做出评价，并进行下列主要工作：

①搜集拟建工程的有关文件、工程地质和岩土工程资料以及工程场地范围的地形图；

②初步查明地质构造、地层结构、岩土工程特性、地下水埋藏条件；

③查明场地不良地质作用的成因、分布、规模、发展趋势，并对场地的稳定性做出评价；

④对抗震设防烈度等于或大于6度的场地，应对场地和地基的地震效应做出初步评价；

⑤季节性冻土地区，应调查场地土的标准冻结深度；

⑥初步判定水和土对建筑材料的腐蚀性；

⑦高层建筑初步勘察时，应对可能采取的地基基础类型、基坑开挖与支护、工程降水方案进行初步分析评价。

初步勘察时，在搜集分析已有资料的基础上，根据需要和场地条件还应进行勘探、测试等工作。初步勘察点、线间距取决于地基复杂程度等级；勘探孔深度据工程重要性等级及勘探孔类别确定。初步勘察还应进行试样采取、原位测试及水文地质等工作。

3. 详细勘察阶段

详细勘察应按单体建筑物或建筑群提出详细的岩土工程资料和设计、施工所需的岩土参数；对建筑地基做出岩土工程评价，并对地基类型、基础形式、地基处理、基坑支护、工程降水和不良地质作用的防治等提出建议。主要应进行下列工作：

①搜集附有坐标和地形的建筑总平面图，场区的地面整平标高，建筑物的性质、规模、荷载、结构特点，基础形式、埋置深度，地基允许变形等资料；

②查明不良地质作用的类型、成因、分布范围、发展趋势和危害程度，提出整治方案的建议；

③查明建筑范围内岩土层的类型、深度、分布、工程特性，分析和评价地基的稳定性、均匀性和承载力；

④对需进行沉降计算的建筑物,提供地基变形计算参数,预测建筑物的变形特征;

⑤查明埋藏的河道、沟浜、墓穴、防空洞、孤石等对工程不利的埋藏物;

⑥查明地下水的埋藏条件,提供地下水位及其变化幅度;

⑦在季节性冻土地区,提供场地土的标准冻结深度;

⑧判定水和土对建筑材料的腐蚀性。

详细勘察应论证地下水在施工期间对工程和环境的影响。

详细勘察的主要手段以勘探、原位测试和室内土工试验为主。详细勘察勘探点间距、深度取决于地基复杂程度、基础底面宽度、地基变形计算深度等。尤其是要注意高层建筑勘探点的布置和勘探孔深度。

基坑或基槽开挖后,岩土条件与勘察资料不符或发现必须查明的异常情况时,应进行施工勘察。

9.8 公路工程勘察要点

公路和铁路统称道路,是陆地上绵延长度极大的线形构筑物。作为线形工程,往往要通过许多地质条件复杂的地区和不同的地貌单元,使道路的结构复杂化。在山区线路中,塌方、滑坡、泥石流等不良地质现象是道路工程的主要威胁,地形条件是制约线路的纵向坡度和曲率半径的重要因素。公路结构由三类构筑物所组成:第一类为路基,包括一般路基、高路堤、陡坡路堤和深路堑等;第二类为桥隧,如桥梁、隧道、涵洞等;第三类是防护构筑物,如明洞、挡土墙、护坡、排水盲沟等。在不同的道路中,各类构筑物的比例也不同,主要取决于路线所经地区的工程地质条件。路基是公路的主体构筑物。

9.8.1 影响路线选择的地质因素

路线选择是由多种因素决定的,地质条件是其中的一个重要因素,也是控制性的因素。下面分山岭区与平原区两种情况进行阐述。

1. 山岭区

(1)沿河线

沿河线的优点:坡度缓,路线顺直,工程简易,挖方少,施工方便,工程造价相对较低。但在平原河谷选线常遇有低地沼泽、洪水危害;而丘陵河谷的坡度大,阶地常不连续,河流冲刷路基,泥石流淹埋路线,遇支流时需修较大桥梁。在山区河谷,弯曲陡峭,阶地不发育,开挖方量大,不良地质现象发育,桥梁工程量大。沿河线路线布局的主要问题:①路线选择走河流的哪一岸;②路线放在什么高度;③在什么地点跨河。

(2)越岭线

越岭线的最大优点是能通过巨大山脉,降低坡度和缩短距离。但横越山岭的路线,通常是最困难的,一上一下需要克服很大的高差,常有较多的展线,且不良地质现象发育。越岭线布局的主要问题:①垭口选择;②过岭标高选择;③展线山坡选择。这三者是相互联系、相互影响的。不能孤立地考虑,而应当综合考虑。越岭方案可分路堑与隧道两种。选择哪种方案过岭,应结合山岭的地形、地质和气候条件考虑。

(3)山脊线

山脊线的优点:地形平坦,挖方量少,无洪水,桥隧工程量少。但山脊宽度小,不便于工程布置和施工。有时地形不平,地质条件复杂。若山脊全为土体组成,则需要外运道渣,更严重的是取水困难。

(4)山坡线

山坡线的优点:可以选任意路线坡度,路基多采用半填半挖。但路线曲折,土石方量大,不良地质现象发育,桥隧工程多。

2. 平原区

地面水特征是首先应考虑的因素。为避免水淹、水浸,应尽可能选择地势较高处布线,并注意保证必要的路基高度。在排水不畅的众河汇集的平原区、大河河口地区,尤应特别注意。

地下水特征也是应该仔细考虑的重要因素。在凹陷平原、沿海平原、河网湖区等地区,地势低平,地下水位高,为保证路基稳定,应尽可能选择地势较高、地下水位较深处布线。同时,应该注意地下水变化的幅度和规律。不同地区,可能有不同的变化规律。如灌区主要受灌溉水的影响,水位变化频繁,升降幅度大,又如多雨的平原区,主要受降水的影响,大量的降水不仅使地下水位升高,而且会形成广泛的上层滞水。在北方冰冻地区,为防治冻胀与翻浆,更应注意选择地面水排泄条件较好、地下水位较深、土质条件较好的地带通过,并保证规范规定的路基最小高度。

在有风沙流、风吹雪的地区,要注意路线走向与风向的关系,确定适宜的路基高度,选择适宜的路基横断面,以避免或减轻道路的沙埋、雪阻灾害。

在大河河口、河网湖区、沿海平原、凹陷平原等地区,常常会遇到淤泥、泥炭等软弱地基的问题。

公路的工程地质问题主要是路基边坡稳定性问题、路基基底稳定性问题、路基土冻害问题以及天然建筑材料问题。路基边坡稳定性问题包括天然边坡、傍山路线的半填半挖路基边坡、深路堑的人工边坡等的路基边坡稳定性问题。路基基底稳定性问题多发生于填方路堤地段,其主要表现形式为滑移、挤出和塌陷,因此要求路基有足够的承载力,且可能发生的变形在允许的变形范围之内。根据水的补给情况,道路冻胀的类型可分为表面冻胀和深源冻胀两种,前者是在地下水埋深较大地区,由于大气降水和地表水渗入和积聚于路基中而迅速冻结形成的,其主要原因是路基结构不合理或养护不周,致使道渣排水不良造成的,其冻胀量较小;深源冻胀多发育在冻结深度大于地下水埋深或毛细管水带接近地表的地区。寻找符合需要的天然建筑材料问题可能成为选线的关键问题,道渣、土料、片石、砂和碎石等材料的品质好坏和运输距离,将直接影响工程质量和造价。在平原地区比较简单,路基工程地质问题较少。但在丘陵和山区,尤其是在地形起伏较大的山区修建道路时,往往需要通过高填或深挖才能满足线路最大纵向坡度的要求。

9.8.2 影响桥梁选址的地质因素

桥梁是在道路跨越河流、山谷或不良地质作用发育地段而修建的构筑物，是公路工程中的重要组成部分，也是公路选线时考虑的重要因素之一。桥址的选择一般要考虑下列几个方面的问题：①桥址应选在河床较窄、河道顺直、河槽变迁不大、水流平稳、两岸地势较高而稳定、施工方便的地方，避免选在具有迁移性(强烈冲刷的、淤积的、经常改道的)河床、活动性大河湾、大沙洲或大支流汇合处；②选择覆盖层薄、河床基底为坚硬完整的岩体，若覆盖层太厚，应选在无漫滩相和牛轭湖相淤泥或泥炭的地段，避免选在尖灭层发育和非均质土层的地区；③选择在区域稳定性条件较好、地质构造简单、断裂不发育的地段，桥线方向应与主要构造线垂直或大交角通过，桥墩和桥台尽量不要置于断层破碎带和褶皱轴线上，特别在高地震基本烈度区，必须远离活动断裂和主断裂带；④尽可能避开滑坡、岩溶、可液化土层等发育的地段；⑤在山区峡谷河流选择桥址时，力争采用单孔跨越，在较宽的深切河谷，应选择两岸较低的地方通过，要求两岸岩质坚硬完整，地形稍宽一些，适当降低桥台的高度，降低造价，减少施工的困难。

桥梁的主要工程地质问题集中于桥墩和桥台，包括桥墩和桥台地基稳定性、桥台的偏心受压、桥墩和桥台地基基础的冲刷等。

此外，公路隧道又包括山岭隧道和河底隧道。山岭隧道又分为越岭隧道、山坡隧道两种。越岭隧道是穿越分水岭或山岭垭口的隧道；山坡隧道是为了避让山坡上的悬崖峭壁以及雪崩、山崩、滑坡等不良地质现象而修建的隧道。隧道的工程地质问题主要包括山岩压力及洞室围岩的变形与破坏问题、地下水及洞室涌水问题、洞室进出口的稳定问题。

9.8.3 公路工程地质勘察阶段的划分及其勘察目的、任务和内容

公路工程地质勘察一般分为预可行性研究阶段工程地质勘察(简称预可勘察)、工程可行性研究阶段工程地质勘察(简称工可勘察)、初步设计阶段工程地质勘察(简称初步勘察)和施工图设计阶段工程地质勘察(简称详细勘察)四个阶段。公路工程地质各勘察阶段的目的、任务和内容见表9-8。

表9-8 公路工程地质勘察阶段的目的、任务和内容

勘察阶段		目的、任务	内容
可行性研究阶段工程地质勘察	预可勘察	了解公路建设项目所处区域的工程地质条件及存在的工程地质问题，为编制预可行性研究报告提供工程地质资料 充分收集区域地质、地震、气象、水文、采矿、灾害防治与评估等资料，采用资料分析、遥感工程地质解译、现场踏勘调查等方法，对各路线走廊带或通道的工程地质条件进行研究	①了解各路线走廊带或通道的地形地貌、地层岩性、地质构造、水文地质条件、地震动参数，不良地质和特殊性岩土的类型、分布范围、发育规律；②了解当地建筑材料的分布状况和采购运输条件；③评估各路线走廊带或通道的工程地质条件及主要工程地质问题；④编制预可行性研究阶段工程地质勘察报告

续表

勘察阶段		目的、任务	内　容
可行性研究阶段工程地质勘察	工可勘察	初步查明公路沿线的工程地质条件和对公路建设规模有影响的工程地质问题，为编制工程可行性研究报告提供工程地质资料 以资料收集和工程地质调绘为主，辅以必要的勘探手段，对项目建设各工程方案的工程地质条件进行研究	①了解各路线走廊带或通道的地形地貌、地层岩性、地质构造、水文地质条件、地震动参数，不良地质和特殊性岩土的类型、分布及发育规律；②初步查明沿线水库、矿区的分布情况及其与路线的关系；③初步查明控制路线及工程方案的不良地质和特殊性岩土的类型、性质、分布范围及发育规律；④初步查明技术复杂大桥桥位的地层岩性、地质构造、河床及岸坡的稳定性，不良地质和特殊性岩土的类型、性质、分布范围及发育规律；⑤初步查明长隧道及特长隧道隧址的地层岩性、地质构造、水文地质条件、隧道围岩分级、进出口地带斜坡的稳定性，不良地质和特殊性岩土的类型、性质、分布范围及发育规律；⑥对控制路线方案的越岭地段、区域性断裂通过的峡谷、区域性储水构造，初步查明其地层岩性、地质构造、水文地质条件及潜在不良地质的类型、规模、发育条件；⑦初步查明筑路材料的分布、开采、运输条件以及工程用水的水质、水源情况；⑧评价各路线走廊或通道的工程地质条件，分析存在的工程地质问题；⑨编制工程可行性研究阶段工程地质勘察报告
初步勘察		基本查明公路沿线及各类构筑物建设场地的工程地质条件，为工程方案比选及初步设计文件编制提供工程地质资料 与路线和各类构筑物的方案设计相结合，根据现场地形地质条件，采用遥感解译、工程地质调绘、钻探、物探、原位测试等手段相结合的综合勘察方法，对路线及各类构筑物工程建设场地的工程地质条件进行勘察 对工程项目建设可能诱发的地质灾害和环境工程地质问题进行分析、预测，评估其对公路工程和环境的影响	①基本查明公路沿线的区域地质、水文地质和工程地质条件，为路线方案比选及重要工程选址提供水文地质及工程地质资料；②基本查明各类构筑物建设场地和地基的地质条件，为选择构筑物的结构类型和地基基础方案设计提供地质资料；③基本查明不良地质的类型、规模、分布、诱因、发展趋势，评价其对公路工程的影响程度和绕避的可能性，提供工程方案设计所需的地质资料；④基本查明特殊性岩土的成因、类型、分布范围、厚度、地层结构，评价其对公路工程的影响程度和绕避的可能性，提供工程方案设计所需的地质资料；⑤收集公路沿线地震动参数及地震安全性评价资料；⑥对工程项目实施有可能诱发的地质灾害进行预测，研究其对公路工程的影响程度，并对重大地质问题开展专题研究；⑦对工程建设场地的适宜性和优劣进行评价、比选，并提出工程地质意见和建议；⑧基本查明沿线筑路材料的类别、料场位置、储量和开采条件；⑨编制初步勘察报告
详细勘察		查明公路沿线及各类构筑物建设场地的工程地质条件，为施工图设计提供工程地质资料 充分利用初勘取得的各项地质资料，采用钻探、测试为主，调绘、物探、简易勘探等手段为辅的综合勘察方法，对路线及各类构筑物建设场地的工程地质条件进行勘察	①查明公路沿线的水文地质及工程地质条件，为确定路线和沿线各类构筑物的具体位置提供地质依据；②查明各类构筑物建设场地和地基的工程地质条件，为确定各类构筑物的结构类型、尺寸和地基基础的施工图设计提供地质资料；③查明不良地质的分布、类型、规模、诱因、发展趋势，为确定路线通过的位置或整治工程的施工图设计提供地质资料；④查明特殊性岩土的类型、分布范围、厚度、性质，为确定路线通过的位置或地基处理工程的施工图设计提供地质资料；⑤查明地下水的类型、分布、埋藏条件及动态变化规律，评价环境水的腐蚀性；⑥查明沿线筑路材料的类别、料场位置、储量及开采条件；⑦对各类构筑物建设场地的工程地质条件进行评价，分析存在的工程地质问题，提出工程地质意见和建议；⑧编制详细工程地质勘察报告

9.9 港口工程勘察要点

港口是供船舶停泊和避风的场所,也是水陆联运的枢纽。港口有水域和陆域两大部分。水域工程包括防波堤、防潮砂堤、灯塔等建筑;陆域工程包括码头、船坞、船台、仓库、道路、车间、办公楼等建筑。对于工程地质勘察来说,陆域工程中与水相连的工程如码头、护岸工程等以及水域工程中的防波堤等皆称为港口水工建筑物,它的工程地质勘察有特殊要求。而离开水面影响的工程属非水工建筑物,它的工程地质勘察与一般的建筑工程勘察相同。

9.9.1 港口的主要工程地质问题

1. 区域稳定问题

(1)海岸地壳运动和洋面变迁

海岸是海陆相交互的地带,它不仅受到地壳运动的制约,也受到冰川型洋面变迁的影响。其中,新构造运动是控制海岸发育的区域性条件,洋面变化则是影响海岸发育的全球性因素。从不同性质海岸的空间分布看,区域构造条件和新构造运动一般是控制海岸演变,导致海岸地形差异的主导因素。尤其是我国沿海地区,由于受西太平洋活动构造带的影响,新构造运动比较活跃,其总幅度通常要大于洋面变动的幅度。

(2)地质构造对我国海岸发育的控制作用

我国沿海地形铭刻着新华夏系的烙印,新华夏系隆起带不仅控制着山脉的走向,同时也为山地丘陵海岸的发育奠定了基础;而新华夏系沉降带则为我国东部平原海岸的塑造提供了条件。新华夏系隆起带和沉降带平行排列的特点,反映在海岸类型上则形成山地海岸与平原海岸交替出现的格局。

(3)海岸的升降变化对建港的影响

多数港湾本身基本上处于下降区,而周围的山地则多处于上升区。两者接触带是升降过渡区,常为断裂带,地壳最不稳定。因此,在建港前必须查清港区的地质构造,特别是断裂的活动情况。对处于相对下降的港湾,建港后随着海岸的下降,港口将有被淹没的危险,因此必须判明其下降的速度以便合理地布置建筑物;对处于相对上升的港湾,建港后港池将会随地壳的上升而变浅从而使港口失效,所以在建港前也必须判明其上升的速度。

2. 码头及防波堤的地基稳定问题

地基允许承载力对码头和防波堤建筑的经济合理和稳定安全具有十分重要的意义。码头和防波堤是港口的重型建筑物,而且主要部分甚至全部是建于海底的。修建前不可能整平地基,因此会因地基导致建筑物静荷载合力的作用点偏离地基中心,使地基承受倾斜力;强大海浪海流的拖曳作用也会在地基承压面上产生一个偏心力。像这样的倾斜负荷和偏心负荷,使地基更易发生变形破坏。因此,这些建筑物对地基允许承载力的要求更高,最好是修在基岩或砂砾石地基上。

3. 港池和航道的回淤问题

港口建成以后,要使之能正常运行,就必须保证港池和航道不被回淤。保持适当的水深，利于船舶的停泊和航行。回淤问题之所以会发生，主要是因为河水、海浪和岸流等经常把大量的漂砂带到海港里来，使港门和港池的水深变浅。如果某些工程的布置不合理，就会加剧这种作用。

4. 港址选择问题

正确地进行港址比选才能够做到在工程地质条件较为优越的地段建设良港，使船舶运转安全、迅速，节省建设投资，港口布局合理，充分发挥效益，经营管理便利。

由于不同海岸带和河段自然地理和地质环境不同，所以港址的特点也各异。就海港来说，有岩岸、砂岸、淤泥质海岸以及河口地区。岩岸岸线曲折，岸坡较陡，近岸水深条件好，有掩护较好的海湾，而且泥沙来源少，地基条件好，容易形成良港，因此选港条件好。而沙岸和淤泥质海岸，则岸线平直、岸坡较缓、近岸水浅、泥沙来源多、存在回淤和地基稳定问题，因而选择港址时需慎重。河口地区建港有条件发展为海陆联运的枢纽，但由于往往有拦门砂存在，而且河床有时摆动，航道和港池回淤问题是突出的工程地质问题。我国辽东半岛、山东半岛和南方沿海多岩岸，因此有大连、青岛、宁波、香港、湛江等良港；而渤海湾和江苏沿海为砂岸和淤泥质海岸，则难觅良港。总之，选择港址时必须根据对港址的要求，全面研究比较港址的工程地质条件，尤其是其中的地形地貌、岩土工程地质性质和地质构造条件，抓住可能产生的主要工程地质问题进行具体分析对比，才能选出比较优良的港址。

根据实践经验，港址选择的工程地质条件如下。

(1) 地形地貌

宽阔的水域，较大的水深，岸边地势较高而稳定，有足够的陆域面积；岸线长度和水、陆域，均应有港口进一步发展的余地；冲、淤不强烈，以保证港池和航道的稳定及足够的水深；海港水域最好有天然掩护。

(2) 岩土类型和性质

岸边岩土较坚硬且分布稳定，应有足够的地基承载力；海(河)底不能有太多岩石，也不能全是淤泥，以便于船舶靠泊锚地。地震区地基内应无液化砂层分布。

(3) 地质构造

地质构造较简单，断裂不发育；在高烈度地震区，必须与活断层和主干断裂保持一定距离。

(4) 不良地质现象

必须绕避滑坡、崩塌、岩溶等不良地质现象。

9.9.2 勘察阶段的划分及勘察目的、方法和内容

与航道工程、渠化工程等其他水运工程一样，港口工程勘察一般分为可行性研究阶段勘察、初步设计阶段勘察和施工图设计阶段勘察三个阶段。港口工程各勘察阶段的目的、方法和内容见表9-9。

表 9-9 港口工程勘察阶段的目的、方法和内容

<table>
<tr><th colspan="2">勘察阶段</th><th>目的、方法</th><th>内容</th></tr>
<tr><td rowspan="2">可行性研究阶段勘察</td><td>预可行性研究阶段勘察</td><td>对场地的稳定性和建筑的适宜性进行初步评价
预可行性研究阶段勘察方法应以搜集、分析现有资料和现场踏勘为主，已有资料不能满足要求时，应进行工程地质调查或测绘，必要时布置少量勘探测试工作</td><td>①调查地貌特征，了解掩埋的故河道、沟、塘的分布及其土质状况；②调查搜集区域地质构造、活动性断层、地震活动和场地地震动参数；③调查场地主要构造破碎带和不良地质作用的成因、分布、发育和性状；④了解场地岩土组成、成因、性质和分布情况；⑤调查分析地下水、地表水活动对港口工程地质条件的影响</td></tr>
<tr><td>工程可行性研究阶段勘察</td><td>对场地的稳定性和建筑的适宜性做出基本评价
工程可行性研究阶段勘察方法，应在搜集资料的基础上，根据工程要求、拟布置的主体建筑物的位置和场地工程地质条件布置工程地质测绘和勘探测试工作</td><td>①初步划分地貌单元；②调查研究地质构造、地震活动和不良地质作用的成因、分布、发育等；③调查研究岩土分布、成因、时代，主要岩土层的物理力学性质；④调查地下水类型、含水层性质、地下水与地表水水位的动态变化，分析对岸边坡稳定的影响；⑤分析评价场地稳定性和建筑的适宜性；⑥根据需要对陆域形成、地基处理的适宜性进行岩土工程评价</td></tr>
<tr><td colspan="2">初步设计阶段勘察</td><td>初步查明建筑场地工程地质条件，为确定总平面布置、建筑物结构和基础形式、施工方法和场地不良地质防治提供地质依据，对建筑物地基进行岩土工程评价，提供地基基础初步设计所需的岩土参数
初步设计阶段勘察应采用工程地质调查、测绘、勘探、原位测试和室内试验相结合的方法进行</td><td>①划分地貌单元；②初步查明岩土层性质、分布规律、形成时代、成因类型、基岩的风化程度及埋藏条件；③查明与工程建设有关的地质构造，搜集地震资料；④查明不良地质作用的分布范围、发育程度和形成原因；⑤初步查明地下水类型、含水层性质，调查水位变化幅度、补给与排泄条件；⑥分析场地各区段工程地质条件，分析评价岸坡与边坡稳定性和地基稳定性，推荐适宜建设地段，提出基础形式、地基持力层、陆域形成和地基处理的建议；⑦对抗震设防烈度大于或等于6度的场地进行场地和地基的地震效应勘察</td></tr>
<tr><td colspan="2">施工图设计阶段勘察</td><td>查明建筑场地岩土工程条件，提供相应阶段地基基础设计、施工所需的岩土参数，对建筑地基做出岩土工程评价，并提出地基类型、基础形式、陆域形成、地基处理、基坑支护、工程降水和不良地质作用的防治等设计、施工中应注意的问题和建议
勘察工作应采取勘探、取样、原位测试和室内试验相结合的方法。勘探点的位置、数量和深度应根据工程类型、建筑物特点、基础类型、荷载情况和岩土性质，结合所需查明的问题综合确定</td><td>①搜集附有坐标和地形的建筑总平面图，场区的地面整平标高，建筑物类型、规模、荷载、结构特点、基础形式、埋置深度和地基容许变形等资料；②查明影响场地的不良地质作用的类型、成因、分布范围、发展趋势和危害程度，提出整治方案的建议；③查明各个建筑物影响范围内的岩土分布及其物理力学性质；④分析和评价地基的稳定性、均匀性和承载力；⑤评价岩土疏浚的难易程度及土的特性；⑥需进行沉降计算时，提供地基变形计算参数；⑦查明地下水的类型、埋藏条件，提供地下水位及其变化幅度；⑧判定水和土对建筑材料的腐蚀性；⑨在季节性冻土地区，提供场地的标准冻结深度</td></tr>
</table>

9.10 航道工程勘察要点

为了组织水上运输所规定或设置的船舶航行的通道叫作航道。航道必须具备必要的通航条件：①足够的水深、宽度和弯曲半径；②合适的水流条件，包括流速、比降和流态；③足够的水上净空，包括净空高度和宽度。航道工程是指以延长通航里程，提高航道标准，改善通航条件和保障航道畅通为目的的疏浚、整治、渠化、径流调节、绞滩、运河、航标、清障等工程

措施的总称。

航道工程勘察阶段的划分及其目的、方法和内容见表9-10。

表9-10 航道工程勘察阶段的目的、方法和内容

<table>
<tr><th colspan="2">勘察阶段</th><th>目的、方法</th><th>内 容</th></tr>
<tr><td rowspan="2">可行性研究阶段勘察</td><td>预可行性研究阶段勘察</td><td>对场地的稳定性和建设的适宜性进行初步评价
预可行性研究阶段勘察方法应以搜集、分析现有资料和现场踏勘为主，已有资料不能满足要求时，应进行工程地质调查或测绘，必要时布置少量勘探测试工作</td><td>①调查工程影响区域内地形、地貌特征，了解工程区域的工程地质、水文地质条件；②调查搜集区域地质构造、活动性断层、地震活动和场地地震动参数；③调查场地主要构造破碎带和不良地质作用的成因、分布、发育和性状；④了解工程岩土组成、成因、性质和分布情况；⑤调查工程附近堤防地基稳定性</td></tr>
<tr><td>工程可行性研究阶段勘察</td><td>对场地的稳定性和建筑的适宜性做出评价
工程可行性研究阶段勘察应在搜集资料的基础上，根据工程要求、拟布置的主体建筑物的位置和场地工程地质条件布置工程地质测绘和勘探测试工作</td><td>①调查各地貌单元、地质构造、岩土层分布及其成因类型、形成时代、产状要素、物理力学性质；②调查地下水类型、含水层的性质、承压含水层的厚度、透水性、承压水头以及顶板和底板的位置，各含水层和地表水体的层间水力联系；③调查不良地质作用、特殊性岩土及其特性，并做出初步评价；④ 初步评价开挖边坡、护岸稳定性，并提出边坡坡率建议值</td></tr>
<tr><td colspan="2">初步设计阶段勘察</td><td>详细查明航道工程场地的工程地质、水文地质条件，提供工程场地的岩土参数并对工程场地做出岩土工程评价，满足初步设计和场地不良地质作用防治的需要
勘察工作应采用工程地质调查、测绘、勘探、原位测试和室内试验相结合的方法进行，并结合场地地质条件的简单或复杂程度确定合理的方法和勘察手段，根据掌握的地质条件变化情况，及时调整勘察方法和技术要求
勘察工作的范围应为已确定的工程实施范围或工程建筑物场地及其影响区。勘探点的位置、数量和深度应根据工程类型、建筑物特点、荷载情况和岩土性质综合确定</td><td>①查明各地貌单元的形态、岩土类别、成因、时代、性质及其分布规律，查明与工程建设有关的地质构造及其发育特征，重点查明断裂、岩层产状、节理裂隙的分布及其特征；②查明不良地质作用的类型、分布范围或边界条件、发育程度和形成原因，论证对航道工程建筑物稳定性、开挖边坡稳定性的影响程度，并提出防治措施的建议；③查明地下水类型、含水层性质、补给与排泄条件、水位变化幅度，查明承压含水层厚度、透水性、承压水头以及顶板和底板位置，各含水层和地表水体的层间水力联系，查明透水层、相对隔水层分布和特性，必要时，需查明与场地外水域相通的地基透水层及各土层的孔隙水压力；④分析评价地基、岸坡或边坡稳定性，提出基础形式、基础持力层和地基处理的建议；⑤对抗震设防烈度大于或等于6度的地区，涉及建筑物或坡体稳定性方面的工程，进行场地和地基地震效应的岩土工程勘察</td></tr>
<tr><td colspan="2">施工图设计阶段勘察</td><td>在初步设计阶段勘察的基础上进一步查明场地的工程地质、水文地质条件，对工程场地做出岩土工程评价，提供施工图设计、施工所需的岩土参数，满足施工图设计、施工及不良地质作用的防治的需要
勘察的范围、工作量应根据设计需要或尚存在的具体地质问题确定。勘察的方法、手段参照初步设计阶段勘察的有关规定执行</td><td>勘察的内容应根据设计需要或尚存在的具体地质问题确定</td></tr>
</table>

9.11 渠化工程勘察要点

渠化工程是指在天然河流上建拦河闸坝和船闸(或升船机),壅高上游河段水位,增加通航水深,以改善航行条件的航道治理工程措施。渠化工程的水工建筑物一般包括挡水建筑物、泄水建筑物、通航建筑物以及其他综合利用水资源的专门建筑物。它们共同组成渠化枢纽。

渠化工程勘察阶段的目的、方法和内容见表9-11。

表9-11 渠化工程勘察阶段的目的、方法和内容

勘察阶段	目的、方法	内容
预可行性研究阶段勘察	为渠化工程选定梯级方案、拟定比选坝址提供岩土勘察资料 以搜集、分析现有资料和现场踏勘为主,已有资料不能满足要求时,宜进行工程地质调查或测绘,必要时应布置少量勘探测试工作	①了解与渠化工程有关的区域地质与地震情况;②调查坝址区工程地质条件及水文地质条件,重点了解与坝基有关的重大工程地质问题,论证坝址建坝的可能性;③了解渠化河段、变动回水区和枢纽下游近坝河段工程地质条件,重点了解有无产生重大的边坡失稳和严重浸没、渗漏等工程地质问题;④对天然建筑材料进行普查
可行性研究阶段勘察	在各比选坝址及相关河段上进行,为选定坝址、初拟枢纽建筑物总体布置和建筑物形式及渠化河段的工程地质问题的研究提供岩土工程勘察资料,并做出评价 各建筑物及相关河段应全线或分段布置勘探剖面线,宜采用物探、钻探、坑探、洞探等方法。钻孔深度应满足防渗要求	①初步查明地形地貌、地质构造、地震,并对场地的稳定性做出初步评价;②初步查明岩土层的分布及性质、不良地质作用和特殊性岩土的分布及特征,并对枢纽建筑物的地基和边坡稳定以及渠化河段的岸坡稳定等工程地质条件做出初步评价;③初步查明水文地质条件,对枢纽建筑物可能产生的渗漏和渗透稳定问题以及渠化河段可能产生的渗漏和浸没问题做出初步评价;④ 对天然建筑材料进行初查
初步设计阶段勘察	在选定的坝址及渠化河段上进行,为选定坝线、确定通航建筑物的布置和结构设计、地基处理,渠化河段的岸坡防护、航道整治以及大型临时工程的布置和设计等提供工程地质资料 勘察方法除应符合可行性研究阶段勘察方法的规定外,岩溶地区宜增加钻孔密度和深度,并加强水文地质勘探和试验工作。勘察过程中应根据掌握的地质条件变化情况,及时调整勘察方法和技术要求	①查明工程及影响范围的地形地貌、地质构造、地震、岩土体分布特征及其物理力学性质;②查明地下水活动特点,承压含水层厚度、透水性、承压水头以及顶板和底板位置,透水层、相对隔水层分布和特性,对闸室等提供抗浮设计参数并做出评价;③查明各类岩土层及软弱结构面的分布与组合、坝基岩土的渗漏特征等工程地质问题和不良地质作用,分析评价其对坝基、闸基及边坡稳定和渗漏的影响;④查明渠化河段可能浸没区和可能坍岸区工程地质条件,对浸没区和坍岸区做出评价;⑤查明导流明渠、围堰等大型临时工程的工程地质条件,对堰基渗漏与稳定性、导流明渠岩土抗冲刷性、开挖边坡稳定性等做出评价;⑥对抗震设防烈度大于或等于6度的地区,进行场地和地基的地震效应勘察并做出评价;⑦对天然建筑材料进行详查

续表

勘察阶段	目的、方法	内容
施工图设计阶段勘察	在审定的建筑场地和确定的工程部位进行,复核前期勘察的地质资料和结论,对前阶段尚未查清或因设计的深化需要查清的工程地质问题应进行专题勘察,为本阶段设计提供工程地质资料 对枢纽主体建筑物部位,应根据审查提出的要求或设计工作的实际需要进行勘察,进一步论证和解决工程地质问题。勘察重点宜放在与建筑物基础、边坡有关的地质问题上 勘探应以钻探为主	①查明初步设计审查时要求进一步论证的工程地质问题;②查明各建筑物设计中需要进一步解决的专题工程地质问题;③查明大型临时工程的工程地质条件;④ 必要时对天然建筑材料进行核查

9.12 水利水电工程勘察要点

9.12.1 水库的工程地质问题

水库蓄水以后,由于水文条件发生剧烈变化,使得库区及邻近地带的地质环境受到一定影响,从而产生各种工程地质问题。

1. 水库库岸稳定

(1)水库滑坡

水库蓄水后,库周岸线长,涉及的天然滑坡很多。水库滑坡可造成水库周边的环境条件发生较大改变,不仅对库区人民生命财产带来直接危害,有时还会对枢纽工程造成威胁。

(2)水库塌岸

水库塌(坍)岸是指水库蓄水后或蓄水过程中,受水位变化和风浪作用的影响,引起岸坡土体稳定性发生变化,导致岸坡被淘刷、冲蚀、搬运,从而产生变形进而遭受破坏的现象。

2. 水库浸没

由于水库蓄水使库区周边地区的地下水位抬高,导致地面产生盐渍化、沼泽化及建筑物地基条件恶化等次生地质灾害的现象称为浸没。丘陵地区、山前洪积冲积扇及平原水库,由于周围地势低缓,最易产生浸没。山区水库可能产生宽阶地浸没以及库水向低邻谷洼地渗漏的浸没。严重的水库浸没问题影响到水库正常蓄水位的选择,甚至影响到坝址选择。

3. 库区淤积问题

水库为人工形成的静水域,河水流入水库后流速顿减,水流搬运能力下降,所携带的泥沙就沉积下来,堆于库底,形成水库淤积物。淤积的粗粒部分堆于上游,细粒部分堆于下游,随着时间的推延,淤积物逐渐向坝前推移。

影响水库淤积的环境因素很多,主要是上游入库的泥沙量(决定于流域上游的地质构造、地形、地貌以及水土保持、水利设施等),库岸地带的崩塌、滑坡、泥石流发育状况,水库的形状特征以及水库调度特性等。在厚层第四纪松散堆积物地区(主要是黏土地区),特别是黄土地区修建的水库，容易发生水库区的淤积问题。

4. 水库诱发地震

因蓄水而引起库盆及其邻近地区原有地震活动性发生明显变化的现象，称为水库诱发地震，简称水库地震。我国广东新丰江水库是世界上最早（1962 年 3 月 19 日）诱发 6 级以上地震的水库，震中烈度为Ⅷ度。

5. 水库渗漏

水库渗漏是指水库内水体经由库盆岩土体向库外渗流而漏失水量的现象。库水向外渗漏的途径通常有两种：其一是通过库岸的分水岭向邻谷（或相邻洼地）或经由河湾部分渗向坝下游的河道以及通过库盆底部渗向远处低洼地区；其二是通过坝基或绕过坝肩渗向坝下游。前者称为库区渗漏，后者称为坝区渗漏。

水库渗漏的危害主要表现为以下几个方面：①水库渗漏量大，超过允许渗漏量，对工程效益影响明显，如减少发电、供水与灌溉等效益；②水库渗漏恶化有关地段地质条件，导致边坡的稳定性变差，甚至可能产生渗透变形破坏，对工程安全产生损害，影响建筑物的安全；③渗漏使周边建筑物、田地产生浸没、盐渍化，或对水库周边及下游产生其他不利影响。

（1）库区渗漏

在判断水库是否会发生渗漏时，首先对河谷两岸的地形地貌，即单薄分水岭、垭口、河湾及库外相邻沟谷（或洼地）等的高程，应特别加以注意；然后了解这些地带有无渗漏通道，即透水岩层、断裂破碎带和岩溶通道等的存在，并结合地质构造判断其连通性；最后再根据水文地质条件，如地下分水岭的高程及其与库水位的关系等加以综合分析，从而做出对库区渗漏的评价。

（2）坝区渗漏

大坝建成后，坝上游水位抬高，在上、下游水位差的作用下，库水可能通过坝基或坝肩岩层中的孔隙、裂隙、破碎带向下游渗漏。前者称为坝基渗漏，后者称为绕坝渗漏。对于坝区渗漏应当特别重视，因坝区水头高，渗透途径短，渗漏量可能很大。同时，渗透水流还可能破坏坝基岩体，使其强度降低，从而危及大坝的安全。坝区渗漏形式分为均匀渗漏和集中渗漏两种。前者指通过砂砾石层和基岩中较为均布的风化裂隙等的渗漏；后者指通过较大的断裂破碎带和各种岩溶通道的渗漏。

9.12.2 不同坝型对地质条件的基本要求

为满足防洪、发电及灌溉的要求，需要在河流适宜地点修建拦河坝——水库大坝，按大坝的结构形式分为土石坝、重力坝、拱坝等。不同的坝型对地质条件的要求不一样。

1. 土石坝

土石坝泛指由当地土料、石料或混合料，经过抛填、辗压等方法堆筑成的挡水坝。

（1）特点

①坝体是柔性的，允许产生较大的变形；②坝体断面和底宽均较大，对地基的压应力较小，抗滑稳定问题不突出；③防渗墙的重要性；④坝顶不能溢流，对两岸地形（垭口或有布置洞群的条件）要求高，对近坝库段稳定（涌浪漫顶）要求高。

(2)对地质条件的要求

总体上看,土石坝对地质条件的要求较低,从岩石地基到土质地基,都可修建土石坝。但应注意研究如下问题:①坝肩边坡较陡时,应注意坝体与地基岩体的接触问题;②当坝基分布有深厚砂砾石层时,应注意渗漏和渗透稳定;③当坝基分布有软土层时,承载力低,沉降大,厚度变化大时,不均匀沉降问题突出;④当坝基分布有黄土时,应注意湿陷性问题;⑤当坝基分布有疏松砂土及少黏性土(黏粒含量 <15%)时,应注意液化问题;⑥当坝基分布有岩溶时,应注意渗漏和塌陷问题;⑦当坝基分布有断层破碎带以及强透水带或泥化夹层时,应注意渗透变形、抗滑稳定问题;⑧应注意含有可溶岩类的岩土体;⑨透水坝基下游坝趾处分布有连续的、透水性较差的覆盖层时,应注意扬压力和流土问题;⑩需有丰富的、满足质量要求的天然建材。

2. 重力坝

重力坝包括混凝土重力坝、浆砌石坝等,它们主要依靠坝身自重与地基间产生足够大的摩阻力来保持其稳定,故对地基要求比土石坝高,一般都修在岩基上。

(1)特点

①坝体刚度大,坝基不允许产生较大的不均匀变形;②坝体断面和底宽相对较大,压应力也较大,所以对坝基的承载力和抗滑稳定要求均较高;③坝顶可布置泄洪建筑物,坝内可布置发电、泄洪建筑,所以对两岸可无布置洞群的要求;④对地形适应性好;⑤以自身重量维持稳定。

(2)对地质条件的要求

①具有足够的抗滑稳定性,能满足抗滑稳定的要求;②具有足够的承载力和刚度,且要求具有较好的均匀性和完整性;③坝基、坝肩具有良好的抗渗性和渗透稳定性,不产生大量渗漏和过大的扬压力;④峡谷区近坝库段和坝肩稳定性好;⑤采取坝顶泄水方案时,坝下游河床具有较好的抗冲刷能力;⑥坝址区附近应有足够的、符合质量要求的混凝土骨料或石料。

3. 拱坝

拱坝的外荷载主要是通过拱的作用传递到坝端两岸,所以拱坝的稳定性主要是依靠坝端两岸岩体维持。

(1)特点

①通过拱的传力作用将水荷载等水平推力传至坝肩,其稳定性主要依靠坝肩维持;②拱坝的稳定性对坝的整体性和形态很敏感;③断面和底宽较小;④属整体结构,其抗震性能好。

(2)对地质条件的要求

①对河谷断面的形态要求是河谷宽高比最好小于3.5∶1,不宜大于6∶1,坝肩下游没有深切沟谷;②两岸坝肩岩体完整、强度高,没有或很少有垂直河流分布的软弱层带,平行河流的结构面(断层、节理、裂隙)不发育;③岩层产状有利,坝基岩体中缓倾角软弱夹层或结构面不发育;④河床覆盖层不厚,没有大的顺河断层和基岩深槽;⑤全、强风化带及卸荷带岩体厚度不宜过大;⑥岩体透水性不宜过大,有可靠的防渗帷幕封闭条件;⑦泄洪消能区岩体有足够的抗冲能力。

9.12.3 勘察阶段的划分及其勘察目的、任务和内容

水利水电工程地质勘察一般分为规划、项目建议书、可行性研究、初步设计、招标设计和施工详图设计等阶段。项目建议书阶段的勘察工作宜基本满足可行性研究阶段的深度要求。各勘察阶段的工作与相应阶段的设计工作深度相适应。水利水电工程勘察阶段的目的、任务和内容见表9-12。

表9-12 水利水电工程勘察阶段的目的、任务和内容

勘察阶段	目的、任务	内容
规划阶段	应对规划方案和近期开发工程选址进行地质论证，并提供工程地质资料	①了解规划河流、河段或工程的区域地质和地震概况；②了解规划河流、河段或工程的工程地质条件，为各类型水资源综合利用工程规划选点、选线和合理布局进行地质论证，重点了解近期开发工程的地质条件；③了解梯级坝址及水库的工程地质条件和主要工程地质问题，论证梯级兴建的可能性；④了解引调水工程、防洪排涝工程、灌区工程、河道整治工程等的工程地质条件；⑤对规划河流（段）和各类规划工程天然建筑材料进行普查
可行性研究阶段	应在河流、河段或工程规划方案的基础上选择工程的建设位置，并应对选定的坝址、场址、线路等和推荐的建筑物基本形式、代表性工程布置方案进行地质论证，提供工程地质资料	①进行区域构造稳定性研究，确定场地地震动参数，并对工程场地的构造稳定性做出评价；②初步查明工程区及建筑物的工程地质条件、存在的主要工程地质问题，并做出初步评价；③进行天然建筑材料初查；④进行移民集中安置点选址的工程地质勘察，初步评价新址区场地的整体稳定性和适宜性
初步设计阶段	应在可行性研究阶段选定的坝（场）址、线路上进行。查明各类建筑物及水库区的工程地质条件，为选定建筑物形式、轴线、工程总布置提供地质依据。对选定的各类建筑物的主要工程地质问题进行评价，并提供工程地质资料	①根据需要复核或补充区域构造稳定性研究与评价；②查明水库区水文地质、工程地质条件，评价存在的工程地质问题，预测蓄水后的变化，提出工程处理措施建议；③查明各类水利水电工程建筑物区的工程地质条件，评价存在的工程地质问题，为建筑物设计和地基处理方案提供地质资料和建议；④查明导流工程及其他主要临时建筑物的工程地质条件，根据需要进行施工和生活用水水源调查；⑤进行天然建筑材料详查；⑥设立或补充、完善地下水动态观测和岩土体位移监测设施，并应进行监测；⑦查明移民新址区工程地质条件，评价场地的稳定性和适宜性
招标设计阶段	应在审查批准的初步设计报告基础上，复核初步设计阶段的地质资料与结论，查明遗留的工程地质问题，为完善和优化设计及编制招标文件提供地质资料	①复核初步设计阶段的主要勘察成果；②查明初步设计阶段遗留的工程地质问题；③查明初步设计阶段工程地质勘察报告审查中提出的工程地质问题；④提供与优化设计有关的工程地质资料
施工详图设计阶段	应在招标设计阶段基础上，检验、核定前期勘察的地质资料与结论，补充论证专门性工程地质问题，进行施工地质工作，为施工详图设计、优化设计、建设实施、竣工验收等提供工程地质资料	①对招标设计报告评审中要求补充论证的和施工中出现的工程地质问题进行勘察；②查明水库蓄水过程中可能出现的专门性工程地质问题；③优化设计所需的专门性工程地质勘察；④进行施工地质工作，检验、核定前期勘察成果；⑤提出对工程地质问题处理措施的建议；⑥提出施工期和运行期工程地质监测内容、布置方案和技术要求的建议

思考题

1. 工程地质勘察的目的和任务是什么？
2. 工程地质测绘的内容及方法是什么？
3. 钻探的目的是什么？钻探方法有哪些？井、槽、洞探类型有哪些？
4. 简述电法勘探的基本原理和方法。
5. 原位测试与室内试验相比有哪些优点？
6. 静力载荷试验及静力触探试验的原理是什么？它们的试验成果有哪些？如何应用？
7. 圆锥动力触探与标准贯入试验在原理、试验成果及应用方面有哪些区别与联系？
8. 十字板剪切试验的适用范围与目的是什么？
9. 扁铲侧胀试验的适用条件及成果有哪些？
10. 旁压试验的适用条件是什么？可以得到哪些参数？
11. 波速测试的方法有哪些？如何应用？
12. 地下水及不良地质现象与地质灾害的监测内容及要求有哪些？
13. 工程地质勘察报告应包括哪些内容？
14. 房屋建筑和公路工程的勘察要点各有哪些？
15. 港口工程、航道工程、渠化工程及水利水电工程的勘察要点有哪些？

参考文献

［1］ 中华人民共和国建设部. GB 50021—2001 岩土工程勘察规范(2009 年版)［S］. 北京：中国建筑工业出版社,2009.

［2］ 中华人民共和国交通运输部. JTG C20—2011 公路工程地质勘察规范［S］. 北京：人民交通出版社,2011.

［3］ 中华人民共和国住房和城乡建设部. GB 50007—2011 建筑地基基础设计规范［S］. 北京：中国建筑工业出版社,2011.

［4］ 朱济祥,崔冠英. 水利工程地质［M］.5 版. 北京：中国水利水电出版社,2017.

［5］ 刘春原,朱济祥,郭抗美. 工程地质学［M］. 北京：中国建材工业出版社,2000.

［6］ 张倬元,王士天,王兰生,等. 工程地质分析原理［M］.4 版. 北京：地质出版社,2011.

［7］ 刘本培,蔡运龙. 地球科学导论［M］. 北京：高等教育出版社,2001.

［8］ 潘懋,李铁峰. 灾害地质学［M］.2 版. 北京：北京大学出版社,2012.

［9］ 许兆义. 工程地质基础［M］.2 版. 北京：中国铁道出版社,2011.

［10］ 孙家齐. 工程地质［M］.2 版. 武汉：武汉理工大学出版社,2003.

［11］ 孔宪立,石振明. 工程地质学［M］. 北京：中国建筑工业出版社,2001.

［12］ 孔思丽. 工程地质学［M］. 重庆：重庆大学出版社,2001.

［13］ 徐干成,白洪才,郑颖人. 地下工程支护结构［M］. 北京：中国水利水电出版社,2001.

［14］ 铁道部第一勘察设计院. 铁路工程地质手册［M］. 北京：中国铁道出版社,1999.

［15］ 常士骠,张苏民. 工程地质手册［M］.4 版. 北京：中国建筑工业出版社,2007.

［16］ 戴塔根,刘悟辉,马国秋. 环境地质学［M］. 长沙：中南大学出版社,2000.

［17］ 李智毅,唐辉明. 岩土工程勘察［M］. 武汉：中国地质大学出版社,2000.

［18］ 高金川,张家铭. 岩土工程勘察与评价［M］.2 版. 武汉：中国地质大学出版社,2003.

［19］ 顾晓鲁,钱鸿缙,刘惠珊,等. 地基与基础［M］.3 版. 北京：中国建筑工业出版社,2003.

［20］ 韩晓雷. 工程地质学原理［M］. 北京：机械工业出版社,2003.

［21］ 胡厚田. 土木工程地质［M］. 北京：高等教育出版社,2001.

［22］ 曲力群,李忠,苗喜德. 工程地质［M］. 北京：中国铁道出版社,2002.

［23］ 王奎华. 岩土工程勘察［M］. 北京：中国建筑工业出版社,2005.

［24］ 中华人民共和国交通运输部. JTS 133—2013 水运工程岩土勘察规范［S］. 北京：人民交通出版社,2013.

［25］ 中华人民共和国住房和城乡建设部. GB 50011—2010 建筑抗震设计规范［S］. 北京：中国建筑工业出版社,2010.

［26］ 中华人民共和国住房和城乡建设部. GB/T 50266—2013 工程岩体试验方法标准［S］. 北京：中国计划出版社,2013.

［27］ 中华人民共和国住房和城乡建设部. GB/T 50218—2014 工程岩体分级标准［S］. 北

京:中国计划出版社,2014.
[28] 王根厚,王训练,余心起.综合地质学[M].北京:地质出版社,2008.
[29] 王大纯,张人权.水文地质学基础[M].北京:地质出版社,1995.
[30] 黄定华.普通地质学[M].北京:高等教育出版社,2004.
[31] 宋青春,邱维理,张振青.地质学基础[M].4 版.北京:高等教育出版社,2005.
[32] 吴继敏.工程地质学[M].北京:高等教育出版社,2006.
[33] 钱让清.公路工程地质[M].2 版.合肥:中国科学技术大学出版社,2005.
[34] 李广杰.工程地质学[M].长春:吉林大学出版社,2005.
[35] 曹伯勋.地貌学及第四纪地质学[M].武汉:中国地质大学出版社,1995.
[36] 李智毅,杨裕云.工程地质学概论[M].武汉:中国地质大学出版社,1996.
[37] 张咸恭,王思敬,李智毅.工程地质学概论[M].北京:地质出版社,2005.
[38] 李相然.工程地质学[M].2 版.北京:中国电力出版社,2016.
[39] 汤康民.岩土工程[M].武汉:武汉理工大学出版社,2001.
[40] 王贵荣.岩土工程勘察[M].西安:西北工业大学出版社,2007.
[41] 张忠苗.工程地质学[M].北京:中国建筑工业出版社,2007.
[42] 唐辉明.工程地质[M].北京:化学工业出版社,2008.